有机合成重要单元反应

主编　郭保国　赵文献

编著　刘思印　徐海云　冯翠兰

陈淑敏　刘保霞

黄 河 水 利 出 版 社

内容提要

本书第 1 章介绍了有机合成的基本知识、学习要求及学习方法，第 2 章至第 8 章从反应条件、反应机理、影响因素、相关反应以及应用等方面对有机合成的重要单元反应进行了详细介绍，第 9 章介绍了有机合成的新成就及发展动向，第 10 章对有机合成路线设计的方法进行了介绍。各部分内容均反映了最新科研成果和发展方向。配有实例和练习，以加深对内容的理解和掌握。

本书为有机合成的专业著作，可作为高等学校化学化工类专业高年级学生的教学用书或参考书，也可供化工厂、制药厂及有关单位从事有机合成工作的人员使用。

图书在版编目（CIP）数据

有机合成重要单元反应 / 郭保国，赵文献主编—郑州：
黄河水利出版社，2009.6
ISBN 978-7-80734-648-7

Ⅰ.有… Ⅱ.①郭… ②赵… Ⅲ.有机合成-化学反应-高等学校-教材 Ⅳ.O621.3

中国版本图书馆 CIP 数据核字（2009）第 074585 号

出 版 社：黄河水利出版社
地址：河南省郑州市顺河路黄委会综合楼 14 层 邮政编码：450003
发行单位：黄河水利出版社
发行部电话：0371-66026940 传真：0371-66022620
E-mail：hhslcbs@126.com
承印单位：黄河水利委员会印刷厂
开本：890 mm × 1 240 mm 1 / 32
印张：9
字数：260 千字 印数：1—1 000
版次：2009 年 6 月第 1 版 印次：2009 年 6 月第 1 次印刷

定价：36.00 元

前　言

有机合成化学是大学基础有机化学的后继课程和提高课程之一，它既是一门基础理论学科，又是一门与生产实践密切联系的应用科学，其理论和方法对解决科研和生产中的实际问题具有重要作用，是每个有机化学工作者必备的基本知识。近年来，我国有机合成工业取得了迅速发展，为了适应新的形势，高等学校的化学、应用化学及化工等专业相继开设了有机合成化学课程。据此需要，我们编著了这本与有机化学相衔接的有机合成专业书籍。它以有机化学为起点，以合成单元反应为中心，较为系统地介绍了有机合成的基本反应、反应机理、实施方法和应用。我们力求简明扼要、重点突出、结合科研实际并反映最新发展动态，以利读者对有机合成化学的全面掌握，以提高解决实际问题的能力。

有机合成反应众多，难于求全。本书的目的是介绍一些重要的有机合成单元反应及其在有机合成中的应用。全书共分十章，内容包括还原反应、氧化反应、不对称合成、重氮化和偶联反应、烃基化反应、缩合反应、杂环化合物的合成等。还介绍了有机合成路线设计、有机合成发展的新成就和研究热点，包括相转移催化、酶在有机合成中的应用和组合化学等。

本书可作为高等学校化学、化工及应用化学等专业的高年级专业课或选修课的教材或参考书，亦可作为基础有机化学的补充读物，还可供化学、化工及有机科研工作者使用。

本书由郭保国教授、赵文献教授担任主编，负责组稿和审定工作。负责编写工作的有：刘思印、冯翠兰、徐海云、陈淑敏、刘保霞。有机合成化学不仅内容丰富，而且发展迅速，由于时间仓促，加之我们的水平有限，书中缺点与错误在所难免，恳请专家和读者指正。

书中参考了许多有机合成方面的资料和科研成果，且在出书过程中得到了多方面的支持和帮助，对此我们表示衷心感谢。

编著者

2009 年 5 月

目　录

第 1 章　绪　论

1.1　有机合成化学概述

1.1.1　有机合成化学的基本概念

有机合成是指从原料经化学反应人工制备有机化合物的过程。这里一般是由结构简单的物质(如单质、无机化合物及低级有机化合物)制备结构复杂的有机化合物，但也包括由结构复杂的有机化合物制备结构简单的有机化合物的过程。

有机合成所使用的原料有单质、无机化合物及有机化合物，其基本要求是：来源丰富，价格低廉，副反应少且易分离和操作。常用的有机合成原料可分为两大类：一类是基本有机合成原料，这类原料结构简单，可直接从自然界获得或其简单加工产品，如通用的八大合成原料即属此类。八大合成原料为三苯(苯、甲苯、二甲苯)三烯(乙烯、丙烯、丁二烯)一炔(乙炔)一萘。基本有机合成原料的来源为石油、天然气、煤和农林产品。另一类有机合成原料是由基本有机合成原料经过加工制备而得到的有机化合物，这类有机合成原料为复杂有机物的合成提供了很大的方便，可简化合成过程，提高合成效率。现已商品化的有机合成原料已有 5 000 多种。在表 1-1 中列出了这类有机合成原料的主要品种。

在有机合成中所使用的化学反应称为有机合成反应。有机合成反应是进行有机合成的工具和基础。现已搞清楚的有机化学反应有 3 000 多个，而常用于有机合成的反应则只有 200 多个。这是因为一个理想的有机合成反应必须具有下述特点：

(1)原料来源丰富且价格低廉。

(2)反应条件温和、操作简便、产率高。

(3)具有较好的化学选择性和立体选择性。

表 1-1　常用基本有机合成原料

类别	结构	化合物中的碳原子数(*n*)或结构式
烷烃	直链	1～10，12，14，16，18
	支链	4～8
	环状	3，5，6，8
烯烃	直链端烯	2～10
	环烯	6，8，12
	二烯	4，5，8；环戊二烯
炔烃	直链	2
	炔烯	4
卤代烃	直链	Cl，1～4；Br，1～8；I，1～2
	支链	4～5
胺	直链	1～5，8，12
	支链	3，4，5
	环烷基胺	6
	环胺	4，5
	二元胺	2～4，6
	其他	CH_2=$CHCH_2NH_2$，$NH_2CH_2CH_2OH$，$NH(CH_2CH_2OH)_2$，$N(CH_2CH_2OH)_3$
一元取代苯	Ph-R	R= -CH_3, -C_2H_5, -$CH_2CH_2CH_3$, -$CH(CH_3)_2$, -$CH_2CH(CH_3)_2$, -$C(CH_3)_3$, -CH=CH_2, -X，-NH_2，-$NHCH_3$，-$N(CH_3)_2$，-NO_2，-OH，-OCH_3，-SH，-CH_2OH，-CH_2Cl，-CH_2Br，-CHO，-$COCH_3$，-$COCH_2CH_3$，-COOH，-CH_2COOH，-CH=CHCOOH，-CN，-COCl，-$CONH_2$，-SO_3H
取代萘	α–	-CH_3，-Br，-Cl，-NH_2，-NO_2, -CHO，-CN，-COOH，-CH_2COOH
	β–	-NH_2，-OH，-OCH_3
取代吡啶	α–	-CH_3，-CH_2CH_3，-CH=CH_2，-CH_2Ph，-Cl，-Br，-NH_2，-OH，-CHO，-CO_2H，-CN，-$CH_2CH_2CH_2OH$
	β–	-CH_3，-NH_2，-OH，-CHO，-CO_2H，-$CONH_2$，-CN
	γ–	-CH_3，-CH_2CH_3，-CH=CH_2，-CH_2Ph，-NH_2，-OH，-CHO，-COOH，-CN，-CH_2CH_2COOH

续表 1-1

取代五元杂环	α–呋喃	-CHO，-COOH，$-CH_2OH$，$-CH_2NH_2$
	α–噻吩	-CHO，-COOH，-Br，-Cl
醇	直链	1～10，12，14，16，18
	支链	3～7
	环状	5，6，7，12
	二元醇	2，3，4，6
	其他	$HOCH_2CHOHCH_2OH$，CH_2=$CHCH_2OH$，HC≡CCH_2OH，$ClCH_2CH_2OH$
醛	直链	1～8，10
	支链	4，5，6，8
	其他	CH_2=CHCHO，$HOCH_2CHO$，$OCHCH_2CHO$，$OCH(CH_2)_3CHO$
酮	直链	3～8
	支链	5～7
	环状	5，6，12
	其他	CH_2=$CHCOCH_3$，CH_3COCH_2OH，CH_3COCHO
羧酸及其衍生物	直链	1～8，12，14，16
	支链	4～6
	二元酸	2～6，8，10
	氨基酸	2，4，6，11
	卤代酸	2，3，4
	其他	$CH_3COCOOH$，$CH_3COCH_2CO_2H$，$CH_3COCH_2CH_2CO_2H$，CH_3CH=CHCOOH，$CNCH_2COOH$
环氧烷烃	$(CH_2)_n$ O	2，4

(4)适应性强，副反应少，且易于分离纯化。

(5)不产生公害，不污染环境。

有机合成是由一个或多个有机合成反应组成的。同类的有机合成反应称为单元反应。常见的单元反应有氧化反应、还原反应、加成反应、消除反应、亲核取代反应、亲电取代反应、缩合反应、重排反应、重氮化和偶联反应等。对单元反应的研究是有机合成化学的主要内容之一。

有机合成化学是指研究有机合成反应规律，并将其应用于有机合成实践的一门科学。一般认为有机合成化学研究的主要内容如下：

(1)研究有机合成反应的特点和规律。

(2)发现有机合成的新反应、新试剂、新技术。

(3)合成具有指定结构、具有优越性能或具有重大理论意义的有机化合物。

有机合成化学也简称为有机合成。有机合成化学发展至今，不仅已成为有机化学的核心学科，而且已被公认为化学乃至整个自然科学的核心之一。众多的有机合成产品在人民生产生活及自然科学的各个领域发挥着日益重要的作用，它已构成了国民经济的支柱产业——有机合成工业。根据其产品和技术特点将有机合成工业分为：

(1)基本(重)有机合成工业：使用基本原料生产有机合成原料的工业。该类工业的特点是产量大、应用广、技术要求低。表 1-1 所列有机合成原料多为该类工业的产品。

(2)精细(轻)有机合成工业：生产用于人民生产生活及现代科学技术的有机化工产品的工业。该类工业的特点是产量小、纯度高、生产过程复杂、技术要求高。这类工业的产品主要为医药、农药、染料、有机材料和有机试剂等。

(3)高分子合成工业：主要产品为三大合成材料(塑料、橡胶、纤维)及专用有机高分子材料。高分子合成工业由于发展极为迅速，已不再列入有机合成之列，但与有机合成化学有着不可分割的关系。

1.1.2 有机合成化学的发展趋向

1828 年德国化学家维勒(Woler)加热无机物氰酸铵(NH_4OCN)得

到了有机化合物尿素[$(NH_2)_2CO$]，这是有机合成化学的一个里程碑式的成就，它打破了禁锢化学家思想的“生命力论”，开创了有机合成的先河。有机合成化学经过了一个多世纪的发展，到 1973 年以美国化学家武德沃德(Wordward)为首的研究小组合成了自然界较复杂的有机化合物——维生素 B_{12}，这是有机合成化学发展史上又一个具有里程碑式的成就。前一成就打破了无机物与有机物的界限，后一成就开创了具生理活性复杂天然物质人工全合成的先例。目前，有机合成化学家已可以合成自然界存在的和不存在的几乎所有的有机化合物。在过去的 100 年中，有机化学家共合成出 2285 万多种有机化合物，而且现在新合成的有机化合物几乎以每十年翻一番的速度增长着。“在自然界旁又放了一个人造自然界”是对有机合成成就的形象比喻。有机合成的成就极大地改变了人们的生活、生产方式和面貌，对现代科学技术起到了极大的推动和支撑作用，被媒体称为 20 世纪的六大现代科学技术(计算机和网络信息技术、基因重组和生物芯片技术、核科学和核武器技术、航空航天和导弹技术、激光技术、纳米技术)无一不与有机合成化学有关。可以说有机合成成就对 20 世纪六大现代科学技术的产生和发展起到了关键作用，所以也有人说 20 世纪现代科学技术中最重要的三大技术是化学合成技术、生物技术和信息技术。近年来，在有机合成化学中，电化合成、光化合成、催化合成、仿生合成及组合化学等合成新技术发展迅速，已成为当今有机合成中十分活跃的研究领域且成绩显著。

21 世纪有机合成化学的发展，已不再是追求合成新的有机化合物的数量，而是有机合成与其他现代科学技术相结合，根据有机化学理论即结构与性能的关系合成具有优越性能或具重大理论意义的有机化合物，以满足人们生产、生活及现代科学技术发展的需要。21 世纪有机合成化学发展的重点是：

(1)有机合成化学在坚实的理论有机化学和量子化学基础上，对有机合成反应的历程和本质做更深入细致的研究，上升为有机合成理论，从而对有机合成的实践如有机合成反应的方向、速率、收率和效率以及新型有机化合物的合成等具有更大的指导意义。

(2)在有机合成的新反应、新试剂、新技术等方面不断有所创新，特别是在酶催化和模拟生物合成方面有大的突破。

(3)强化现代物理实验技术在有机物结构测定中的应用,将促进有机合成在复杂天然产物及新有机物合成上有更快速的发展。

(4)电子计算机信息技术和生物技术与有机合成技术相结合,将使复杂有机化合物的合成路线设计及实施变得更为简单。

1.2 有机合成化学的研究方法

有机合成是有机化学的核心科学。有机合成的研究成果促进了有机化学各领域的全面发展。虽然有机合成的对象千差万别，有机合成技术也是多种多样的，但进行有机合成研究的方法则大致相同。这些研究方法也是做科学研究和学术论文普遍采用的。一般应包括查阅文献、合成路线设计、实验合成、结果总结等。

1.2.1 查阅文献

查阅文献是进行有机合成研究的首要工作和基础。查阅文献的目的是了解与要研究课题相关方向的研究水平和动态，做到胸中有数，同时也为课题研究提供相关资料和借鉴，所以查阅文献要细致、认真、全面，而且要特别注意最新资料和动态。另外，通过查阅大量文献资料，也可发现新的科研课题。目前的化学文献包括纸质文献和电子文献两大类。查阅文献的方法是查阅与课题研究方向相关的专业期刊、专利、学位论文、论文集和专著等。现在可通过计算机网络查阅相关资料数据库，使查阅电子文献更快速、全面。对查得的资料要进行认真的分析、整理，掌握核心技术、创新点和发展动向。

1.2.2 合成路线设计

在对查得的资料进行认真分析、研究的基础上，根据具体情况，进行目标分子的合成路线设计。设计合成路线时，既要运用文献资料、理论知识和实际条件，还要运用有机物合成路线的设计方法。关于合成路线的设计方法和技巧，有许多专业书籍介绍，本书将在第 10 章中进行介绍。

1.2.3 实验合成

实验合成是有机合成研究的核心工作，需做大量的、艰苦的实际工作。实验合成既可检验合成路线与方法正确与否，也可检验研究者的实验技术水平、科学态度及吃苦耐劳精神。有些复杂有机物的合成需要多步合成实验，合成实验需要的工作量是很大的，且需要多种合成实验技术，这就要求许多有机合成工作者的协作。另外，实验合成的产物需经物化常数与现代物理实验技术的确证及表征，这也需要多方面科研人员的协作。所以，做有机合成实验研究不仅需要做大量细致的艰苦工作，而且需要多方面科研人员的协同工作。

1.2.4 结果总结

有机合成实验结果的总结是有机合成研究的点睛之笔。实验结果要进行客观认真的总结并得出恰如其分的结论。可能有些实验结果不够理想，甚至是失败的，也要进行实事求是的总结，以给后人提供借鉴。而且意外的实验结果导致新发现的例子在科学界是很多的。只有对实验结果进行认真、科学的总结，才能使实验结果变为科研成果，才能转化为生产力造福于人类和社会。

1.3 如何学习有机合成化学

1.3.1 有机合成化学的学习要求

有机合成化学是化学化工专业高年级学生学完基础有机化学后的提高课程。目的是让学生对有机合成化学的各个方面有一个全面的认识和提高。借鉴各种同类书籍，本书内容安排以单元反应的讨论为主，对重要的有机合成技术安排专章讨论。为方便学习将合成路线设计也做了专章介绍。在各章中均参考了该方向的最新科研成果。学习本课程的基本要求如下：

(1)重点掌握有机合成常用的重要单元反应如氧化反应、还原反应、重氮化和偶联反应、烃基化反应、缩合反应、杂环化合物的合成等(有机反应)的特点和规律，并掌握各单元反应在有机合成中的应用。

(2)掌握一些重要的有机合成技术如不对称合成、相转移催化、酶催化、组合化学等的原理和发展趋向，并能将其应用于有机合成实践中。

(3)掌握有机合成路线设计的方法和技巧,并能将其应用于复杂有机物的合成路线设计中。

1.3.2 学习有机合成化学的方法

(1)复习总结有机合成反应:由于有机合成化学是基础有机化学的后续提高课程，故与基础有机化学有着十分密切的联系，对有机化学尤其是有机化学中的有机合成反应进行认真的复习、总结是十分必要的。对有机合成反应的总结可从多个方面进行，以加强理解和记忆。如可总结各种增长碳链的方法、总结各种官能团的合成方法、总结各类有机物发生的同类反应——单元反应，也可总结各类有机物所能发生的合成反应，或各类有机物的合成方法等。

(2)掌握单元反应的特点：各单元反应均有多种具体的反应和方法，每个具体反应的特点和应用是通过具体的合成反应体现的。掌握各种反应的具体方法可加深对单元反应的理解和记忆。

(3)多做练习:有机物合成路线的设计方法和技巧在掌握其原理的基础上，要多做练习熟悉各种技巧的使用。因为路线设计的要求就是在有机合成路线的设计中，会使用各种技巧进行复杂有机物的合成路线设计。

(4)认真做好有机合成实验：对重要的单元反应及有机合成技术，将安排相关实验。在做实验前要认真预习，运用有机合成化学知识，彻底弄清实验原理，包括合成反应原理(原料、试剂、方法及条件的选择)和实验方法设计原理(仪器、仪器装置、步骤的选择)，这样不仅可使有机合成知识得到巩固和升华，而且也为今后自己设计合成实验及做有机合成研究奠定了基础。

1.4 有机合成化学参考文献

(1)《有机合成进展》，张滂著，科学出版社，1992 年 4 月

(2)《有机合成反应》(上、下册)，王葆仁著，科学出版社，1981 年 1 月

(3)《路线设计——有机合成的关键》，嵇耀武著，吉林大学出版社，1989 年 12 月

(4)《有机合成的一些新方法》，李润涛、刘振中译，河南大学出版社，1991 年 6 月

(5)《有机制备化学手册》，韩广甸、范如霖等著，石油化学工业出版社，1980 年 5 月

(6)《有机合成基础》，岳保珍、李润涛著，北京大学医学出版社，2000 年 10 月

(7)《精细有机合成》，王建新著，轻工业出版社，2000 年 6 月

(8)《药物合成反应》，闻韧著，化学工业出版社，1988 年 6 月

(9)《不对称合成》，周维善、庄治平著，科学出版社，1997 年 2 月

(10)《极性转换及其在有机合成中的应用》，俞凌翀、刘志昌著，科学出版社，1991 年 9 月

(11)《现代有机合成方法》，W .C arruthers. 著，青岛海洋大学出版社，1990 年 4 月

(12)《高选择性有机合成》，杨季秋著，科学出版社，1991 年 8 月

(13)《手性合成》，林国强、陈耀全等著，科学出版社，1992 年 4 月

(14)《有机合成中的氧化还原反应》，李良助著，高等教育出版社，1989 年 10 月

(15)《杂环化学》，花文廷著，北京大学出版社，1991 年 3 月

第 2 章　还原反应

2.1　有机还原反应概述

在有机合成中，还原反应和氧化反应一样是有机合成的重要基本反应之一。氧化反应和还原反应是一对同时发生的矛盾过程，即在一个反应体系中，一种物质被氧化，必有一种物质被还原，两者相互依存，不可分割。但是对有机合成来说，还原反应则是指有机物被还原的过程。

和氧化反应一样，有机还原反应是指有机物氧化数降低的过程。由于有机物多为共价化合物，有机物氧化数降低则主要指有机物中碳原子的电子云密度增大，换言之，则指碳原子所连的电负性大的元素变为电负性小的元素。实际上，有机物的还原反应最常见的则是增加氢原子而同时失去电负性大的元素的原子(如 O、S、X 等)。因此，可以简单地说有机分子中引入氢原子的反应叫还原反应，也叫氢化反应。有机还原反应或氢化反应一般可分为两种类型。

(1)加氢：加氢是指有机物分子中的不饱和键(如 C=C、C≡C、芳环、—C=O、—C≡N、—N=N、—C=N—、C=S 等)被加入氢原子变为饱和键的过程。

例如：

$$CH_3CH{=}CHCHO \xrightarrow{H_2/Ni} CH_3CH_2CH_2CH_2OH$$

$$RCHO \xrightarrow{Na+EtOH} RCH_2OH$$

(2)氢解：氢解是指有机物发生碳杂键如 C—X、C—S、C—O、C—N 键甚至 C—C 键的断裂而引入氢原子的过程。

例如：

$$\text{噻吩} \xrightarrow{\text{Raney-Ni},H_2} CH_3CH_2CH_2CH_3 + H_2S$$

实施有机还原反应的方法很多，主要有：

(1)催化氢化还原法：指在催化剂存在下，用氢气还原有机物的方法。

(2)化学还原法：是指用化学还原剂还原有机物的方法。

(3)电化学还原法：借助电极反应进行有机物还原的方法。

(4)光化学还原法：在光作用下，进行有机物还原的方法。

(5)生化还原法：在微生物作用下，进行有机物还原的方法。

上述各种有机还原方法各有其优缺点，且各有不同程度的应用。在有机合成中应用较多的是催化氢化还原法和化学还原法，限于篇幅，本章只讨论这两种方法。

还原反应在有机合成中占有重要的地位，是构成有机合成工业的重要反应。如油脂的氢化可以得到硬化油，硬化油是制造肥皂和硬脂酸的主要原料。再如苯酚催化氢化可以得到环己醇，后者是生产合成纤维——尼龙的主要原料。通过本章内容的学习，将对有机还原反应有一个系统的了解。

2.2 催化氢化还原法

催化氢化还原法也叫催化加氢。有机化合物的氢化还原和许多反应一样，虽然从热力学数据看是可以进行的反应，但由于反应速度太慢，实际上认为是不能进行的，在此情况下，就需要使用催化剂，以提高反应速度，使有机物的氢化还原顺利进行，故有机氢化还原称为催化氢化或催化加氢。例如乙烯加氢生成乙烷的反应，其标准吉氏函数变量 $\Delta G^0=-7\,860$ kcal/mol，该反应是可以自发进行的，但由于反应的活化能大，反应速度很慢，在常温下，观察不到反应的进行。若有铂或钯存在时，该反应在室温下即可顺利进行。由此可见，在催化氢化还原中，催化剂是至关重要的，催化剂的活性和选择性是选择催化剂的重要指标。理想的催化剂必须具有很好的活性和选择性。

催化剂的活性：催化剂在使用过程中按其活性可分为三个阶段：一是成熟期，又称诱导期，催化剂在开始使用时活性较低，要经过一段时间才能达到活性最大值。从开始使用到活性最大值这段时间就是催化剂的成熟期。二是稳定期，催化剂活性达到最大值后，在一段时间内，其活性基本稳定，这段时间就是催化剂的稳定期。三是衰老期，是指催化剂活性从降低到消失的时间。催化剂的活性常用催化剂的寿命来表示。催化剂的寿命是指催化剂从开始使用到能稳定保持活性的时间。一个好的催化剂必须有足够长的寿命。工业上使用的催化剂一般要求寿命在 40000 小时以上。催化剂活性的另一层意思是单位质量的催化剂所能催化反应的物质的量，即单位质量的催化剂所能催化反应的物质的量越多则催化剂活性越高。

催化剂的选择性是指反应物在该催化剂的作用下，选择某一反应进行的深度。某一反应方向进行的越深，副反应越少，则催化剂的选择性越好。例如巴豆醛(丁烯醛)在催化剂镍的催化下加氢制备丁醛的反应情况如下：

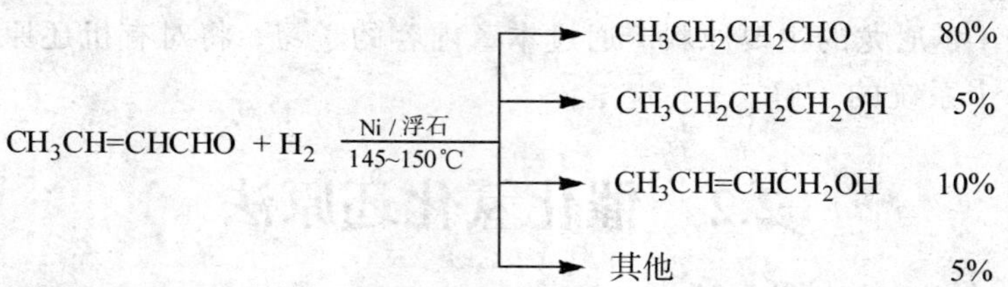

在上述反应中，由于产物中丁醛的比例很大，副产物较少，所以该催化剂在上述条件下的选择性较好。催化剂选择性好，可减少副反应，提高主反应产率，后处理方便，产品质量也好。

由于科研工作者的努力，现在各种氢化反应均有活性和选择性都很好的催化剂，因此使得催化氢化在工业上得到了广泛的应用，使其成为有机合成工业中的重要反应之一。

催化氢化和一般的催化反应一样，按其催化反应中相态的不同可分为多相催化氢化和均相催化氢化。

2.2.1 多相催化氢化法

多相催化氢化还原反应通常是指在不溶于反应液的固体催化剂的作用下，用氢气还原在液相中的底物的过程。多相催化氢化法是催化领域中研究较多的还原方法。

在多相催化氢化还原法中，催化剂是反应成败的关键因素。多相催化剂的活性和选择性不仅决定于催化剂的化学组成，而且在很大程度上决定于催化剂的物理状态及表面结构(如表面积、多孔性等)。具有较高活性的多相氢化催化剂多为第八族过渡元素如镍、钴、铂、铑等，以及过渡元素中的铜、铬、钼、钨等的氧化物和硫化物。除单一金属外，实际应用中也常使用复合型催化剂如 Cu-Ba-CrO_3、Ni-Cu 等。相同组成的催化剂，在制备上主要是增大比表面积，以提高催化剂的活性。催化剂的制备技术一般都是专利技术，制备时必须严格按制备操作方法进行。

2.2.1.1 催化剂的制备

催化剂的制备技术一般都是专利性质的，而且多为国外专利。在此我们仅从一般方法上进行讨论，并举出一些催化剂制备的实例。

1)镍催化剂的制备

(1)载体镍催化剂的制备：

将硫酸镍或硝酸镍与载体(常用硅藻土、浮石等)充分混合成悬浮液，然后加入稀的碳酸铵溶液与之反应，生成的碳酸镍沉淀于载体上，而后过滤、干燥、加热使碳酸镍分解为氧化镍。在高温下通入氢气还原氧化镍即可得到吸附于载体上的镍，即为载体镍催化剂。制备方法示意如下：

$$Ni(NO_3)_2 + (NH_4)_2CO_3 \xrightarrow{\text{Ni/硅藻土}} NiCO_3\ (\text{硅藻土}) \downarrow$$

$$\xrightarrow{\triangle} NiO\ (\text{硅藻土}) \xrightarrow[300\sim320℃]{H_2} Ni\ (\text{硅藻土})$$

此法制得的载体镍催化剂对碳碳不饱和键及芳环的催化氢化有较高的催化活性，而对羰基的催化氢化则较迟钝。故该催化剂除广泛应用于不饱和烃的多相催化氢化外，也常用于不饱和羰基化合物的选择性催化氢化中。例如可用于巴豆醛制备丁醛的催化氢化中。

$$CH_3CH{=}CHCHO + H_2 \xrightarrow{\text{Ni/硅藻土}} CH_3CH_2CH_2CHO \qquad 80\%$$

(2)骨架镍(Raney–Ni)催化剂的制备：

将等量的金属镍和铝熔融制成镍铝合金，将镍铝合金(有商品出售)粉碎成一定粒度后，用氢氧化钠溶液溶解其中的铝，然后用水、醇充分洗涤，即得骨架镍，也叫兰尼镍(Raney–Ni)催化剂。

$$Ni + Al \xrightarrow{900\sim1\,200℃} Ni\text{-}Al(合金) \xrightarrow[2.水洗]{1.NaOH溶液} Ni(海绵状)$$

此法制得的骨架镍催化剂由于在空气中可以自燃，故需保存在乙醇中。骨架镍具有较高的催化活性，是多相催化氢化中常用的催化剂，广泛应用于非极性官能团和极性官能团如 C=C、C≡C、Ar、C=O、CN、NO_2 等的催化氢化还原反应中。

催化剂制备操作实例——Raney–Ni 的制备：

在 1 000 mL 三口瓶中，加入 60 mL 10%的氢氧化钠溶液，加热至 90～95℃，在 20～30 min 内，慢慢加入 40 g 铝镍(1∶1)合金粉(注意有氢气放出)，加完后继续搅拌 1 h。静置沉淀，倾出上层水溶液。然后依次用 1 000 mL 水洗五次，250 mL 乙醇洗五次(注意在洗涤过程中液体始终覆盖在催化剂上)。在乙醇覆盖下密闭低温保存。

2)铂催化剂的制备

铂催化剂是多相催化氢化中活性最强的催化剂之一，但价格较贵。常用的铂催化剂有氧化铂、铂黑和载体铂。

(1)氧化铂催化剂：

氧化铂催化剂也叫 Adams 催化剂。制备方法是：将氯铂酸或氯铂酸铵与硝酸钠共熔，而后加热分解，最后水洗、抽干，即得氧化铂催化剂。

氧化铂催化剂具有很高的催化氢化活性，可用做大多数官能团还原反应的催化剂。如在很温和的条件下即可使芳环氢化。

(2)铂黑催化剂：

在水或乙酸中，于室温和常压下，在氯化钯催化下用氢气还原氯铂酸，即可制得铂黑催化剂。用硼氢化钠还原氯铂酸，也可得到铂黑催化剂。

该法得到的铂黑催化剂对烯烃的氢化反应具有很高的催化活性。

(3)载体铂催化剂：

将氯铂酸与载体(如活性炭、硅藻土)混匀后，用氢气催化还原或用硼氢化钠还原，即可得到载体铂催化剂。

催化剂制备操作实例——氧化铂的制备：

在 50 mL 坩埚中，加入氯铂酸($H_2PtCl_6·6H_2O$)3.5 g，硝酸钠 35 g，水 10 mL，在搅拌下缓慢加热至液体蒸干。而后继续升温至 350～370 ℃时，固体开始熔化，并有棕黄色气体(NO_2)放出。继续升温至 400 ℃时，NO_2 释放完毕，继续加热至 500～520 ℃并保持 30 min。自然冷却，待温度降至 100 ℃以下时，将反应物连同反应器一起放入 300 mL 水中，浸泡，温热使可溶物溶解，则有棕色的氧化铂($PtO_2·H_2O$)沉淀于底部，水洗两次后，用抽滤洗涤法洗涤至流出物呈中性，而后抽干即得氧化铂催化剂，干燥密封保存。

3)钯催化剂的制备

钯催化剂是催化氢化和氢解反应中最常用的催化剂，与铂催化剂相比，虽活性稍低，但价格便宜、不易中毒、应用范围广。常用的钯催化剂有氧化钯、钯黑、载体钯等。

(1)氧化钯催化剂：

用王水溶解金属钯，然后加入硝酸钠和少许水，加热蒸去水分后，逐步升温，使反应物分解，强火加热 10 min 后，自然冷却，加水溶解可溶物后，水洗多遍，即得氧化钯催化剂。

(2)钯黑催化剂：

在乙醇中用氢气还原氯化钯即可得到钯黑催化剂。

此法制得的钯黑催化剂由于干燥时可自燃，则需保存在乙醇中。

(3)载体钯催化剂：

①钯碳催化剂的制备：将活性炭和水一起共热至沸，而后加入氯化钯的盐酸水溶液，加甲醛将钯还原后，加入氢氧化钾溶液中和至 pH=5～6。水洗后，用 5%硝酸浸泡，过滤，水洗至洗出液近中性，抽干即得钯碳催化剂。

②Lindlar 催化剂的制备：先将氯化钯溶于浓盐酸中，后在搅拌下慢慢滴加氢氧化钠溶液至 pH=4～4.5，在搅拌下，加入新沉淀的碳酸钙，加热升温至 70～80 ℃，则氯化钯沉淀析出。加入甲酸使其还

原，则沉淀由棕色变为灰色，最后变为黑色，即为 Lindlar 催化剂。

制备过程如下：

$H_2PdCl_6 + H_2O + CaCO_3 \rightarrow PdO/CaCO_3 + HCl$

$PdO/CaCO_3 + HCOOH \rightarrow Pd/CaCO_3 + H_2O$

$Pd/CaCO_3 + Pb(OAC)_2 \rightarrow$ Lindlar 催化剂

催化剂制备操作实例——钯碳催化剂的制备：

在 200 mL 烧杯中加入 5.0 g 氯化钯，65 mL 水和 8.8 mL 浓盐酸，加热使其溶解，得棕色溶液。

在 1 000 mL 三口瓶中，加入 250 g 活性炭和 200 mL 水，加热煮沸 15 min，在搅拌下将氯化钯溶液加入该三口瓶中。在剧烈搅拌下，于 90～95 ℃慢慢加入 22 mL 甲醛(40%)。加毕，继续搅拌 15 min，冷却至 20 ℃以下时，在搅拌下加入 30%氢氧化钾溶液至 pH=5～6，过滤，水洗三遍。用 5%硝酸浸泡过夜。过滤，水洗至中性，干燥。密闭保存。

4)氧化铜铬催化剂的制备

氧化铜铬催化剂是由加热分解铬酸铜铵制得的，在制备过程中加入少量(约 10%)硝酸钡，则得到含钡的氧化铜铬，其催化活性明显增加。

$$\left\{\begin{array}{l} Cu(NO_3)_2 \\ (NH_4)_2CrO_4 \\ Ba(NO_3)_2 \end{array}\right\} \longrightarrow \text{铬酸盐复合物} \xrightarrow{350\sim400℃} \left\{\begin{array}{l} CuO\cdot Cr_2O_3 \\ BaCr_2O_4 \end{array}\right\}$$

氧化铜铬是一种液相催化加氢催化剂，一般要在较高温度和较大的氢气压力下才有较高的活性。氧化铜铬催化剂对羰基的氢化有很强的催化活性，而对碳碳不饱和键及芳环则较迟钝。如能将醛、酮、酯、酰胺顺利地催化氢化还原。常用于不饱和醛、酮、酯等的选择性催化氢化还原中。

催化剂的制备实例——氧化铜铬的制备：

在 1 000 mL 烧杯中，加入 178 g $Na_2Cr_2O_7\cdot 2H_2O$ 和 225 mL 28%的氢氧化

铵溶液，用水稀释至 900 mL。

在 2 500 mL 烧杯中加入 260 g $Cu(NO_3)_2 \cdot 3H_2O$，31 g 硝酸钡和 900 mL 水，在搅拌下加热至 80 ℃，加入上述配制的溶液，则有棕黄色沉淀生成。过滤，用 200 mL 水洗两次，抽干在 75 ~ 85 ℃干燥后，研碎。

在 1 000 mL 三口瓶上，装置机械搅拌，空气冷凝管和固体漏斗。用伍德合金浴(350 ℃)加热。在快速搅拌下将制得的固体粉末加入反应瓶，加热至 350 ℃后继续搅拌 20 min。冷至室温后加入 10%乙酸水溶液浸泡，搅拌 30 min，过滤后，用 600 mL 水分三次洗涤。抽干后在 125 ℃下干燥 12 h，研碎即得黑褐色的氧化铜铬催化剂(160 ~ 170 g)。

2.2.1.2 常见有机官能团的多相催化氢化还原

在各种有机化合物的还原方法中，催化氢化还原法是应用最广泛的方法，大部分有机官能团都可用催化氢化还原法来还原。表 2-1 给出了常见有机官能团催化氢化还原的产物及近似活性顺序。

表 2-1 常见有机官能团催化氢化活性顺序

底物	产物	注释
RCOCl	RCHO，RCH_2OH	最易氢化还原。要用局部毒化的 Pd，方可停留在醛的阶段
RNO_2	RNH_2	
RC≡CR'	RHC=CHR'，RCH_2CH_2R'	用 Lindlar 催化剂，可得顺式烯烃
RCHO	RCH_2OH	
RCH=CHR'	RCH_2CH_2R'	取代基越多，活性越低
RCOR'	RCHOHR'	
$PhCH_2OH$	$PhCH_3$+ROH	
RC≡N	RCH_2NH_2	
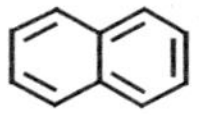 （萘）	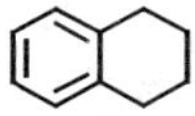 （1,2,3,4-四氢萘）	
RCOOR'	RCH_2OH+R'OH	
RCONHR'	RCH_2NHR'	R'可以是 H
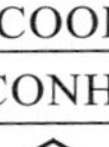 （苯）	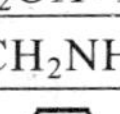 （环己烷）	
RCOONa		不能氢化还原

表 2-1 中所列的次序，在表上边的官能团容易催化氢化还原，而越往下，则催化氢化还原越难。但这一次序不是绝对的，仅是一个粗略的比较，因各种官能团的催化氢化还原活性随着底物结构及反应条件的不同而有所变化。但一般来说，表上部催化氢化活性强的官能团和表下部活性差的官能团共存时，可进行选择性的催化氢化还原。二者差别越大，则选择性越强。如果两官能团在表中位置靠近，则活性相近，就无法进行选择性催化氢化还原。另外，表下部催化氢化还原活性很差的官能团一般不用催化氢化还原而可用化学还原法还原。

1)烯键的催化氢化还原

烯键是很容易进行催化氢化还原的，一般的烯键都可在较温和的条件下进行催化氢化还原。烯键的催化氢化常用的催化剂有铂、钯、镍、兰尼镍及镍—铜复合催化剂等。烯烃的催化氢化反应活性与其结构有密切关系。一般来说孤立烯键的活性比共轭烯键强，α–烯键比中间烯键活泼，烯键上连的取代基越多，取代基体积越大，则活性越弱。各类烯烃催化氢化还原的活性顺序大致为：

$$CH_2=CHR > R_2C=CH_2 > RCH=CHR > R_2C=CHR > R_2C=CR_2$$

前三类烯烃的催化氢化可在温和条件下进行，而后两类烯烃的催化氢化则需较高的温度。若分子中含有催化氢化活性相差较大的烯键，则可进行选择性催化氢化还原。

例如：

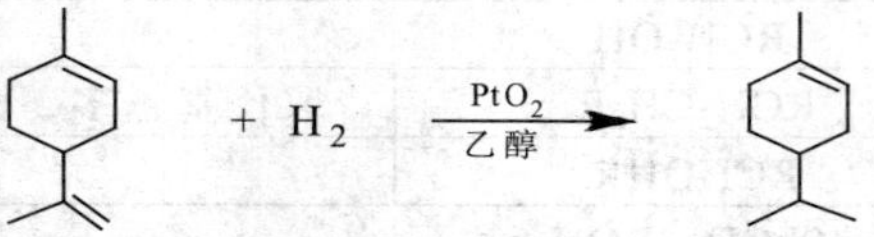

$$+ \ H_2 \xrightarrow[\text{乙醇}]{PtO_2}$$

烯烃的催化氢化反应活性也与其几何结构有关，一般来说顺式异构体比反式异构体催化氢化容易。这是因为烯烃催化氢化反应活性与其反应机理有关(见后)，另外也与烯烃的稳定性有关。

烯键的催化氢化在有机合成工业中最突出的应用就是油脂的硬化，即在镍铜复合催化剂存在下将含烯键的植物油或动物油氢化还原得到固态的饱和油脂，以改善油脂质量。使其成为有机合成的重要原料，如用于制备硬脂酸、肥皂等。

2)炔键的催化氢化还原

炔键的催化氢化还原是很容易的，其反应是分步进行的，首先加一分子氢得到顺式烯烃，然后顺式烯烃再加一分子氢得到烷烃。由于炔键催化氢化反应的活性比烯键强，故反应可停留在烯烃阶段，这是制备顺式烯烃最有效的方法。常用的催化剂为 Lindlar 催化剂($Pd/CaCO_3$，$Pb(OAc)_2$)。例如：工业制备异戊二烯的方法中，就使用了炔键的部分氢化还原反应。

$$CH_3-\underset{OH}{\overset{CH_3}{C}}-C\equiv CH + H_2 \xrightarrow[30\sim80℃,\ 5\sim10atm]{Pd/CaCO_3,Pb(OAc)_2} H_3C-\underset{OH}{\overset{CH_3}{C}}-CH=CH_2$$

$$\xrightarrow[\Delta]{Al_2O_3} CH_2=\overset{CH_3}{C}-CH=CH_2$$

当分子中烯键和炔键共存时，此法可实现炔键的选择性还原。例如，合成维生素 A 中间体的炔键的部分还原：

$$\text{(2,6,6-三甲基环己烯基)}-CH_2CH=\underset{CH_3}{C}-\overset{OH}{CH}C\equiv C\underset{CH_3}{C}=CHCH_2OH + H_2 \xrightarrow[甲醇]{Pd/C,喹啉}$$

$$\text{(2,6,6-三甲基环己烯基)}-CH_2CH=\underset{CH_3}{C}-\overset{OH}{CH}CH=CH\underset{CH_3}{C}=CHCH_2OH$$

炔键的部分氢化还原也可用骨架镍加少量毒化素如喹啉、六氢吡啶等催化来完成。

3)芳环的催化氢化还原

芳环的催化氢化还原具有较大的工业价值。如苯催化氢化还原为环己烷，苯酚催化氢化还原为环己醇，产物均是有机合成和高分子合成的重要原料。

苯环是较难催化氢化还原的，其催化氢化还原是在较高温度和较大压力下进行的，兰尼镍或载体铂、载体镍均可作催化剂。

$$C_6H_6 + 3H_2 \xrightarrow[30\sim65atm]{Ni/Al_2O_3,\ 150\sim250℃} C_6H_{12}$$

该反应是强放热反应，需严格控制反应温度不超过250℃，以避免异构化、氢解等副反应的发生。

苯酚催化氢化还原比苯要容易些。

$$\text{C}_6\text{H}_5\text{OH} + 3H_2 \xrightarrow[150\sim160℃，25\sim28atm]{\text{Raney–Ni}} \text{C}_6\text{H}_{11}\text{OH}$$

稠环化合物的催化氢化比苯环容易，一般都是分步进行的。视反应条件不同可以得到部分氢化产物和彻底氢化产物。

例如：

$$\text{萘} \xrightarrow[150℃]{H_2/\text{Raney–Ni}} \text{四氢萘}$$

$$\text{萘} \xrightarrow[200℃]{H_2/\text{Raney–Ni}} \text{十氢萘}$$

4)羰基化合物的催化氢化还原

羰基是容易进行催化氢化还原的官能团，其中醛比酮更容易些。催化剂常用铂、钯、兰尼镍和氧化铜铬。脂肪族醛酮在活泼催化剂作用下，在温和条件下，即可完成氢化为醇的过程。

例如：

$$(CH_3)_2C(OH)COCH_3 + H_2 \xrightarrow[\text{乙醇，}20℃]{PtO_2} (CH_3)_2C(OH)CH(OH)CH_3 \quad 88\%$$

$$CH_3(CH_2)_4CHO + H_2 \xrightarrow[20\sim30℃，1\sim4atm]{\text{Raney–Ni，乙醇}} CH_3(CH_2)_4\,CH_2OH$$

芳香族醛酮更容易被催化氢化还原，生成的苄醇往往进一步发生氢解而生成烃。

例如：

$$\alpha\text{-四氢萘酮} \xrightarrow[\text{乙酸,硫酸}]{H_2/\text{Pd-C}} \text{四氢萘}$$

上述反应在中性环境及低温下进行，控制氢气用量则可得到醇。

例如：

$$\text{(2-oxo-1,2,3,4-tetrahydronaphthalen-2-yl)}CH_2COOH + H_2 \begin{cases} \xrightarrow[\text{乙醇，25℃}]{Pd/C} \text{(1-hydroxy-1,2,3,4-tetrahydronaphthalen-2-yl)}CH_2COOH \\ \xrightarrow[\text{乙醇，80℃}]{Pd/C} \text{(1,2,3,4-tetrahydronaphthalen-2-yl)}CH_2COOH \end{cases}$$

为防止苯环的催化氢化还原，芳香醛酮的催化氢化还原可采用氧化铜铬作催化剂。

例如工业上由糠醛制糠醇的方法：

$$\text{(furan-2-yl)}CHO + H_2 \xrightarrow[\text{130~140℃，15~20atm}]{CuCrO_4} \text{(furan-2-yl)}CH_2OH$$

5)氰基的催化氢化还原

氰基仍属于容易催化氢化还原的官能团，用铂、钯(室温)或兰尼镍(加压下)均能将氰基催化氢化为氨基。

$$RCN + H_2 \longrightarrow RCH{=}NH \xrightarrow[Cat]{H_2} RCH_2NH_2$$

应该注意，腈的催化氢化还原容易生成副产物仲胺，这是生成的产物伯胺与中间产物亚胺发生加成的结果。为防止副反应发生，催化氢化可在酸性环境中进行，由于生成的伯胺可生成铵盐或酰胺，即可避免加成反应的发生。

例如：

$$C_6H_5CN + 2H_2 \xrightarrow[\text{乙醇/乙酸}]{Pd/BaSO_4} C_6H_5CH_2NH_2 \quad 80\%$$

用兰尼镍做催化剂时，由于不能用酸(酸可使兰尼镍活性丧失)，常是加入大量的氨或一定量的碱，氨的作用是可与亚胺加成而防止仲胺的生成。

例如：

$$NC(CH_2)_8CN + H_2 \xrightarrow[\text{KOH, 110~120℃,10~25atm}]{\text{Raney-Ni, }NH_3} NH_2(CH_2)_{10}NH_2$$

6)硝基的催化氢化还原

硝基是最容易催化氢化还原的官能团。催化剂用 Pt、Ni 等，甚至铜也可用做催化剂，反应在室温及低压下即可完成。工业上现在用催化氢化还原硝基苯以生成苯胺。苯胺是重要的有机化工原料，用于制备医药、农药、染料等。原来使用 Fe+HCl 还原法生成苯胺，由于三废严重而被催化氢化法所代替。

$$PhNO_2 + 3H_2 \xrightarrow[1.22\sim1.24atm]{Cu/SiO_2,\ 255\pm5℃} PhNH_2$$

此法采用铜作催化剂，其优点是反应速度适中，易于控制。同时可避免芳环的氢化。另外，该催化剂价格便宜。

2.2.1.3　多相催化氢化反应机理

多相催化氢化反应的机理一直是催化氢化研究中的重要课题，虽然提出过多种理论，但均未达到完善的地步，但在一些基本问题上取得了较为一致的看法。现在大多数研究者都认为多相催化氢化反应是反应物分子在催化剂表面上进行的吸附与解吸附的平衡可逆过程。这个过程可分为三个阶段：①反应物(氢及不饱和化合物)分子被催化剂吸附而活化；②被吸附活化的反应物分子间的相互反应而生成产物；③生成物解吸附而离开催化剂表面。

1)反应物分子被催化剂吸附而活化

氢分子的活化：氢分子被催化剂表面化学吸附后，σ 键变弱甚至离解为氢原子。

不饱和化合物的活化：不饱和化合物如烯烃被催化剂表面吸附活化有三种方式：

(1)σ–吸附：不饱和化合物在催化剂表面被化学吸附后，π 键断裂，而与催化剂表面以 σ 键结合而活化。

(2)π 吸附：不饱和化合物 π 键中的 π 电子作为一个整体，以 π 键形式被吸附在催化剂表面上而被活化。

(3)π–丙烯型吸附：在催化剂表面上，π 键的 α– C 失去一个氢原子而形成一个 π–丙烯型复合体而被吸附在催化剂表面的活性位置上。

2)活化分子在催化剂表面上的顺式加成

被吸附而活化的氢分子和不饱和化合物分子的 π–键在催化剂表面上以顺式(同面)加成的方式结合而生成氢化产物。由于反应物分子已被吸附活化，其相互间的化学反应是很容易的。

3)产物分子从催化剂表面上解吸

产物分子从催化剂表面上解吸而完成氢化反应的整个过程。同时，催化剂恢复活性而循环使用。

上述催化氢化反应机理得到了许多反应事实的支持。催化剂的活性不仅决定于催化剂物质的化学性质，还与催化剂的比表面积有关。比表面积越大，被吸附的反应物分子越多，则反应速度越快。对不同的反应物分子来说，如烯烃，烯键上取代基数目增加，体积变大，则催化剂表面吸附的分子数目变小，反应速度变慢。由于被吸附活化的反应物间的化学反应很快，所以氢分子则同时同侧加到烯键的两个碳原子上而得到顺式加成产物。吸附和解吸附都是可逆的，所以催化氢化反应发生的同时，也发生产物的脱氢反应，从而导致某些副反应的发生。

2.2.2 均相催化氢化法

早期的氢化还原都是采用多相催化氢化法。随着对催化氢化反应认识的深化，逐渐发展了均相催化氢化法，并且发展前景看好，这是因为均相催化氢化法与多相催化氢化相比，具有很高的活性和选择性、较强的立体定向性，且具反应条件温和、产率高等优点。

2.2.2.1 均相催化氢化还原法的特点

(1)高活性：例如用一种氢化铝和高价氧化态的过渡金属盐组成的均相催化剂即能成功地将环十二碳三烯加氢成环十二碳单烯(尼龙–12 的原料)，转化率达 99.9%以上。而且还具有使用未精制氢气、反应体积小、产品纯度高等优点。

(2)高选择性：例如用一种铬均相催化剂，在 70 ℃，90 个大气压下反应 5 h，下列选择氢化的选择性几乎都是 100%。

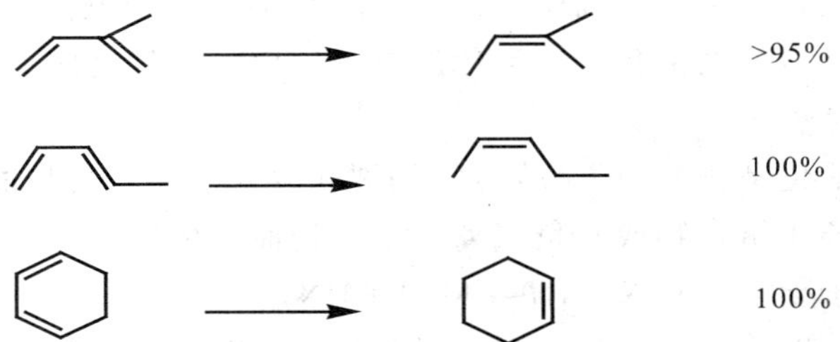

(3)立体定向性好：例如使用氯化三苯基膦铑均相氢化催化剂进行氢化反应，按顺式加成，几乎没有异构化等现象发生。

$$\xrightarrow[\text{苯-乙醇}]{D_2,(Ph_3P)_2RhCl}$$ 85%

2.2.2.2 均相催化氢化催化剂

大多数均相氢化催化剂是以第Ⅷ族过渡金属为中心组成的络合物，其中心金属的电子构型几乎均为 d^8 或 d^7，如表 2-2 所示。

表 2-2 常见均相氢化催化剂

铁组	钴组	镍组
中心金属：络合物	中心金属：络合物	中心金属：络合物
Fe(d^8)：$Fe(CO)_5$ Ru(d^8)：$Ru(CO)_3(PPh_3)_2$ Ru(d^7)：$RuCl_3$ Os：$Os(CO)_5$	Co(d^7)：$Fe(CO)_5^{2-}$ Rh(d^8)：$RhCO(PPh_3)_3$ Ir(d^8)：$IrClCO(PPh_3)_3$	Ni(d^8)：$NiX_2(PPh_3)_2$ Pd(d^8)：$PdX_2(PPh_3)_2$ Pt(d^8)：$PdX_2(PPh_3)_2$

从均相催化氢化的应用看，钴组络合物催化剂应用较广泛。例如五氰基钴离子$[Co(CN)_5]^{2-}$是一种具有广泛应用领域的均相催化氢化催化剂。均相催化氢化催化剂除用于碳碳不饱和键的催化氢化外，也可用于碳氧不饱和键的催化氢化以及有机卤代烃的氢解。均相氢化催化剂由于在多烯烃的选择氢化上显示了很高的活性、选择性以及很高的立体方向性，其在有机合成中的应用越来越受到重视，其应用领域不断扩大。

2.2.2.3 均相催化氢化反应机理

均相催化氢化反应机理，现在一般认为由三个步骤组成：①氢的活化；②反应物的活化；③活化的氢与反应物间的反应。

1)氢的活化

氢的活化是经氢分子的异裂、均裂和嵌入三种方式与催化剂配位形成负氢离子络合物或双负氢离子络合物而完成的。

氢分子异裂：$M^nX + H_2 \rightarrow M^nH + HX$

例如：$Ru^{III}Cl_6^{-3} + H_2 \rightarrow Ru^{III}HCl_5^{-3} + HCl$

此时中心金属的氧化数没有变化。

氢分子均裂：$2M^n + H_2 \rightarrow 2M^{n+1}H$

例如：$2Co^{II}(CN)_5^{-3} + H_2 \rightarrow 2Co^{III}H(CN)_5^{-3}$

此时中心金属的氧化数升高。

氢分子嵌入：$M^n + H_2 \rightarrow HM^{n+2}H$

例如：$Ir^{I}Cl(CO)(PPh_3)_2 + H_2 \rightarrow Ir^{III}HCl(CO)(PPh_3)_2$

此时中心金属的氧化数也升高。

不管氢分子以何种方式与催化剂结合，氢分子均被活化。

2)反应物的活化

在均相催化氢化中，反应物是由负离子催化剂与反应物的不饱和键作用而被活化的。同时活化的反应物与活化的氢在络合物中处于有利于作用的位置上。

3)活化反应物相互反应生成产物

被活化的氢分子和反应物分子由于处在利于发生反应的位置上而相互反应生成产物，与催化剂脱离以恢复催化剂的原来结构。

下面以八羰基钴对醛的均相催化氢化还原说明其反应过程：

氢的活化：$Co_2(CO)_8 + H_2 \rightarrow 2HCo(CO)_4$

醛的活化：$RCHO + HCo(CO)_4 \rightarrow RCHOHCo(CO)_3 + CO$

产物的生成：$RCHOHCo(CO)_3 + HCo(CO)_4 \rightarrow RCH_2OH + Co_2(CO)_7$

催化剂再生：$Co_2(CO)_7 + CO \rightarrow Co_2(CO)_8$

2.2.2.4 均相催化氢化的应用

均相催化氢化还原法的应用还不十分广泛，但有些均相催化氢化的应用实例却显示了很多的优点，发展前景看好。工业上目前应用较多的均相催化氢化反应是 1，5，9–环十二碳三烯氢化还原为环十二碳单烯，转化率达 99.9%。

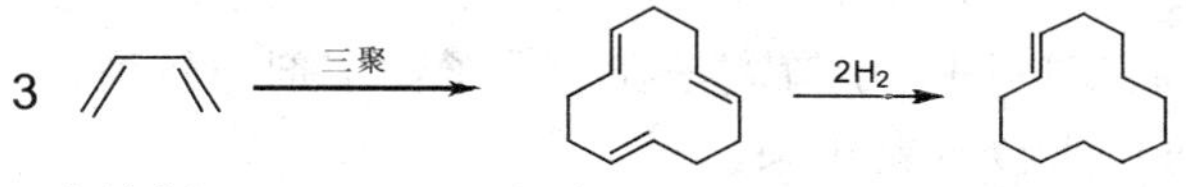

环十二碳单烯是工业上生产合成纤维——尼龙–12 的原料。

2.3 化学还原法

用化学还原剂将有机化合物还原的方法叫化学还原法。根据所用的化学还原剂的不同，化学还原法又可分为溶解金属还原法、无机氢化物还原法和其他还原剂还原法。化学还原法与催化氢化还原法相比，由于操作方便、产率高、易实施，而较多地用于实验室及科研中，在有机合成工业中也有较多应用。

2.3.1 溶解金属还原法

溶解金属还原法是指一些活泼金属(如 Li、Na、K、Mg、Al、Zn、Fe、Sn 等)同质子性溶剂如水、醇、酸等一起将有机化合物还原的方法。溶解金属还原法因其具有操作方便、产率高、化学选择性和立体选择性强而在精细有机合成中有较广泛的应用。

2.3.1.1 溶解金属还原反应的机理

对溶解金属还原反应的机理，早期广泛采用的是“新生态氢”理论，即活泼金属与质子溶剂反应首先生成氢，新生的氢再和有机物的不饱和基团反应而生成还原产物。如铁加盐酸还原硝基苯的反应机理如下：

$$Fe + 3HCl \rightarrow FeCl_3 + 3[H]$$

$$PhNO_2 + 6[H] \rightarrow PhNH_2 + 2H_2O$$

总反应式：$PhNO_2 + 2Fe + 6HCl \rightarrow PhNH_2 + 2H_2O + 2FeCl_3$

随着科学技术水平的提高，人们对溶解金属还原法的认识不断深化，上述理论已被否认。现在认为溶解金属还原实质上是一个以金属为“电子源”(提供电子)和以溶剂为“质子源”(提供质子 H^+)的电性还原过程。还原反应是通过电子和质子对被还原物质的交替作用而完成的。

首先是活泼金属向反应物提供一个电子而生成阴离子游离基。

$$X{=}Y + M \rightarrow X^{\cdot}{-}Y^{-}(\text{或 } X^{\cdot}{—}Y^{\cdot}) + M^{+}$$

生成的阴离子游离基具有单电子，可以用电子自旋共振仪鉴定出来。有些较稳定的阴离子游离基在非质子性溶剂中较稳定并呈现出特定颜色，可以直接观察出来。

例如：

$$\text{萘} \xrightarrow[CH_3OCH_2CH_2OCH_3]{Na} \text{(1,4-二氢萘二负离子，H)} + Na^+$$

生成的阴离子游离基从质子溶剂中得到一个质子而生成“半氢化状态”的游离基。

$$X^{\cdot}{-}Y^{-} + H^{+} \rightarrow X^{\cdot}{-}YH（或\ HX{—}Y^{\cdot}）$$

新生成的“半氢化状态”的游离基再从活泼金属获得一个电子及从溶剂中得到一个质子而完成还原反应过程：

$$X^{\cdot}{-}YH + e \quad \rightarrow \quad X^{-}YH$$

$$X^{-}YH + H^{+} \rightarrow HX{-}YH$$

在质子性溶剂中，不饱和官能团的活泼金属还原大都经历上述过程，被称为单分子还原。而在非质子溶剂中，开始生成的阴离子游离基可以二聚生成双负离子，待加入质子溶剂后，而完成双分子还原过程。

$2X^{\cdot}{-}Y^{-} \rightarrow Y^{-}{-}X{—}X{-}Y^{-}$

$Y^{-}{-}X{—}X{-}Y^{-} + 2H^{+} \rightarrow YH{-}X{—}X{-}YH$

从活泼金属还原反应的机理可以看出：

(1)溶解金属还原法适用于亲电子官能团如硝基、亚硝基、羰基、氰基等的还原。

(2)用溶解金属还原，其反应活性和反应深度在很大程度上取决于金属的活性(电正性)和溶剂提供质子的能力。以酮的还原为例：酮用活泼金属钠和乙醇还原得到醇，用活性稍差的镁还原则生成双分子还原产物，而用活化的锌(Zn–Hg)和强酸还原则生成烃。

$$RR`C{=}O \xrightarrow{Na\ +\ EtOH} RR'CHOH$$

$$RR`C{=}O \xrightarrow{Mg\ +\ H_2O} RR'COHCOHCRR'$$

$$RR`C{=}O \xrightarrow{Zn\text{-}Hg\ +\ HCl} RR'CH_2$$

(3)金属的还原活性与介质酸碱性关系密切。一般说在酸性介质中还原活性强。介质酸碱性不同，有时可得到不同的还原产物。

例如：

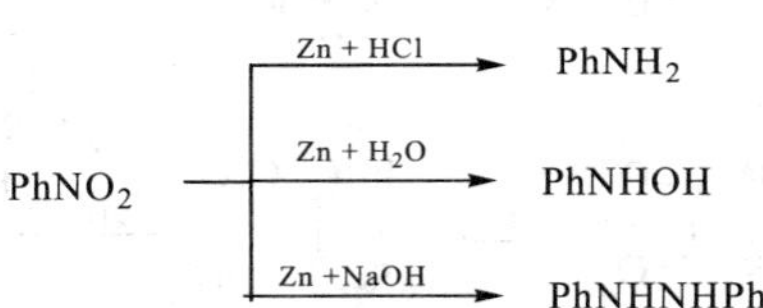

因此在溶解金属还原法中，选用不同金属、溶剂及介质酸碱性可达到选择性还原的目的。

2.3.1.2　钠的还原作用

在钠的还原反应中，为增加钠的反应活性，常将钠用压钠机压成细丝状或在甲苯中制成钠粉(俗称分子钠)，也可以制成钠汞齐。常用的溶剂是乙醇和液氨。

1)钠+乙醇的还原反应

钠+乙醇常用于将羰基、酯基还原为醇的反应。但对一般醛酮的还原，由于消耗钠过多，已被催化氢化法所代替。但对环酮的还原则由于具有较强的立体选择性，产物结构正好与催化氢化的产物结构相反，而常用于环酮的选择性还原中。

例如：

(2-甲基环己酮 $\xrightarrow{[H]}$ 反式2-甲基环己醇 + 顺式异构体)

钠+乙醇还原：	＞99%	＜1%
催化氢化还原：	＞~35%	~65%

钠+乙醇可将酯顺利还原为醇。

例如：

$$n\text{-}C_{11}H_{23}COOC_2H_5 \xrightarrow[\text{甲苯，}\triangle]{Na\ +\ EtOH} n\text{-}C_{11}H_{23}CH_2OH$$

在惰性溶剂中，钠与酯反应则得到双分子还原产物。

$$2RCOOC_2H_5 \xrightarrow[\text{二甲苯}]{2Na} 2\ R\overset{ONa}{\overset{|}{C}}OC_2H_5 \longrightarrow \begin{matrix} ONa \\ | \\ R-C-OC_2H_5 \\ | \\ R-C-OC_2H_5 \\ | \\ ONa \end{matrix}$$

$$\xrightarrow{-2C2H5ONa} \begin{matrix} R-C=O \\ | \\ R-C=O \end{matrix} \xrightarrow{2Na} \begin{matrix} R-C-ONa \\ \| \\ R-C-ONa \end{matrix} \xrightarrow{2H^+} \begin{matrix} RC=O \\ | \\ RCHOH \end{matrix}$$

此反应多用于大环酮的合成。

例如：

$$H_5C_2O_2C(CH_2)_{14}CO_2C_2H_5 \xrightarrow[2.\ H_3O^+]{1.\ Na,\ 二甲苯} (CH_2)_{14}\ \begin{matrix} C{=}O \\ | \\ CHOH \end{matrix}$$

$$\xrightarrow[1.4\text{-}二氧六环]{Zn+HCl} (CH_2)_{15}\ C{=}O \quad 环十六烷酮$$

产物环十六烷酮是一个麝香类香料。

2)钠+液氨的还原反应——Birch 反应

在基础有机化学中我们知道钠+液氨可将炔烃还原为反式烯烃。由于钠加液氨对烯烃的还原很困难，氢化反应不会继续进行下去，这是有机合成中制备反式烯烃的很好的方法。

钠加液氨对 α，β–不饱和羰基化合物及苯乙烯衍生物等均具有较强的还原活性，产物为 1，4–加成的二氢化物。这就是 Birch 反应。其共轭二烯烃也可进行 Birch 反应。

$$>C{=}C{-}C{=}O \xrightarrow[2.NH_4Cl（乙醇）]{1.Na+NH_3（l）} >CHCHC{=}O$$

$$>C{=}C{-}C{=}O \xrightarrow{Na+NH_3（l）+乙醇} >CHCHCHOH$$

钠加液氨在乙醇溶液中对芳环也有很强的还原活性，也可得到 1，4–二氢化产物。

例如：

$$苯 \xrightarrow{Na+NH_3（l）+乙醇} 1,4\text{-}环己二烯$$

在上述反应中，由于反应属亲电性的，故可以预料芳环上带有取代基时既影响反应活性也影响反应产物。吸电子基可活化反应且得 1，4–二氢化产物，而斥电子基则钝化反应而得到 2，5–氢化产物。

例如：

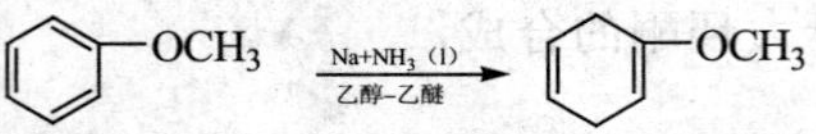

萘也可发生 Birch 反应。没有乙醇参与时生成 1，4–二氢化产物，有乙醇参与时则生成 1，4，5，8–四氢化产物。

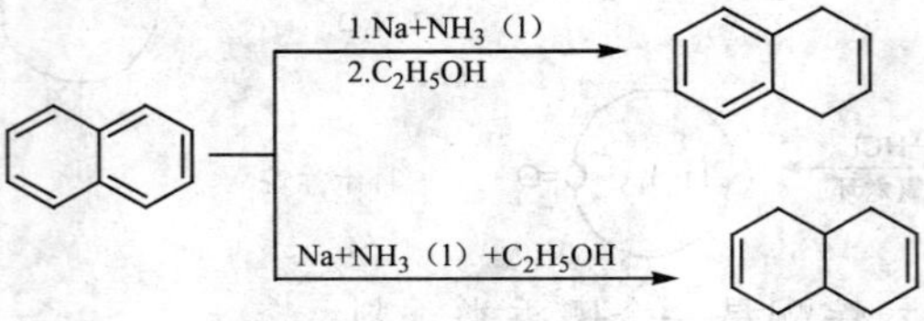

钠+乙醇的还原反应操作实例——由丁二酸二乙酯制备 1，4–丁二醇：

$$\begin{array}{l} CH_2COOC_2H_5 \\ | \\ CH_2COOC_2H_5 \end{array} \xrightarrow{Na\ +\ C_2H_5OH} \begin{array}{l} CH_2CH_2OH \\ | \\ CH_2CH_2OH \end{array}$$

在 2 000 mL 三口瓶中，放入新切的钠片 60 g，分别装上带干燥管的回流冷凝管和滴液漏斗。自滴液漏斗滴入含有 35 g 丁二酸二乙酯的 700 mL 无水乙醇溶液，在保持反应平稳的条件下，以尽可能快的速度滴加，加完后，待反应平息后，用水浴或油浴(＜130 ℃＝加热，直到所有的金属钠消失(一般为 30 ~ 60 min)。冷却后，小心地加入 25 mL 水，继续回流 30 min，使固体全部溶解，未反应完的酯水解。在冰水浴冷却下加入 270 mL 浓盐酸，过滤掉氯化钠，滤液加入 300 g 无水碳酸钠，以除去其中的酸和水。过滤，用热乙醇洗滤饼两次，合并滤液和洗涤液，进行蒸馏。蒸出酒精后，用无水丙酮提取，滤出不溶物，蒸出丙酮后，进行减压蒸馏。收集 133 ~ 135 ℃/2.4 Kp 馏分，得产品约 13 g。

Birch 反应操作实例——1，4–二氢苯甲酸的制备：

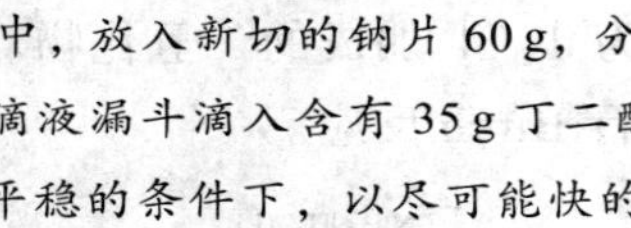

本实验在通风橱中进行。在 2 000 mL 三口瓶中，加入 10 g 苯甲酸和 100 mL 无水乙醇。装上搅拌装置，开动搅拌，使苯甲酸溶解。加入 600 mL 液氨，

然后小心地分小块加入 62 g 钠。加入三分之一钠时，即有白色钠盐沉淀和大量泡沫。加入所有钠时，蓝色消失。然后小心地加入 14.6 g 氯化铵，继续搅拌 1 h，然后放置，直到氨挥发完为止。

将反应混合物倒入 300 mL 水中，加入 200 g 冰。用 75 mL10%的盐酸酸化至 pH=4，用 400 mL 乙醚提取四次。提取液用 50 mL 食盐水洗涤后，加入 2 g 无水硫酸镁干燥。先用热水浴蒸去乙醚，再改用带分馏柱的减压蒸馏装置蒸馏，得无色 1,4–二氢苯甲酸 9 ~ 10 g(一般为 89% ~ 95%)，沸程 80 ~ 98 ℃/1.33Pa，n_D^{24}=1.501 1。重蒸纯化，取 91 ~ 97 ℃/1.33Pa 馏分，n_D^{24}=1.501 9。冷却固化，m.p15 ~ 17 ℃。

2.3.1.3　锌的还原反应

锌不及钠活泼，锌的还原反应一般在酸性介质中进行，也可在碱性或中性的质子性溶剂中进行。除使用锌粉外，常将锌制成锌汞齐、锌铜(银)偶参加反应。随着锌的状态和反应条件的不同，其还原作用有很大差异。在一定条件下，可应用于硝基、羰基、卤素、某些碳–杂原子单键(特别是苄基、丙烯型醇或卤化物以及 α–卤代酮、α–羟基酮)等的还原。

1)硝基的还原

在硝基的还原中一般使用锌粉，随反应的介质不同，其还原产物也不同。在酸性介质中，硝基被还原为伯胺。

例如：

2-(氯甲基)-1-甲基-4-硝基苯（CH_3，CH_2Cl，NO_2） $\xrightarrow[60℃]{Zn,稀H_2SO_4}$ 3,4-二甲基苯胺（CH_3，CH_3，NH_2）

反应物中连在苄基上的氯原子比较活泼，在酸性环境里可被锌氢解还原。

在中性介质中，硝基被还原为 N–羟基苯胺。

$C_6H_5NO_2$ $\xrightarrow[65\sim70℃]{Zn粉，NH_4Cl，乙醇}$ C_6H_5NHOH　72%

在碱性介质中，硝基苯被还原为氧化偶氮苯，氧化偶氮苯在过量 Zn+NaOH 作用下继续被还原为偶氮苯和氢化偶氮苯。

$$2\,PhNO_2 \xrightarrow{Zn+NaOH} PhN{=}\overset{\downarrow O}{N}Ph \xrightarrow{Zn+NaOH} PhN{=}NPh$$

$$\xrightarrow{Zn+NaOH} PhNHNHPh$$

氢化偶氮苯在酸作用下，可重排成联苯胺，此反应叫联苯胺重排，联苯胺是早期生产偶氮染料的原料。

$$C_6H_5{-}NHNH{-}C_6H_5 \xrightarrow{H_2SO_4} H_2N{-}C_6H_4{-}C_6H_4{-}NH_2$$

2)羰基的还原

锌汞齐加浓盐酸能将羰基还原为亚甲基，此反应称为克莱门森(Clemmenson)还原法。

$$\gt C{=}O \xrightarrow[\triangle]{Zn(Hg)+HCl} \gt CH_2$$

例如：

$$PhCO(CH_2)_6CH_3 \xrightarrow[\text{二甲苯}]{Zn\text{-}Hg/HCl} Ph(CH_2)_7CH_3$$

$$PhCOCH_2CH_2COOH \xrightarrow[\text{甲苯},\Delta]{Zn\text{-}Hg/HCl} PhCH_2CH_2CH_2COOH$$

此法对酮的还原效果好于醛，因此广泛用于酮的还原反应。对酸敏感的酮、α，β–不饱和酮以及β–二酮在用此法时由于副反应严重，得不到正常结果。

3)某些碳杂原子单键的氢解还原

醇是较难还原的官能团，无论是催化氢化还是化学还原，醇都较稳定，所以常用做还原反应的溶剂。但 α–羟基酮的羟基却容易被还原，发生 C–O 单键的氢解，用锌粉和稀酸即可完成此反应。

$$-\underset{O}{\underset{\|}{C}}-\underset{OH}{\underset{|}{CH}}- \xrightarrow[\text{乙酸}]{Zn+HCl} -\underset{O}{\underset{\|}{C}}-CH_2-$$

前边提到的从邻羟基环酮制备大环酮就是该反应实际应用的重要例子。α–卤代酮、α–酰氧基酮、α–氨基酮等都容易发生此类氢解反应。经实验研究发现，这是一类消除还原过程。例如 α–溴代酮在锌和乙酸作用下的还原过程可描述如下：

$$-\underset{Br}{\overset{H}{C}}-\underset{O}{\overset{\|}{C}}- \xrightarrow[+e^-]{Zn} -\underset{Br}{\overset{H}{C}}-\underset{O^-}{\overset{|}{C^{\cdot}}}- \xrightarrow{-Br^-} -\overset{H}{C}=\underset{O^-}{C}- \xrightarrow[+H^+]{CH_3COOH}$$

$$-CH=\underset{OH}{C}- \longrightarrow -CH_2CO-$$

这种还原氢解反应不仅羰基邻位的碳杂键，处于芳环 α–C 上的碳杂键也可发生类似反应。

例如：

$$\text{1-}(CH_2Cl)\text{萘} \xrightarrow{Zn+\text{稀}HCl} \text{1-}(CH_3)\text{萘}$$

$$C_6H_5CH_2SR \xrightarrow{Zn+HCl} C_6H_5CH_3 + RSH$$

2.3.2 无机氢化物还原法

用于有机物还原的无机氢化物的种类很多，其中最主要的是铝和硼的氢化物。应用较多的是氢化铝锂、硼氢化钠和乙硼烷等。

2.3.2.1 氢化铝锂

氢化铝锂($LiAlH_4$简写为 LAH)是一种活性高、应用广的无机氢化物。它可由无水三氯化铝和氢化锂反应来制备。

$$4LiH + AlCl_3 \xrightarrow{\text{无水乙醚}} LiAlH_4 + 3LiCl\downarrow$$

氢化铝锂性质十分活泼，容易被空气氧化，也易被水、醇等所分解。

$$LiAlH_4 + 4H_2O \longrightarrow LiOH + Al(OH)_3 + 4H_2\uparrow$$

$$LiAlH_4 + 4C_2H_5OH \longrightarrow LiOEt + Li(OEt)_3 + 4H_2\uparrow$$

所以氢化铝锂的制备和使用都应在无水条件下进行。

氢化铝锂是最早被发现的无机氢化物还原剂，还原能力极强。它可将几乎所有的含氧不饱和基团还原为羟基，将含氮的不饱和基团还原为胺，还可将碳杂 σ 键氢解还原。表 2-3 列出了氢化铝锂对常见有机官能团的还原作用。

表 2-3 LAH 对有机官能团的还原

官能团	还原产物
—COCl	—CH_2OH
—C=O	—CHOH
—CO_2R	—CH_2OH+ROH
—COOH	—CH_2OH
—CONHR	—CH_2NHR
—$CONR_2$	—CH_2NR_2
—CN	—CH_2NH_2
—C=NOH	—$CHNH_2$
—NO_2	—NH_2
—CH_2Ots	—CH_3
—CH_2Br	—CH_3
\\ / O（环氧）	—$CH_2CH(OH)$—

1)醛酮的还原

氢化铝锂能在温和条件下，迅速将醛酮还原为相应的醇。一般认为这是一个负氢离子分步转移的过程。

$$LiAlH_4 + (CH_3)_2CO \longrightarrow LiAlH_3OCH(CH_3)_2 \xrightarrow{3(CH_3)_2CO}$$

$$LiAl[OCH(CH_3)_2]_4 \xrightarrow{H_2O} (CH_3)_2CHOH + LiAlO_2$$

从上述反应历程可以看出：氢化铝锂不仅还原能力强，而且还原容量大，还原一分子醛酮只消耗 1/4 分子的氢化铝锂，而且反应速度快。例如：

$$CH_3(CH_2)_5CHO \xrightarrow[\text{乙醚}]{0.25mol LiAlH_4} CH_3(CH_2)_5CH_2OH \quad 86\%$$

$$CH_3CH=CHCHO \xrightarrow[\text{乙醚}]{0.25mol LiAlH_4} CH_3CH=CHCH_2OH \quad 80\%$$

计算量的氢化铝锂可选择性还原 α，β–不饱和醛酮的羰基，而过量的氢化铝锂则可使 C=C 一起还原。

例如：

$$PhCH=CHCHO \xrightarrow[-10℃，5min]{LiAlH_4（计量），乙醚} PhCH=CHCH_2OH \quad 90\%$$

$$PhCH=CHCHO \xrightarrow[25℃]{LiAlH_4（过量），乙醚} PhCH_2CH_2CH_2OH \quad 87\%$$

2)羧酸及其衍生物的还原

羧酸是较难还原的有机官能团，但过量的氢化铝锂可将其还原为伯醇。其反应过程是：

$$4RCOOH + 3LiAlH_4 \longrightarrow (RCH_2O)_4AlLi + 2LiAlO_2 + 4H_2\uparrow$$

$$(RCH_2O)_4AlLi \xrightarrow{H_2O} 4RCH_2OH$$

例如：

$$(CH_3)_3CCOOH \xrightarrow[THF]{0.75mol LiAlH_4} (CH_3)_3CCH_2OH$$

$$CH_3CH{=}CHCH{=}CHCOOH \xrightarrow{LiAlH_4} CH_3CH{=}CHCH{=}CHCH_2OH$$

羧酸酯比羧酸容易还原，所以羧酸生成酯再还原，可减少氢化铝锂的用量。

$$2RCOOR' + LiAlH_4 \longrightarrow (RCH_2O)_2(R'O)_2AlLi \xrightarrow{H_2O} 2RCH_2OH + 2R'OH$$

酰胺与氢化铝锂反应则被还原为相应的胺：

$$RCONHR' + LiAlH_4 \longrightarrow RCH_2NHR'$$

酰胺中 N 上连的烃基越多越易于还原。但当 N 上连有烯基和芳基时，则反应活性降低：

$$RCONR'_2 > RCONHR' > RCONH_2 \text{(R'为烷基)}$$

与酰胺相似，腈也可被 $LiAlH_4$ 还原为相应的伯胺或醛。

$$RCN + LiAlH_4 \longrightarrow [RCH{=}NAlH_3] \begin{cases} \xrightarrow[2.H_2O]{1.LiAlH_4} RCH_2NH_2 \\ \xrightarrow{H_2O} RCHO \end{cases}$$

由于腈或酰胺用氢化铝锂还原为醛的反应不易控制，但用氢化铝锂与醇反应生成的烷氧基氢化铝锂还原则易于控制而且效果较好。

例如：

$$LiAlH_4 + 3ROH \longrightarrow LiAlH(OR)_3 + 3H_2\uparrow$$

$$(CH_3)_2CHCN \xrightarrow{LiAlH(OC_2H_5)_3} (CH_3)_2CHCH_2NH_2 \quad 81\%$$

另外，烷氧基氢化铝锂可将羰基酸酯选择性还原羰基。

例如：

$$PhCOCH_2CH_2COOC_2H_5 \xrightarrow{LiAlH(OC_2H_5)_3} PhCH_2CH_2CH_2COOC_2H_5$$

2.3.2.2 硼氢化钠

硼氢化钠是用氢化钠还原硼酸酯来制备的。

$$4NaH + B(OCH_3)_3 \longrightarrow NaBH_4 + 3NaOCH_3$$

与氢化铝锂相类似，在溶液中，硼氢化钠离解为硼氢负离子$[BH_4]^-$，在还原羰基化合物时，也是负氢离子的转移过程：

$$[BH_4]^- + 4(CH_3)_2CO \longrightarrow [B(OCH(CH_3)_2)_4]^-$$

$$\xrightarrow{H_2O} (CH_3)_2CHOH + B(OH)_3$$

硼氢化钠与氢化铝锂的性质有明显差别，由于硼原子的体积比铝小，电负性比铝大，因此所形成的硼氢负离子(BH_4^-)更稳定。在水和醇中，室温下可以稳定存在，在碱性介质中更稳定些。而且还原性比氢化铝锂差些，作用更缓和，选择性更强。硼氢化钠可在缓和条件下，将醛酮还原为醇。但对羧酸及其衍生物、氰基、硝基、卤素以及α，β–不饱和醛酮的烯键等基本上是惰性的。因此，在这些基团与羰基共存时，可选择性地还原醛酮。

例如：

$$PhCH{=}CHCHO \xrightarrow{NaBH_4,\text{甲醇}} PhCH{=}CHCH_2OH$$

$$PhCOCH_2Br \xrightarrow[25℃]{NaBH_4,\text{甲醇}} PhCH_2OHCH_2Br \quad 71\%$$

$$CH_3CO(CH_2)_3NO_2 \xrightarrow[25℃]{NaBH_4,\ CH_3OH\text{-}H_2O} CH_3CHOH(CH_2)_3NO_2 \quad 87\%$$

2.3.2.3 乙硼烷

硼氢化钠与三氟化硼反应而生成乙硼烷。

$$3NaBH_4 + 4BF_3 \xrightarrow{O(CH_2CH_2OCH_3)_2} 3NaBF_4 + 2B_2H_6$$

由于乙硼烷在室温下不稳定、易挥发、易燃而且有毒，因此通常是制备后立即使用，或者在惰性气流下加热上述溶液使其挥发而吸收在四氢呋喃中，这时乙硼烷分解并与四氢呋喃形成络合物而稳定。

$$B_2H_6 + 2\ \text{THF} \rightleftharpoons 2\ \text{THF}\text{-}O^{+}\text{—}B^{-}H_3$$

乙硼烷是一个较强的还原剂，可还原许多有机官能团。表 2-4 列出了乙硼烷所能还原的常见官能团及活性次序。

表 2-4　乙硼烷对有机官能团的还原

官能团	产物
—COOH	—CH_2OH
—CH=CH	—$CH_2C(BH_2)H$—
C=O	—CHOH
—CH—CH—（环氧，O 桥连）	—$CH_2C(OH)H$—
—$CONH_2(R_2)$	—$CH_2NH_2(R_2)$
—C≡N	—CH_2NH_2
—COOR	—CH_2OH
RCOCl	不反应
RNO_2	不反应

乙硼烷作还原剂的突出优点是对羧酸和酰胺的还原具有较强的活性、副反应少、产率高、选择性强、不影响分子中共存的硝基和卤素等。

$$p\text{-}NO_2C_6H_4CH_2COOH \xrightarrow[\text{室温，2h}]{BH_3\text{—THF}} p\text{-}NO_2C_6H_4CH_2CH_2OH \quad 94\%$$

$$EtOOC(CH_2)_4COOH \xrightarrow[-18℃]{BH_3\text{—THF（计量）}} EtOOC(CH_2)_4CH_2OH \quad 88\%$$

乙硼烷的另一个特点是对环氧化合物还原时，其主要产物是羟基连在取代基较少的碳上。这种取向与氢化锂铝的还原取向相反。

例如：

$$(CH_3)_2C\underset{O}{—}CH\text{-}CH_3 \xrightarrow[2.H_2O]{1.LiAlH_4\text{，乙醚}} (CH_3)_2C(OH)CH_2CH_3 \quad \text{主}$$

$$(CH_3)_2C\underset{O}{—}CH\text{-}CH_3 \xrightarrow{BH3\text{—THF，0℃}} (CH_3)_2CHCHOHCH_3 \quad \text{主}$$

硼氢化钠还原操作实例——苄胺的制备：

$$PhCONH_2 + NaBH_4 \xrightarrow[\text{1,4–二氧六环}]{\text{乙酸}} PhCH_2NH_2$$

将 1.89 g 硼氢化钠、1.21 g 苯甲酰胺和 20 mL 二噁烷混合、搅拌，温度维持在 0 ℃左右。在 10 min 内滴加乙酸 3 g 和 10 mL 二噁烷的混合液。回流 2 h 后，减压浓缩剩留物，加水分解。用氯仿萃取，萃取液经干燥后，通入干燥的氯化氢气体。减压蒸发得粗产品。粗产品经甲醇–乙醇混合溶剂重结晶，得苄胺盐酸盐 1.09 g(12%)。

2.3.3 其他还原方法

由于有机物的还原在有机合成中具有重要作用，引起了许多化学家的兴趣，对有机还原方法进行了深入而广泛的研究。许多新发明和改进的有机还原方法得到了广泛的应用。除上述方法外，再介绍几种其他的还原方法。

2.3.3.1 Wolff—Kishner 反应和 Wolff—Kishner—黄鸣龙反应

长支链芳烃难于用付—克烷基化反应来制备，但可先用付—克酰基化反应合成酮构建碳骨架，而后用 Clemmensen 反应或 Wolff—Kishner 反应(W–K 反应)将羰基还原为亚甲基，即可制得长支链芳烃。

$$RCOCl + ArH \rightarrow ArCOR \rightarrow ArCH_2R$$

W–K 反应与 Clemmensen 反应相比有下列特点：①不会产生副产物醇或不饱和化合物；②对分子量较大的化合物的还原不会明显地降低收率；③可用于对酸敏感化合物如呋喃、吡咯类化合物的还原；④受空间效应影响较小。

W–K 反应的一般过程如下：

$$\rangle C{=}O \xrightarrow[\text{①}]{NH_2NH_2} \rangle C{=}NNH_2 \xrightarrow[\text{②}]{\text{碱}} \rangle CH_2 + N_2\uparrow$$

反应②须在 180 ℃以上进行，因其在乙醇溶剂中进行，要达到如此高的温度，必须在封管中高压下进行，很不方便。同时，反应①使用的是 100%的水合肼，价格贵且制备困难，另外该反应收率较低。这些原因限制了该反应的应用。我国化学家黄鸣龙改进了这个反应，应用高沸点溶剂如乙二醇、二缩乙二醇等，就使该反应可在常压下进行。黄鸣龙改进后的反应具有操作方便、时间短、收率高的特点，而且使用价格低而易得的水合肼(50%～90%)，应用极为广泛，因此被称做 Wolff—Kishner—黄鸣龙反应。

$$\begin{matrix}R \\ R'\end{matrix}\!\!>C{=}O \xrightarrow[\text{先回流,后 190~200℃}]{NH_2NH_2\cdot H_2O(85\%),\text{二缩乙二醇}} \begin{matrix}R \\ R'\end{matrix}\!\!>CH_2 + H_2O + N_2$$

Wolff—Kishner—黄鸣龙反应操作实例—十一碳二酸的合成：

$$OC(CH_2CH_2CH_2CH_2COOH)_2 \xrightarrow[KOH,\ \triangle]{NH_2NH_2,\ \text{乙二醇}} H_2C(CH_2CH_2CH_2CH_2COOH)_2$$

在 500 mL 三口瓶中放入 170 mL 乙二醇和 300 g 氢氧化钾，装上回流冷凝管和温度计。小心温热使氢氧化钾全部溶解。待冷至 100 ℃以下时，加入 35 g 6–羰基十一碳二酸和 22 mL 85%的水合肼。加热回流 1 h。

回流结束后，稍冷，改为蒸馏装置，进行蒸馏，反应温度逐渐升高，达到 210 ℃时停止。再改为回流装置，回流 3 h，降温至 100 ℃时，将反应液倒入 150 mL 水中。另用 100 mL 水洗反应瓶，合并水洗液。在充分搅拌下加入 6 mol/l 盐酸至果红试纸变红。冷却，过滤。白色固体放入 250 mL 水中重结晶，可得 28～30 g(约 90%)产品。m.p.110.5～112 ℃。

2.3.3.2 McFadyen–Stevens 还原法

羧酸酯很难转变为醛。将羧酸酯与肼反应生成酰肼，然后与苯磺酰氯反应，产物在乙二醇溶液中与碱如 Na_2CO_3、KOH 等一起加热至 160 ℃，则得到醛。这就是 McFadyen–Stevens 还原法。

$$ArCOOC_2H_5 \xrightarrow{NH_2NH_2} ArCONH_2NH_2 \xrightarrow{PhCO_2Cl} ArCONHNHO_2SPh$$

$$\xrightarrow[\triangle]{Na_2CO_3/\text{乙醇}} ArCHO + PhSO_3H + N_2\uparrow$$

2.3.3.3 二亚胺的还原作用

二亚胺(NH=NH，也叫偶氮)是一个选择性很好的有机还原剂，能有效地还原非极性不饱和键如 C=C，C≡C 和 N=N 等，而对极性不饱和键如 C=N，C≡N，C=O，S=O 等则无还原作用。

例如：

$$(CH_2{=}CHCH_2)_2S \xrightarrow[\triangle]{NH=NH} (CH_3CH_2CH_2)_2S + N_2 \quad 93\%\sim100\%$$

$$O_2N-C_6H_4-CH{=}CHCOOH \xrightarrow[\triangle]{NH=NH} O_2N-C_6H_4-CH_2CH_2COOH \quad 87\%$$

同时该还原法还具有收率高、操作方便等优点。

二亚胺可由对甲苯磺酸酰肼或偶氮二甲酸加热分解而制备。

$$H_3C-C_6H_4-SO_2NHNH_2 \xrightarrow{\triangle} CH_3-C_6H_4-SO_2H + NH{=}NH$$

$$HOOCN{=}NCOOH \xrightarrow{\triangle} NH{=}NH + 2CO_2\uparrow$$

2.3.3.4 三丁基锡烷的还原作用

三丁基锡与氢化锂铝反应被还原而生成三丁基锡烷。

$$n\text{-}Bu_3Sn + LiAlH_4 \rightarrow n\text{-}Bu_3SnH$$

三丁基锡烷为无色液体，b.p.76℃/0.7mmHg。三丁基锡烷是一个游离基型还原剂。具有较强的还原能力，能还原多种有机化合物。

1)卤代烷的还原

$$n\text{-}Bu_3SnH + RX \rightarrow RH + n\text{-}Bu_3SnX$$

这个反应是定量进行的。有多个卤原子时，可逐个被还原。

例如：

$$PhCCl_3 \xrightarrow{1mol\ n\text{-}Bu_3SnH} PhCHCl_2 \xrightarrow{2mol\ n\text{-}Bu_3SnH} PhCH_3$$

$$\text{(7-chloro-7-fluorobicyclo[4.1.0]heptane)} \xrightarrow{1mol\ n\text{-}Bu_3SnH} \text{(7-fluorobicyclo[4.1.0]heptane, C7: H, F)}$$

2)酰氯的还原

三丁基锡烷可将酰氯还原为醛。

$$RCOCl + n\text{-}Bu_3SnH \rightarrow RCHO$$

3)醇的还原

醇首先转变为硫代甲酸酯，而后与三丁基锡烷反应，在很温和的条件下，就能顺利地脱去羟基而生成碳氢键。

$$\underset{|}{R}CHOH \longrightarrow \underset{|}{R}CHO\overset{S}{\overset{\|}{C}}-H \xrightarrow{n\text{-}Bu_3SnH} \underset{|}{R}CH_2$$

练 习 题

一、总结催化氢化还原法和化学还原法的优缺点。

二、用合适原料合成下列化合物。

1. $PhCH_2CH(NH_2)_2$

2. $PhCH_2CH_2OH$

3. $PhCH(CH_3)CH_2COOH$

4. $(CH_3)_3CCOOH$

5. $PhCH_2CH_2CHO$

6. 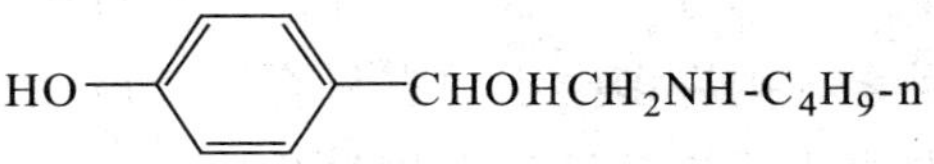 $HO-C_6H_4-CHOHCH_2NH-C_4H_9-n$

三、完成下列转变。

1. $C_2H_5OOCCH_2CH_2COOC_2H_5 \longrightarrow HO(CH_2)_4OH$

2. $PhCOCl \longrightarrow PhCHO$

3. $PhCOCl \longrightarrow PhCH_2OH$

4. $PhNO_2 \longrightarrow PhNHOH$

5. $PhNO_2 \longrightarrow PhN=NPh$

6.  $\longrightarrow$

7. 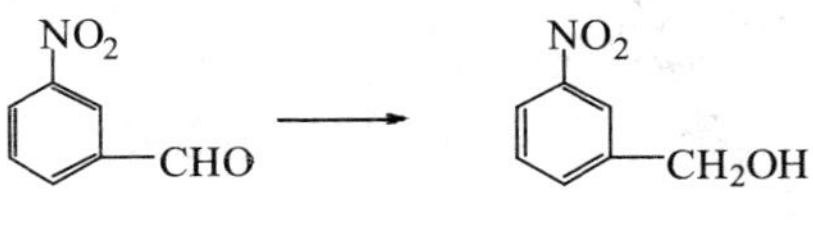 NO_2, CHO $\longrightarrow$ NO_2, CH_2OH

8.  CH_3, O $\longrightarrow$ CH_3, OH

9. 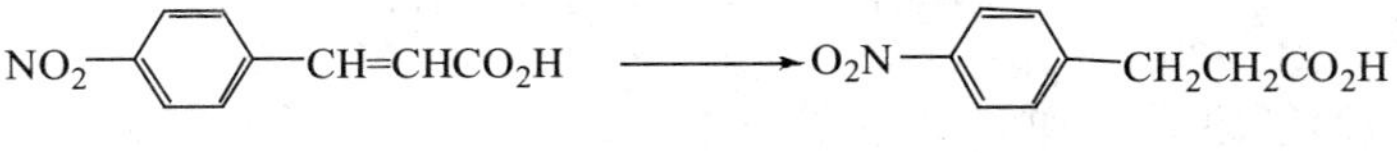 $NO_2-C_6H_4-CH=CHCO_2H \longrightarrow O_2N-C_6H_4-CH_2CH_2CO_2H$

第3章 氧化反应

3.1 有机氧化反应概述

氧化反应是指物质氧化数升高的过程，即物质分子失去电子或发生电子部分转移的过程。对有机物来说，由于有机物分子中主要是以共价键结合的碳，则有机氧化反应主要指碳原子氧化数升高即碳原子周围电子云密度降低的过程，若将这样广义的有机氧化反应概念应用于有机合成元素，则许多类别的有机合成反应如卤代、磺化、硝化等典型的亲电取代反应都属于有机氧化反应，这样就使有机氧化反应内容太多太杂。为研究的方便，在实际工作中，有机合成化学中的氧化反应是指有机物分子增加氧原子、失去氢原子或二者兼存之的过程，而不再包含 C—X、C—S、C—N 等键形成的过程。有机氧化反应包括：

(1)氧原子增加：

$$CH_2=CH_2 \xrightarrow{O_2,PdCl_2} CH_3CHO \xrightarrow[\text{加 热}]{[Ag(NH_3)_2]^+OH^-} CH_3COOH$$

$$CH_2=CH_2 \xrightarrow[\text{高温}]{O_2Ag} \text{环氧乙烷}$$

$$CH_2=CH_2 \xrightarrow{O_3} H_2C\!\overset{O}{\frown}\!CH_2\ (\text{O—O})$$

(2)氢原子减少：

$$\text{甲基环己烷} \xrightarrow{Pt,\ \text{高温}} \text{甲苯}$$

$$CH_3CH_2OH \xrightarrow{Cu,500℃} CH_3CHO$$

(3)氧原子增加和氢原子减少：

$$C_6H_5CH_3 \xrightarrow[\text{加热}]{KMnO_4,H^+} C_6H_5COOH$$

$$\text{环己烷} \xrightarrow{O_2,Cat} \text{环己酮}$$

$$CH_3CH_2OH \xrightarrow{(O)} CH_3COOH$$

有机氧化反应的实施方法有催化氧化、化学氧化、电解氧化、光氧化和微生物氧化等几大类，其中应用最多的是催化氧化和化学氧化，这也是本章讨论的重点对象。催化氧化是指在催化剂作用下，用氧气(或空气)氧化有机物的过程。催化氧化主要用于基本有机合成工业中生产有机合成的原料。催化氧化的主要特点是成本低，易于大规模工业生产，但产品纯度差，且反应不易控制。化学氧化是指用化学氧化剂将有机物氧化的过程。化学氧化则常用于实验室和精细有机合成中。化学氧化的特点是通过选择具有化学选择性和立体选择性的氧化剂，可控制氧化反应的方向和深度，适于制备高纯度精细有机化工产品，但一般成本较高，且不适于大规模连续生产。

氧化反应在有机合成中具有广泛而重要的用途，通过氧化反应，可将来源于石油、天然气等的烃类加工转变为醇、醛、酮、羧酸、酸酐等有机合成原料以及改造有机物分子的官能团和结构，以满足各种不同的实际需要。另外，通过研究氧化反应机理，可以控制和避免有机物的氧化(如橡胶、塑料的老化，油脂的酸败等)。有机氧化反应在有机合成中占有十分重要的地位，有非常丰富的内容和广泛的实际用途。虽然至今仍有许多有机氧化反应机理没有搞清楚，但并没有影响它的广泛应用且吸引了许多有机化学家的兴趣。有机氧化反应是一个十分活跃的研究领域且成果卓著，不断有新反应、新方法、新试剂、新产品涌现出来，极大地促进了有机合成化学的发展。

3.2 催化氧化法

在催化剂作用下，用氧气或空气对有机物进行氧化的过程称为催化氧化。按催化剂与反应物的相态不同，催化氧化可分为均相催化氧化和多相催化氧化，按反应物起始状态分为液相催化氧化和气相催化氧化。大多数液相催化氧化属于均相催化氧化，而气相催化氧化则大多属于多相催化氧化。气相催化氧化在有机合成工业中应用较多，而液相催化氧化在有机合成工业中的应用近年来有很快的发展。

3.2.1 液相催化氧化

反应物和催化剂(或引发剂)均为液相而发生的催化氧化反应称为液相催化氧化反应。按所用催化剂或引发剂的不同，常将液相催化氧化反应分为两类，即自氧化链反应和配位催化氧化反应。

3.2.1.1 自氧化链反应

1)自氧化链反应及其机理

自氧化链反应是指在有氧气存在情况下，有机物的自动氧化过程，也称自动氧化作用。自氧化现象普遍存在于自然界中，如橡胶的老化、油脂的酸败、油漆的干燥等。

自氧化链反应的机理一般认为是游离基链反应历程。

(1)没有催化剂存在时，烃的自氧化机理如下：

$$\text{R-H} \xrightarrow{\text{光热}} \text{R}^{\bullet} + \text{H}^{\bullet}$$

$$\text{R-H} \xrightarrow{O_2} \text{R}^{\bullet} + \text{HOO}^{\bullet}$$ (活泼的 C—H 更易于反应)

产生的游离基$R^{\bullet}$，很活泼，易引发链反应：

$$\text{R}^{\bullet} + \text{RCH=CHCH}_2\text{R'} \longrightarrow \text{RH} + \text{RCH=CH}\dot{\text{C}}\text{HR'}$$

$$\text{RCH=CH}\dot{\text{C}}\text{HR'} + O_2 \longrightarrow \text{RCH=CHCH(O–O}^{\bullet}\text{)R'}$$

$$\text{RCH=CHCH(O–O}^{\bullet}\text{)R'} + \text{RCH=CHCH}_2\text{R'} \longrightarrow \text{RCH=CHCH(O–OH)R'} + \text{RCH=CH}\dot{\text{C}}\text{HR'}$$

$$\text{RCH=CH}\dot{\text{C}}\text{HR'} + \text{RCH=CH}\dot{\text{C}}\text{HR'} \longrightarrow \text{RCH=CHCHR'–CHR'CH=CHR}$$

$$\text{RCH=CH}\dot{\text{C}}\text{HR'} + \text{RCH=CHCH(O–O}^{\bullet}\text{)R'} \longrightarrow \text{RCH=CHCHR'–O–O–CHR'CH=CHR}$$

反应的引发条件是光、热或氧气，控制这些条件则可控制自氧化反应的发生。例如加入抑制剂(如胺、酚等)则可阻止或减慢自氧化反应。自氧化反应的初步产物是氢过氧化物，但随反应的深入则发生交联、聚合或碳碳键断裂等反应，有些自氧化反应我们可以利用如干性油的成膜、油漆干燥等，而较多的自氧化反应则是应尽力避免的，如汽油沉积、橡胶老化、油脂酸败等。

(2)大多数液相催化氧化也属于自氧化的链反应机理，常用的催化剂主要是某些价态可变金属离子如钴、锰、镍、铜等的有机盐或无机盐，它们可溶于适当溶剂，故属均相催化氧化。可变价金属离子的作用是高价态离子容易接受电子还原成低价态，低价态离子容易被氧化成高价态，如此反复循环，促使有机氧化反应按链反应机理进行。

链引发：

$$RH + M^{n+} \longrightarrow R\cdot + H^+ + M^{(n-1)+}$$
$$R\cdot + O_2 \longrightarrow ROO\cdot$$

链增长：

$$ROOH + M^{n+} \longrightarrow ROO\cdot + H^+ + M^{(n-1)+}$$
$$ROOH + M^{(n-1)+} \longrightarrow RO\cdot + OH^- + M^{n+}$$
$$RO\cdot + RH \longrightarrow ROH + R\cdot$$

链终止：

$$RO\cdot + R\cdot \longrightarrow RH + R'CH{=}O$$
$$2RO\cdot \longrightarrow ROH + R'CH{=}O$$
$$2ROO\cdot \longrightarrow ROH + R'CH{=}O + O_2$$
$$H^+ + OH^- \longrightarrow H_2O$$

虽然自氧化链反应的产物较复杂，但使用不同的催化剂以及控制不同的反应条件，则可控制自氧化链反应的方向和深度，可得到以某种产物为主的反应结果。

2)芳烃侧链的氧化

芳烃侧链的α–H由于活性高易被氧化，氧化按链反应机理进行。反应可在催化剂如钴、锰等有机盐，也可在引发剂如过氧化烃等的存在下进行。在不同条件下，可得到醛、酮、羧酸、氢过氧化物等不同产物。

例如：

$$C_6H_5CH_3 \xrightarrow[90℃]{O_2,醋酸钴-甲乙酮} C_6H_5COOH$$

$$CH_3C_6H_4CH_3 \xrightarrow[120\sim125℃]{O_2,醋酸钴-甲乙酮} HOOCC_6H_4COOH$$

$$C_6H_5CH_2CH_3 \xrightarrow[140\sim145℃]{O_2,环烷酸钴} C_6H_5COCH_3 \xrightarrow{(O)} C_6H_5COOH$$

$$C_6H_5CH(CH_3)_2 \xrightarrow[130\sim160℃]{O_2,醋酸钴} C_6H_5COOH$$

$$C_6H_5CH(CH_3)_2 \xrightarrow[105\sim115℃,\ 4\text{-}5kg/cm^2]{O_2,氢过氧化异丙苯} C_6H_5C(CH_3)_2\text{-}O\text{-}O\text{-}H$$

这些反应的进行，一般认为是金属钴离子在起催化作用，反应体系中存在着 Co^{III}和 Co^{II}，可实验测定证实。二者之间的转变推动着氧化反应的进行。

例如：

$$ArCH_3 + Co^{III} \longrightarrow Ar\dot{C}H_2 + Co^{II} \quad H^+$$

$$Ar\dot{C}H_2 + O_2 \longrightarrow ArCH_2OO^{\bullet}$$

$$ArCH_2OO^{\bullet} + Co^{II} \longrightarrow ArCH{=}O + Co^{III} \quad OH^-$$

$$ArCH{=}O + Co^{III} \longrightarrow Ar\dot{C}{=}O + Co^{II} + H^+$$

$$Ar\dot{C}{=}O + O_2 \longrightarrow ArC\begin{matrix}{=}O\\ OO\end{matrix}$$

$$ArC{\scriptstyle\genfrac{}{}{0pt}{}{=O}{\diagdown OO\cdot}} + ArC{\scriptstyle\genfrac{}{}{0pt}{}{=O}{\diagdown H}} \longrightarrow ArC{\scriptstyle\genfrac{}{}{0pt}{}{=O}{\diagdown OOH}} + Ar\dot{C}{=}O$$

$$ArC{\scriptstyle\genfrac{}{}{0pt}{}{=O}{\diagdown OOH}} + Co^{II} \longrightarrow ArC{\scriptstyle\genfrac{}{}{0pt}{}{=O}{\diagdown O\cdot}} + Co^{III} + OH^-$$

$$ArC{\scriptstyle\genfrac{}{}{0pt}{}{=O}{\diagdown O\cdot}} + ArC{\scriptstyle\genfrac{}{}{0pt}{}{=O}{\diagdown H}} \longrightarrow ArC{\scriptstyle\genfrac{}{}{0pt}{}{=O}{\diagdown OH}} + Ar\dot{C}{=}O$$

$$H^+ + OH^- \longrightarrow H_2O$$

在反应过程中 Co^{III}不断氧化原料和中间体而本身被还原为 Co^{II}，Co^{II}又不断被生成的过氧化物中间体所氧化。在整个反应过程中，钴离子起到了链的引发和传递作用。为保证反应体系中存在一定浓度的高价钴离子，常以某些可被氧化产生过氧化物的物质作促进剂，例如乙醛：

$$CH_3CHO + O_2 \longrightarrow CH_3C{\scriptstyle\genfrac{}{}{0pt}{}{=O}{\diagdown OOH}}$$

$$CH_3C{\scriptstyle\genfrac{}{}{0pt}{}{=O}{\diagdown OOH}} + 2\,Co^{II} + 2\,H^+ \longrightarrow CH_3COOH + 2\,H_2O + Co^{III}$$

由于乙醛易被空气氧化为过氧乙酸，过氧乙酸可将 Co^{II}氧化为 Co^{III}，使之在反应体系中有较高的 Co^{III}浓度，使反应处于活性状态。

芳烃侧链的自氧化常被用于制备苯甲酸、对苯二甲酸、苯酚和丙酮等。

例如：

$$C_6H_5CH_3 + O_2 \xrightarrow[90℃]{\text{乙酸钴－乙酸}} C_6H_5COOH \quad 89\%$$

$$p\text{-}CH_3C_6H_4CH_3 \xrightarrow[120\sim125℃]{O_2,\text{醋酸钴－甲乙酮}} p\text{-}HOOCC_6H_4COOH$$

$$C_6H_5CH(CH_3)_2 \xrightarrow{O_2,\text{氢过氧化物}} C_6H_5C(CH_3)_2\text{-}O\text{-}O\text{-}H \xrightarrow{H_2SO_4} C_6H_5OH + CH_3COCH_3$$

3)烷烃的氧化

液相催化氧化烷烃，可以得到醇、酮和羧酸，是从石油产品制备高级脂肪酸的主要方法。液相催化氧化烷烃的过程较为复杂，可粗略表示如下：

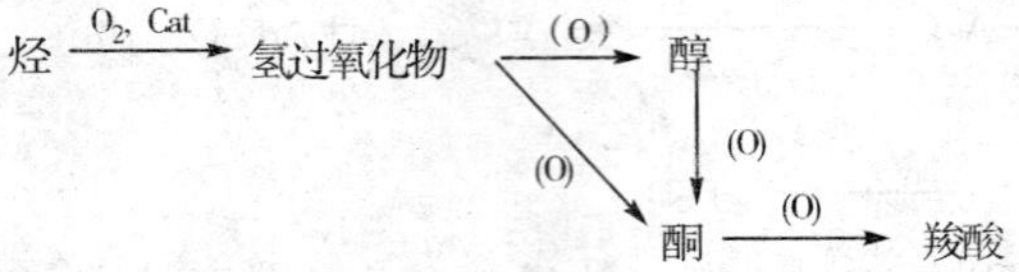

$$烃 \xrightarrow{O_2,\ Cat} 氢过氧化物 \xrightarrow{(O)} 醇 \xrightarrow{(O)} 酮 \xrightarrow{(O)} 羧酸$$

$$氢过氧化物 \xrightarrow{(O)} 酮$$

各种不同的烷烃其发生自氧化的难易不同。实验发现正构烷烃的氧化速度随碳链增长而增大(见表3-1)。

表 3-1　正构烷烃的氧化反应速度

烷 烃	吸收氧的速率	烷 烃	吸收氧的速率
乙　烷	0.01	正己烷	7.5
丙　烷	0.1	正辛烷	200
正丁烷	0.5	正癸烷	1 380
正戊烷	1.0		

其原因可能与相应的C—H键能以及反应的几率有关。

实验还发现，正构烷烃的自氧化速率比其异构体更快(见表3-2)。

表 3-2　己烷异构体的氧化反应速度

己烷异构体	氧化反应速率
2，3－二甲基丁烷	1
2，2－二甲基丁烷	12
3－甲基戊烷	60
2－甲基戊烷	560
正己烷	1 580

其原因可能是直链烷烃虽较支链异构体难于引发游离基，但形成

游离基后易于继续反应和断裂 C—C 键，因此直链烷烃较其异构体易于发生自氧化。

3.2.1.2 配位催化低氧化反应

在液相催化氧化中，除上述讨论的自氧化链反应机理外，还有一类属于配位催化氧化机理，该机理是反应物与催化剂形成配合物而进行的氧化反应。该类氧化反应近年来发展迅速，由于生产成本低、原料易得、操作方便等优点，已成为有机合成工业的重要反应之一。

1)配位催化氧化反应机理

以乙烯在水溶液中，用 $PdCl_2$-$CuCl_2$ 催化氧化生产乙醛的反应为例说明之：

$$CH_2=CH_2 + [PdCl_4]^{2-} \rightleftharpoons \left[\begin{array}{c} Cl \quad\quad CH_2 \\ \diagdown \quad\ \ \| \\ Pd \cdots CH_2 \\ \diagup \quad \diagdown \\ Cl \quad\quad Cl \end{array}\right]^- + Cl^-$$

$$[PdCl_3(CH_2=CH_2)]^- + H_2O \rightleftharpoons [PdCl_2(CH_2=CH_2)(H_2O)] + Cl^-$$

$$[PdCl_2(CH_2=CH_2)(H_2O)] + H_2O \rightleftharpoons [PdCl_2(CH_2=CH_2)OH]^- + H_3O^+$$

$$\left[\begin{array}{c} \quad\quad CH_2 \\ Cl \quad\ \ \| \\ \diagdown \quad CH_2 \\ Pd \\ \diagup \quad \diagdown \\ Cl \quad\quad OH \end{array}\right]^- \xrightarrow{\text{插入反应}} \left[\begin{array}{c} H \quad\quad H \quad\quad Cl \\ \diagdown \ \diagup \quad \diagdown \ \diagup \\ C \quad\quad Pd \\ \diagup \ \diagdown \quad \diagup \ \diagdown \\ HO \quad\quad C \quad\quad Cl \\ \diagup \ \diagdown \\ H \quad\quad H \end{array}\right]^-$$

$$\left[\begin{array}{c} H \quad\quad H \quad\quad Cl \\ \diagdown \ \diagup \quad \diagdown \ \diagup \\ C \quad\quad Pd \\ \diagup \ \diagdown \quad \diagup \ \diagdown \\ HO \quad\quad C \quad\quad Cl \\ \diagup \ \diagdown \\ H \quad\quad H \end{array}\right]^- \xrightarrow{\text{解络}} \begin{array}{c} HO \\ \diagdown \\ C^+H \\ | \\ CH_3 \end{array} + Pd^0 + 2Cl^-$$

$$CH_3C^+HOH \longrightarrow CH_3CHO + H^+$$

首先乙烯在水溶液中与络合物$[PdCl_4]^{2-}$反应形成新的络合物$[PdCl_3CH_2=CH_2]^-$，而溶液中的水分子与新形成的络合物作用交换配体，形成络合物$[PdCl_2CH_2=CH_2(H_2O)]$、$[PdCl_2CH_2=CH_2(OH)]^-$，上述过程很快完成。新的络合物通过插入反应形成 σ–络合物，这是该历程中最关键的一步，而后在一定条件下，σ-络合物分解而形成氧化产物。

在反应中作为催化剂的$PdCl_2$被还原为Pd^0，Pd^0被助催化剂$CuCl_2$氧化为$PdCl_2$，而$CuCl_2$被还原成CuCl，CuCl又被氧气氧化为$CuCl_2$而反复使用。其过程可表示如下：

$$Pd + 2\,CuCl_2 \longrightarrow PdCl_2 + 2CuCl$$

$$2\,CuCl + 2HCl + 1/_2\,O_2 \longrightarrow 2CuCl_2 + H_2O$$

2)烯烃的配位催化氧化

高级烯烃代替乙烯进行配位催化氧化，可得到相应的羰基化合物。由于在进行插入反应时，遵从马氏规则即羟基加到含氢较少的碳原子上，故除乙烯外，其他烯烃均得到酮。即

$$RCH{=}CH_2 + O_2 \xrightarrow[20℃]{PdCl_2-CuCl_2} RCOCH_3$$

例如：

$$CH_3CH{=}CH_2 + O_2 \xrightarrow[20℃]{PdCl_2^-/CuCl_2} CH_3COCH_3 \qquad 90\%$$

$$CH_3CH_2CH{=}CH_2 + O_2 \xrightarrow[20℃]{PdCl_2^-/CuCl_2} CH_3CH_2COCH_3 \qquad 80\%$$

如果用乙酸或乙醇代替水作溶剂，则乙酸根或乙氧基可进行配位和插入反应而生成乙酸乙烯酯及乙基乙烯基醚或缩醛(酮)。

例如：

$$CH_2{=}CH_2 + O_2 \xrightarrow{HOAc, PdCl_2/CuCl_2} CH_2{=}CHOAc$$

$$CH_2{=}CH_2 + O_2 \xrightarrow[\text{酸溶液}]{EtOH,\ PdCl_2/CuCl_2} CH_2{=}CHOEt \xrightarrow{EtOH} CH_3CH(OEt)_2$$

由于形成的缩酮不稳定，有少许水时即水解为酮，故用含少许水的溶液进行反应即可得到较好收率的酮：

例如：

$$\text{环己烯} + O_2 \xrightarrow[90℃,3atm]{EtOH(H_2O),\ PdCl_2-CuCl_2} \text{环己酮} \qquad 95\%$$

3.2.2 气相催化氧化法

气相催化氧化分为均相催化氧化和多相催化氧化，均相催化氧化所用催化剂为气体，例如甲烷高温氧化制甲醛所用的 NO 催化剂，多相催化氧化所用的催化剂为固体。大多数气相催化氧化属于多相催化氧化。

3.2.2.1 多相催化氧化的催化剂及其一般过程

用于气相催化氧化的固体催化剂的品种和类型很多，一般主要为过渡族金属，如 Ag、Cu、V、Mo、Fe、Co、Ti 等及其氧化物。表 3-3 列出了常见的多相催化氧化反应及其催化剂。

表 3-3 常见的多相催化氧化反应及其催化剂

反应物	主要产物	主要催化剂
乙　烯	环氧乙烷	Ag/浮石
乙　烯	乙　醛	Pd-V_2O_5-Ti/硅胶
乙　烯	乙酸乙烯酯	Pd-Au-KOAc/硅胶
丙　烯	丙烯氰	P_2O_5-MoO_3-Bi_2O_3/SiO_2
甲　醇	甲　醛	Fe-Mo 氧化物(Ag/浮石)
乙　醇	乙　醛	Ag/浮石
糠　醛	顺丁烯二酸酐	V_2O_5-TiO_2-P_2O_5/SiO_2
苯	顺丁烯二酸酐	V_2O_5-MoO_3/Al_2O_3
邻二甲苯	苯　酐	V-Mo/Al_2O_3
萘	苯　酐	V_2O_5-K_2SO_4/硅胶

多相催化氧化反应的机理是很复杂的，至今并不十分清楚，但一般认为，多相催化氧化反应是在催化剂表面上进行的，与化学作用、物理吸附都有关系。

邻二甲苯在 V_2O_5 催化下用空气氧化生成苯酐的实验研究表明：不用氧化剂或空气时，催化剂 V_2O_5 也能将邻二甲苯氧化成苯酐，而催化剂 V_2O_5 则被还原为 V_2O_4，通入空气后，V_2O_4 又被氧化为 V_2O_5。即

$$V_2O_5 \xrightarrow{\text{还原}} V_2O_4 + (O)$$

$$2V_2O_4 + O_2 \xrightarrow{\text{氧化}} 2V_2O_5$$

生成的 V_2O_5 又可以氧化邻二甲苯，如此循环往复，催化剂便将空气中的氧送给反应物而完成氧化过程。实验还发现，该氧化反应的进行还与催化剂的表面结构、分散度等有密切关系。

因为多相催化氧化反应是在固体催化剂的表面上进行的，故除考虑它们之间的化学作用外，还应考虑它们的物理吸附作用。一般多相催化反应要经过如下四个过程：

(1)反应物被吸附在催化剂表面上(物理吸附过程)；

(2)反应物间在催化剂表面上发生反应(化学过程)；

(3)产物从催化剂表面上解吸(物理过程)；

(4)催化剂复活(化学过程)。

3.2.2.2 多相催化氧化实例

1)萘的催化氧化

萘是最基本的有机合成原料，萘通过催化氧化生成苯酐，苯酐是重要的有机化工产品。苯酐可用于制备增塑剂和醇酸树脂，还用于制备邻苯二甲酸以生产涤纶树脂，因此随有机合成工业的发展，苯酐用量在逐年增加。萘的氧化是苯酐的主要来源，其主反应及副反应如下：

$$\text{萘} + O_2 \xrightarrow[380℃]{V_2O_5-K_2SO_4/\text{硅胶}} \text{苯酐} + 428\text{kcal}$$

$$\text{萘} + O_2 \longrightarrow \text{1,4-萘醌}$$

V_2O_5 是萘催化氧化的主催化剂。

2)乙烯催化氧化合成乙酸乙烯酯

乙酸乙烯酯是生产聚乙烯醇等有机化工产品的重要原料。乙烯气相催化氧化可合成乙酸乙烯酯。前述的液相催化氧化乙烯合成乙酸乙烯酯由于设备腐蚀严重等原因已被气相法所代替。

气相催化氧化是使用附于载体(硅胶或氧化铝)上的钯—金—乙酸钾为催化剂，在一定温度下，将乙烯氧化为乙酸乙烯酯。

例如：

$$CH_2{=}CH_2 + CH_3COOH + O_2 \xrightarrow[165\sim175℃,\ 6atm]{Pd-Au-KOAc/硅胶} CH_3COOCH{=}CH_2 + H_2O$$

3.3 化学氧化法

化学氧化法是利用化学氧化剂对有机物进行氧化的方法。化学氧化剂种类很多，主要分为两大类即无机物氧化剂和有机物氧化剂，简称为无机氧化剂和有机氧化剂。无机氧化剂常用的有：臭氧(O_3)、过氧化氢，高价非金属化合物(包括氧化物、酸)如 HNO_3、SeO_2、HIO_4 等，高价金属化合物如含锰、含铬的化合物，OsO_4、$Pb(OAc)_4$ 等；有机氧化剂常用的有：有机过氧酸、硝基苯、亚砜和砜、N–溴代丁二酰亚胺等。不同氧化剂的选择性和活性是不同的，而同种氧化剂对不同反应物或在不同条件下，则产生不同的氧化反应结果。本节主要讨论各种氧化剂的特性及其适用范围。

3.3.1 无机氧化剂

3.3.1.1 臭氧

臭氧是一种较常用的无机氧化剂，氧化能力很强，仅次于氟而强于氯，也强于氧。臭氧是氧的一种同素异形体，经物理方法测定，臭氧具有偶极结构，一般认为其共振杂化体组成如下：

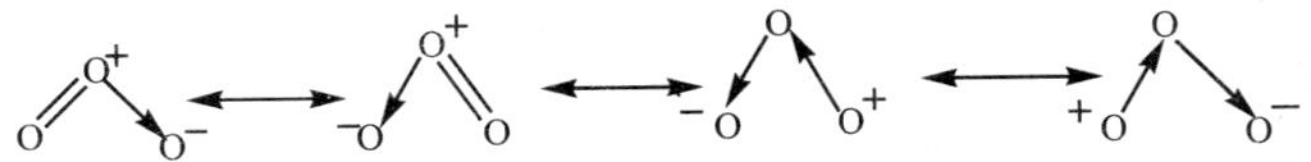

在各种共振极限式中，均有带正、负电荷的氧原子，由于带正电荷的氧比带负电荷的氧活泼，故臭氧是一个亲电试剂。在它氧化不饱和烃时，烯键碳上连的烃基越多反应活性越高。臭氧和烯烃反应是经环状臭氧化物中间体继之水解而生成产物的。根据水解的方式不同可得到羰基化合物或羧酸，而用 $NaBH_4$ 水解则得到醇。

$$R^1R^2C\!=\!CHR^3 + O_3 \longrightarrow \text{臭氧化物（}R^1R^2C\text{—O—}CHR^3\text{，O—O 桥）}$$

$$\xrightarrow{H_2O/Zn} R^1R^2C\!=\!O + R^3CHO$$

$$\xrightarrow{H_2O,H_2O_2} R^1R^2C\!=\!O + R^3COOH$$

$$\xrightarrow{H_2O,NaBH_4} R^1R^2CHOH + R^3CH_2OH$$

臭氧氧化的一般方法是：将烯烃溶于适当溶剂如 CH_2Cl_2、CH_3OH、CH_3COOH、$CH_3COOC_2H_5$ 等中，于低温或室温下通入臭氧进行反应(生成的臭氧化物一般不需分离)，待氧化反应完成后，在不同条件下进行水解即可得到相应的产物。

用臭氧氧化的主要优点如下：

(1)化学选择性高：一般情况下，臭氧只氧化有机分子中的不饱和碳碳键即碳碳双键和碳碳叁键，而不氧化其他官能团。且随水解方式不同可得到多种产物。

(2)反应条件温和：臭氧氧化一般在室温及中性条件下进行，特别适于某些带有对热敏感基团物质的氧化。

(3)后处理简单，无污染：由于臭氧反应可定量进行，臭氧本身没有残留，而且臭氧化物的分解也很容易进行，故使臭氧化反应的后处理变得较为简单，且无污染物生成，符合环保要求。

(4)使用方便：臭氧可以边发生边使用，不需要储存设备。

臭氧化反应的主要不足之处是产生臭氧需要高压放电，不仅能耗大而且需高电压(12.5 ~ 15 kV)，对设备要求高，另外臭氧具有爆炸性。

由于臭氧氧化具有高选择性、操作使用方便、收率高、成本低等优点，其在有机合成上的应用不断增加。在有机化学中臭氧化反应常用于烯烃结构的测定，而在有机合成中则主要用于制备醛酮和羧酸。

例如：

$$CH_3(CH_2)_7CH{=}CH(CH_2)_7COOH \xrightarrow[2.\ O_2,\ H_2O,\ 70\sim80^\circ C]{1.\ O_3,\ 10^\circ C} CH_3(CH_2)_7COOH + HOOC(CH_2)_7COOH$$

异黄樟素 $\xrightarrow[H_2O,NaHSO_3]{O_3,\ 30^\circ C}$ (HO—CH SO_3Na 加成物) $\xrightarrow[H_2O,\ 80\sim90^\circ C]{Na_2CO_3}$ 洋茉莉醛（香精）

3.3.1.2　过氧化氢(H_2O_2)

过氧化氢是有机合成中应用较多的一种较缓和的无机氧化剂，过氧化氢作氧化剂由于其反应在室温下进行，且反应后不残留杂质，产品纯度高，成本低而受到欢迎。同时由于过氧化氢可以在酸性、中性、碱性介质中进行反应，更扩大了它的应用范围。

1)在酸性介质中的氧化作用

过氧化氢在酸性介质中可将烯烃氧化为邻二醇类化合物，这是有机合成中制备邻二醇的很方便的方法。过氧化氢在有机酸介质中的氧化，一般认为过氧化氢通过将有机酸氧化为有机过氧酸，后者与烯烃发生亲电加成式氧化生成环氧乙烷中间体，而后水解开环生成邻二醇：

$$RCOOH + H_2O_2 \xrightarrow{H_2O} RCO_3H \xrightarrow{>C{=}C<} \text{环氧化物} + RCOOH$$

$$\longrightarrow \text{(OH, OCOR 加成物)} + \text{(OH, OOCR 加成物)} \xrightarrow{H_2O} \text{邻二醇} + \text{邻二醇}$$

例如：

$$\text{环己烯} \xrightarrow[2.\ OH^-/H_2O]{1.\ H_2O_2\text{-}HCOOH} \text{1,2-环己二醇}\quad(65\%\sim73\%)$$

$$CH_3(CH_2)_7CH{=}CH(CH_2)_7COOH \xrightarrow[2.\ OH^-/H_2O]{1.\ H_2O_2\text{-}HCOOH} CH_3(CH_2)_7CHOHCHOH(CH_2)_7COOH$$

在酸性介质中，WO_3 和 OsO_4 均可作为过氧化氢氧化烯烃的催化剂，其催化反应历程如下：

WO_3 的催化反应机理：

$$WO_3 + H_2O \longrightarrow (HO)_2WO_2 \xrightarrow[-H_2O]{H_2O_2} (HO)(HOO)WO_2 \xrightarrow{>C=C<} \ldots \xrightarrow{-WO_3} \text{环氧化物} \xrightarrow{H_2O} >C(OH)-C(OH)<$$

OsO_4 的催化反应机理：

$$>C=C< + OsO_4 \longrightarrow \text{锇酸酯} \xrightarrow{H_2O} >C(OH)-C(OH)< + H_2OsO_4$$

$$H_2OsO_4 + H_2O_2 \longrightarrow OsO_4 + 2\,H_2O$$

在上述反应中过氧化氢通过 WO_3 或 OsO_4 将氧原子转移给了烯烃。由于 WO_3 或 OsO_4 在反应后在过氧化氢作用下，均恢复了原样，故用催化剂量的 WO_3 或 OsO_4 即可催化过氧化氢对烯烃的氧化。

例如：

$$CH_2{=}CHCH_2OH \xrightarrow{WO_3,H_2O_2} CH_2OHCHOHCH_2OH$$

2)在碱性介质中的氧化作用

过氧化氢在碱性介质中首先生成它的共轭碱，后者作为亲核性试剂进行氧化反应。它可将带有吸电子基团的烯键氧化为环氧乙烷类化合物。其反应过程如下：

$$H_2O_2 \xrightarrow{OH^-} HOO^- + H_2O$$

$$HOO^- + >\overset{\delta^+}{C}{=}CH_2 \rightarrow \overset{\delta^-}{Z} \longrightarrow >C(OOH)-\bar{C}-Z \longrightarrow >C\overset{O}{-}C<-Z + OH^-$$

例如：

$$CH_2{=}CHCHO \xrightarrow{H_2O_2,\ pH8\sim8.5} H_2\overset{O}{C-}CHCHO \quad 75\%\sim85\%$$

在碱性介质中，过氧化氢还可将邻羟基芳醛或芳酮氧化为多酚类物质。

例如：

$$o\text{-}HOC_6H_4COZ \xrightarrow{H_2O_2,\ NaOH} o\text{-}C_6H_4(OH)_2 \quad Z{=}H,\ CH_3,\ C_2H_5$$

3)在中性介质中的氧化作用

在中性介质中，过氧化氢是一种高选择性的缓和氧化剂，可将硫醚氧化为亚砜，这是制备亚砜的主要方法。

例如：

$$PhCH_2SCH_3 \xrightarrow{H_2O_2-CH_3COCH_3} PhCH_2\overset{O}{\overset{\|}{S}}CH_3 \quad 77\%$$

有机胂在此条件下，也可被氧化。

例如：

$$Ph_3As \xrightarrow{H_2O_2/CH_3COCH_3} Ph_3As\rightarrow O \qquad 84\%\sim87\%$$

在某些金属离子(如 Fe^{2+})催化下，过氧化氢可将 α–羟基酸(盐)、α–酮酸等氧化为少一个碳原子的醛酮。此反应称为 Ruff–Fenton 反应，此反应常用于糖类物质的降解。

例如：

$$COOCa_{1/2}-CHOH-(CHOH)_3-CH_2OH \xrightarrow{H_2O_2\text{-}Fe} CHO-(CHOH)_3-CH_2OH$$

3.3.1.3　硝酸

硝酸是有机合成中使用最早的氧化剂，它的氧化范围广，氧化能力强，可以将—CH_2OH、—CHO 以及芳环 α–C 上的氢原子氧化，最终氧化产物为羧酸。

例如：

$$\text{cyclohexanol (C}_6\text{H}_{11}\text{OH)} \xrightarrow[\text{钒催化剂},80\sim95℃]{50\%\sim60\%\ HNO_3} \text{HOOC(CH}_2)_4\text{COOH}$$

$$CH_3CH_2CH_2CH_2OH \xrightarrow[V_2O_5,80℃]{50\%HNO_3} CH_3CH_2CH_2COOH$$

$$\text{p-}CH_3C_6H_4CH_3 \xrightarrow[150\sim160℃,\ 8\sim14kgcm^{-2}]{30\%\sim40\%HNO_3} \text{p-}HOOCC_6H_4COOH$$

用硝酸进行的氧化反应，都是在水溶液中进行的，为防止芳环上副反应(如硝化反应)的发生，一般使用稀硝酸作氧化剂。硝酸氧化时一般使用钒及其化合物作催化剂。

硝酸作氧化剂的优点是氧化能力强、价格便宜，缺点是硝酸腐蚀性强、对设备要求高、选择性差、副产物气体(NO，NO_2，N_2O)难于回收，易造成污染，因此限制了它在有机合成中的应用。

3.3.1.4　高碘酸

高碘酸是一个选择性很强的氧化剂，它与邻二醇类物质反应，可断裂碳碳 σ 键而形成两分子羰基化合物。

反应过程如下：

$$\begin{matrix}>C-OH\\ >C-OH\end{matrix} + HIO_4 \xrightarrow{-H_2O} \begin{matrix}>C-O\\ >C-O\end{matrix}\!\!>IO_3 \longrightarrow \begin{matrix}>C=O\\ +\\ >C=O\end{matrix} + HIO_3$$

高碘酸与邻二醇类物质反应生成羰基化合物，该反应不仅具有很强的化学选择性而且可以定量进行。因此在有机合成中具有重要的作用，而且还可用于邻多羟基化合物的定性、定量分析及结构测定。

实验研究发现除邻多醇外，邻羟基醛酮、邻羰基化合物以及邻氨基醇、醛、酮均可被高碘酸氧化。

例如：

$$\begin{array}{l} CHO \\ | \\ CHOH \\ | \\ CHOH \\ | \\ CHOH \\ | \\ CHOH \\ | \\ CH_2OH \end{array} + 5HIO_4 \longrightarrow 5HCOOH + H_2CO$$

高碘酸的氧化反应一般在水溶液中进行，对不溶于水的反应物则可使用甲醇、乙酸或 1，4–二氧六环作溶剂。

3.3.1.5　二氧化硒

二氧化硒是一种高选择性的氧化剂，二氧化硒可将羰基、芳环及烯键 α–位的甲基、亚甲基氧化。二氧化硒对醛酮和烯烃的氧化反应在有机合成上具有很重要的作用。

1)氧化醛酮生成邻多羰基化合物

二氧化硒与醛酮反应，可将醛酮的 α–甲基或亚甲基氧化为羰基，从而生成邻多羰基化合物，这是制备邻多羰基化合物的重要方法。

例如：

$$CH_3CHO + SeO_2 \longrightarrow OHCHCHO + Se + H_2O \quad 74\%$$

$$CH_3COCH_3 + SeO_2 \longrightarrow CH_3COCHO + Se + H_2O \quad 60\%$$

$$\text{(茚-1,3-二酮)} + SeO_2 \longrightarrow \text{(茚三酮)} \quad 35\%$$

（茚三酮，氨基酸显色剂）

若羰基两边 α–位同时存在甲基和亚甲基时，则甲基优先被氧化。

例如：

$$CH_3CH_2COCH_3 + SeO_2 \longrightarrow CH_3CH_2COCHO \quad 80\%$$

二氧化硒作氧化剂的还原产物是单质硒，由于单质硒不溶于有机溶剂，反应液经过滤分离后，硒可用硝酸氧化生成二氧化硒。

二氧化硒的氧化反应操作方便、产物易分离提纯。

2)氧化烯烃生成烯丙醇类物质

二氧化硒与烯烃反应可将烯烃的 α–位氧化为羟基，从而得到

α，β–不饱和醇类物质。

例如：

$$\text{环己烯} \xrightarrow[2.\ H_2O]{1.\ SeO_2,\ 乙酐} \text{2-环己烯-1-醇(OH)} + Se \quad 50\%$$

当烯烃不对称时，氧化反应发生在取代较多一侧的α–碳原子上。

例如：

$$H_3C-\underset{}{\overset{CH_3}{C}}=CHCH_3 + SeO_2 \longrightarrow HOH_2C-\overset{CH_3}{C}=CHCH_3$$

当烯键位于环上时，则氧化反应优先发生在环上取代多的一侧。

例如：

$$\text{1-乙基环己烯}(CH_2CH_3) + SeO_2 \longrightarrow \text{2-乙基-2-环己烯-1-醇}(OH,\ CH_2CH_3)$$

3.3.1.6　四氧化锇

四氧化锇是一个高选择性氧化剂，它可将烯烃氧化为顺式邻二醇：

$$>C=C< + OsO_4 \longrightarrow >C(OH)-C(OH)< + Os$$

四氧化锇的氧化反应在不活泼溶剂如乙醚、苯、二噁烷等中进行，还原产物为单质锇(Os)，它经氧化可再生成四氧化锇。该反应具选择性强、产品纯、收率高等优点。

例如：

$$\text{环戊烯} \xrightarrow[乙醚]{OsO4} \text{环戊-1,2-二醇}(OH,\ OH) \quad 98.5\%$$

四氧化锇价格昂贵且具毒性是其不足之处。如在反应体系中加入氧化剂如过氧化氢、氯酸盐等，则使用催化剂量的四氧化锇，即可得到很好的氧化结果。

例如：

$$CH_3CO-\text{(1-乙基-1-烯丙基-2-四氢萘酮)} \xrightarrow[\text{OsO}_4(0.005\text{mol})\ \text{水 一四 氢呋喃}]{\text{NaClO}_3\ (1.2\text{mol})} CH_3CO-\text{(1-乙基-1-}CH_2CH(OH)CH_2OH\text{-2-四氢萘酮)}$$

3.3.1.7 含锰的化合物

锰的化合物作氧化剂的主要是七价锰的含氧酸盐如 $NaMnO_4$、$KMnO_4$ 和四价锰的氧化物 MnO_2。

1)高锰酸盐

由于在高锰酸盐中，锰处于最高氧化状态，所以具有较强的氧化性。氧化反应可在酸性、中性、碱性溶液中进行。

在酸性介质中，高锰酸盐的氧化能力最强，还原产物为二价锰。

$$2KMnO_4 + 3H_2SO_4 \longrightarrow 2MnSO_4 + K_2SO_4 + 3H_2O + 5(O)$$

在中性和碱性介质中高锰酸盐的氧化能力稍弱一些，其还原产物为二氧化锰。

$$2KMnO_4 + H_2O \longrightarrow 2MnO_2\downarrow + 2KOH + 3(O)$$

但在工业上，高锰酸盐的氧化反应多在碱性条件下进行。主要考虑的是反应易于控制、产物易分离和避免使用耐酸设备等。

高锰酸盐的优点是氧化能力强、应用范围广，缺点是选择性差、价格贵。

例如：

$$C_6H_5CH_3 \xrightarrow{KMnO_4} C_6H_5COOH$$

$$\text{4-甲基吡啶} \xrightarrow{KMnO_4} \text{4-吡啶甲酸}$$ (异烟酸)（60%）

$$\text{喹啉} \xrightarrow[90℃]{KMnO_4,CaCO_3} \text{2,3-吡啶二甲酸}$$

2)二氧化锰

二氧化锰是一个温和的氧化剂，常用于制备一些易进一步被氧化的化合物如醛。

例如：

$$PhCH_3 + MnO_2 + H_2SO_4 \xrightarrow{40℃} PhCHO + MnSO_4 + H_2O$$

3.3.1.8 含铬的化合物

用作氧化剂的铬的化合物主要是重铬酸盐($Na_2Cr_2O_7$、$K_2Cr_2O_7$)和铬酐(CrO_3)，均具有较强的氧化能力，反应可在酸或碱性条件下进行，其用途类似于高锰酸盐。

1)重铬酸盐

重铬酸盐的氧化反应常在酸性水溶液中进行。它可将芳烃支链氧化成羧基，将芳胺氧化为醌。

例如：

$$p\text{-}CH_3C_6H_4NO_2 \xrightarrow[80\sim130℃]{Na_2Cr_2O_7+H_2SO_4} p\text{-}HOOCC_6H_4NO_2$$

$$\text{2,3,5-三甲基苯胺 (}NH_2\text{, }CH_3\text{, }CH_3\text{, }H_3C\text{)} \xrightarrow[30\sim40℃]{Na_2Cr_2O_7+H_2SO_4} \text{2,3,5-三甲基-1,4-苯醌 (}O\text{, }O\text{, }CH_3\text{, }CH_3\text{, }H_3C\text{)}$$

2)铬酐+吡啶

铬酐(CrO_3)和吡啶(C_5H_5N)可形成络合物，这是一个很有用的氧化剂，它可将伯醇氧化为醛、将仲醇氧化为酮，而且反应速度快、副反应少、产率高，尤其适用于对酸敏感物质的氧化。

例如：

$$C_6H_5CH_2OH \xrightarrow[\text{室温}]{CrO_3+\text{吡啶}} C_6H_5CHO \quad 95\%$$

$$CH_3CH_2CHOHCH_3 \xrightarrow[\text{室温}]{CrO_3+\text{吡啶}} CH_3CH_2COCH_3 \quad 98\%$$

3.3.2 有机氧化剂

有机化合物作氧化剂，在有机合成中应用较多的有有机过氧酸、砜、N–溴丁二酰亚胺、四乙酸铅、异丙醇+丙酮等。

3.3.2.1 有机过氧酸

有机过氧酸简称过酸(Per-acid),可以看做是过氧化氢的一个氢原子被酰基取代而形成的产物(RCO-OOH)。常见的过酸有:HCOOOH(过氧甲酸),CH_3CO_3H(过氧乙酸),CF_3CO_3H(过氧三氟酸),$PhCO_3H$(过氧苯甲酸),(间氯过氧苯甲酸),单过氧邻苯二甲酸。

1)有机过氧酸的制法和性质

(1)制法:

有机过氧酸是由过氧化氢氧化相应的羧酸、酸酐或酰氯来制备的。

例如:

$$CH_3CO_2H + H_2O_2 \xrightarrow{H_2SO_4} CH_3CO_3H + H_2O$$

$$\text{(邻苯二甲酸酐)} + H_2O_2 \xrightarrow{H^+} C_6H_4(CO_2H)(CO_3H)$$

$$m\text{-}ClC_6H_4COCl + H_2O_2 \xrightarrow[2.\ H_2SO_4]{1.\ MgSO_4,\ \text{二噁烷}} m\text{-}ClC_6H_4COOOH$$

在光或钴、锰等金属离子催化下,醛的自氧化也可生成有机过氧酸。

例如:

$$CH_3CHO + O_2 \xrightarrow[CH_3COCH_3]{(CH_3COO)_3Co} CH_3COOOH$$

(2)主要性质:

①弱酸性:有机过氧酸的酸性比相应羧酸弱一些。

例如:

HCO_2H	PKa=3.7	CH_3COOH	PKa=4.8
HCO_3H	PKa=7.1	CH_3COOOH	PKa=8.2

有机过氧酸酸性弱的原因可能是分子内通过氢键形成稳定的五元环结构，使得质子的离去变难，酸性降低。同理可知，由于有机过氧酸分子内氢键的形成，使其沸点降低，具有易挥发的性质。

不同有机过氧酸的酸性与相应羧酸的酸性成正比关系。如三氟乙酸的酸性最强，则过氧三氟乙酸的酸性是过氧酸中最强的。

②不稳定性：有机过氧酸一般均不稳定，除单过氧邻苯二甲酸外，其余过氧酸在室温下放置均可自动分解，浓度过高或受热时还易发生爆炸。有机过氧酸的稳定性一般与分子量大小成正比。在低温时，有机过氧酸一般较稳定。有机过氧酸一般不长期保存，而是制备后立即使用。

研究发现，间氯过氧苯甲酸具有特殊的稳定性，制成的晶体在室温下放置一年也不显著分解($<1\%$)，同时由于酸度适中，反应效果良好且容易制备而在有机合成中得到了广泛应用。

③氧化性：有机过氧酸具有较强的氧化性能且具有较强的化学选择性。有机过氧酸用做氧化剂主要用于烯烃的氧化。也可用于酮的氧化。

有机过氧酸如过氧乙酸的氧化性也可用于杀菌消毒。如环境、衣服、餐具、水果、蔬菜等的消毒。

2)对烯烃的氧化

有机过氧酸与烯烃反应生成环氧化物：

$$\mathrm{>C{=}C<} + \mathrm{RCOOOH} \longrightarrow \mathrm{>C\overset{O}{—}C<}\ (\text{环氧化物}) + \mathrm{RCOOH}$$

该反应一般不使用催化剂，且具条件温和、易操作、产率高等优点。生成物环氧化物在无机酸作用下，易被同时生成的羧酸分解而生成邻二醇的酯，羧酸的酸性越强，分解反应越容易进行。邻二醇的酯进一步水解则生成反式邻二醇。

例如：

$$\text{环己烯} \xrightarrow[40\sim50^\circ\mathrm{C}]{\mathrm{HCO_3H}} \text{环氧环己烷} + \mathrm{HCOOH} \longrightarrow \text{2-羟基环己基-OCOH} \xrightarrow{\mathrm{H_2O,H^+}} \text{环己烷-1,2-二醇(OH, OH)}$$

对酸性较强的有机过氧酸，很难停留在环氧化物阶段，为得到环氧化物，需加入碱性缓冲剂(如 Na_2CO_3)，以中和生成的羧酸，防止环氧化物的分解。

例如：

$$n\text{-}C_3H_7CH{=}CH_2 + CF_3CO_3H \xrightarrow{Na_2CO_3,CH_2Cl_2} n\text{-}C_3H_7\underset{\diagdown O \diagup}{CHCH_2}$$

酸性不是很强的有机过氧酸在惰性溶剂中进行反应可到产率较好的环氧化物。

例如：

$$\text{1-甲基环戊烯} \xrightarrow[CHCl_3]{PhCO_3H} \text{1-甲基-1,2-环氧环戊烷} \quad 75\%$$

$$n\text{-}C_6H_{13}CH{=}CH_2 \xrightarrow[25℃]{\text{间氯过氧苯甲酸，苯}} n\text{-}C_6H_{13}\underset{\diagdown O \diagup}{CHCH_2} \quad 81\%$$

有机过氧酸是一个亲电型的氧化剂，烯键上电子云密度越高即双键上取代基越多，氧化越容易，反应速度越快(见表 3-4)。

表 3-4　与过氧乙酸反应的相对速度

烯　烃	$CH_2{=}CH_2$	$CH_3CH{=}CH_2$	$CH_3CH{=}CHCH_3$	$(CH_3)_2C{=}CHCH_3$
相对速度	1	2.1	456	5 600

有机过氧酸与烯烃反应机理，一般认为是：

$$>C{=}C< + \text{RCO-O-O-H（分子内氢键）} \longrightarrow \left[\text{环状过渡态}\right] \longrightarrow >C\!-\!C<\text{（环氧）} + RCOOH$$

有机过氧酸对烯烃的氧化作用在有机合成上有重要的应用。

例如将丙烯氧化制备甘油：

$$CH_3CH{=}CH_2 \xrightarrow{CH_3CO_3H} CH_3CH\text{---}CH_2 \text{ (环氧, O)} \xrightarrow{磷酸酯} CH_2{=}CHCH_2OH$$

$$\xrightarrow{CH_3CO_3H} H_2C\text{---}CHCH_2OH \text{ (环氧, O)} \xrightarrow{H_2O,\ H^+} CH_2OHCHOHCH_2OH$$

3)对酮的氧化反应(Baeyer – Villiger 反应)

有机过氧酸与酮反应生成酯:

$$RCOR' \xrightarrow{RCO_3H} RCO_2R' + R'CO_2R$$

酮的氧化较为困难，故此类反应常加入硫酸作催化剂或使用氧化能力很强的有机过氧酸，如间氯过氧苯甲酸或过氧三氟乙酸等可得到较满意的结果。

例如:

$$环己酮 \xrightarrow[CH_3CO_2C_2H_5]{CH_3CO_3H + H_2SO_4} 己内酯 \xrightarrow{NH_3} 己内酰胺(NH)$$

$$CH_3COC_2H_5 \xrightarrow[CH_2Cl_2]{CF_3CO_3H,\ Na_2HPO_4} CH_3CO_2C_2H_5$$

不对称的酮与有机过氧酸反应时，一般是亲核性较强的基团重排到氧原子上去。

例如:

$$C_6H_5\text{—}CO\text{—}C_6H_{11} \xrightarrow[CHCl_3]{PhCO_3H} \underset{主}{C_6H_5\text{—}CO_2\text{—}C_6H_{11}} + \underset{次}{C_6H_{11}\text{—}CO_2\text{—}C_6H_5}$$

不同基团重排迁移的难易次序大致如下:

叔—烷基＞环乙基～仲烷基＞苄基＞苯基＞伯—烷基＞甲基

另外，有机过氧酸可有效地氧化有机化合物中的 N、S 等杂原子而生成相应的氧化产物。

例如:

$$2,6\text{-}Cl_2C_6H_3NH_2 \xrightarrow{CF_3CO_3H} 2,6\text{-}Cl_2C_6H_3NO_2$$

$$\text{3-pyridinecarboxamide (C}_5\text{H}_4\text{N-CONH}_2) \xrightarrow{CH_3CO_3H} \text{N-oxide (N}\rightarrow\text{O) of 3-pyridinecarboxamide}$$

$$RSH \xrightarrow{CH_3CO_3H} RSO_2H \xrightarrow{CH_3CO_3H} RSO_3H$$

$$PhSCH_3 \xrightarrow{CH_3CO_3H} PhS(=O)CH_3$$

3.3.2.2　二甲亚砜(DMSO)

二甲亚砜是一个很重要的极性非质子溶剂，对许多物质(有机物和无机物)都具很强的溶解能力。二甲亚砜也是有机合成中较常用的一个温和氧化剂。其主要用途如下。

1)卤代物的氧化

二甲亚砜可将伯、仲卤代物氧化为羰基化合物。

$$Me_2SO + RCH_2X \longrightarrow [Me_2\overset{+}{S}O-CH_2R] \longrightarrow RCHO + Me_2S$$

2)磺酸酯的氧化

伯、仲醇生成的磺酸酯与二甲亚砜反应，产物为羰基化合物。

$$Me_2SO + RCH_2OTs \longrightarrow RCHO + Me_2S + TsOH$$

3)环氧乙烷类物质的氧化

环氧乙烷及其同系物与二甲亚砜反应，则生成邻羟基羰基化合物。

$$RHC\overset{O}{—}CHR' + Me_2SO \xrightarrow{H^+} R-\underset{OH}{\overset{H}{C}}-COR' + Me_2S$$

二甲亚砜作氧化剂，反应条件温和、收率高，因此在有机合成中具有重要作用。

例如：

$$BrH_2CCO-C_6H_4-CH_2-C_6H_4-COCH_2Br \xrightarrow[NaHCO_3]{Me_2SO} OHCCO-C_6H_4-CH_2-C_6H_4-COCHO \quad 90\%$$

3.3.2.3 四乙酸铅

四乙酸铅与高碘酸相似，与邻多醇、邻羟基醛酮、邻多羰基化合物反应，可断裂其碳碳 σ 键。除此以外，四乙酸铅在有机合成还有很多用途。

1)将伯醇氧化为醛

四乙酸铅可将伯醇氧化为醛，而不发生进一步的反应。

$$RCH_2OH \xrightarrow[OH^-]{Pb(OAc)_4} RCHO + PbH(OAc)_2 + AcOH$$

2)芳烃支链的氧化

四乙酸铅与甲苯作用，则可将甲苯氧化为乙酸苄酯。

$$PhCH_3 + Pb(OAc)_4 \longrightarrow PhCH_2OAc + Pb(OAc)_2$$

3)酮的 α 碳的氧化

在 BF_3 催化下，四乙酸铅与酮反应，可将酮的 α–C 氧化为醇而生成相应的乙酸酯。

$$RCOCH_2R' + Pb(OAc)_4 \xrightarrow{BF_3\text{–}Et_2O} \underset{\displaystyle |\atop OAc}{RCOCHR} + Pb(OAc)_2$$

4)羧酸的脱羧

在铜盐的催化下，四乙酸铅与羧酸反应，可使羧酸氧化脱羧而生成相应烯烃。

例如：

$$PhCH_2CH_2CH_2COOH \xrightarrow[Cu(OAc)_2]{Pb(OAc)_4} PhCH_2CH{=}CH_2 \quad 40\%\sim65\%$$

$$\text{环己基}\text{–}COOH \xrightarrow[Cu(OAc)_2]{Pb(OAc)_4} \text{环己烯} \quad 85\%\sim100\%$$

在吡啶存在时，四乙酸铅与丁二酸类物质反应，可脱去两个羧基而生成烯烃。

$$\begin{matrix}\diagdown \\ \diagup\end{matrix}\!\!\begin{matrix}\text{—CHOOH}\\ | \\ \text{—CHOOH}\end{matrix} + Pb(OAc)_4 \xrightarrow{\text{吡啶}} \rangle\!\!=\!\!\langle + PbH(OAc)_2$$

3.3.2.4 N–溴丁二酰亚胺(NBS)

N–溴丁二酰亚胺(NBS)是一个很活泼的 α–H 溴代试剂。在水的存在下，它也是一个很好的氧化剂。NBS 作氧化剂具有高选择性和高收率等优点。在有机合成上的应用主要如下：

(1)将 α–羟基酮氧化为邻二酮：

$$\underset{\text{OH}}{\text{RCOCHR}'} \xrightarrow{\text{NBS，二噁烷}-\text{水}} \text{RC(=O)-C(=O)R}'$$

(2)将仲醇选择性氧化为酮：

$$\xrightarrow{\text{NBS，二噁烷—水}} \quad 93\%$$

3.3.2.5 异丙醇铝—丙酮

伯醇、仲醇在异丙醇铝催化下，与过量丙酮反应可得到相应的醛酮：

$$\text{>CH-OH} \underset{}{\overset{Al(OCHMe_2)_3,\ CH_3COCH_3}{\rightleftharpoons}} \text{>C=O} + (CH_3)_2CHOH$$

该反应是一可逆平衡反应，即在异丙醇铝存在下，过量的异丙醇可将醛酮还原为醇、过量的丙酮可将醇氧化为酮。故在发生氧化反应时，需使用过量的丙酮。该反应具有很强的化学选择性且收率良好，是有机合成中常用的一个很温和的特殊氧化剂以制备其他方法不易得到的醛酮。如 α、β 不饱和醛酮。

例如：

$$CH_3CH{=}CHCH_2OH + CH_3COCH_3\text{（过量）} \xrightarrow{Al(OCHMe_2)_3} CH_3CH{=}CHCHO$$

练　习　题

一、简答题：

1.简述自氧化链反应机理

2.总结制备苯甲醛的各种方法及优缺点。

二、完成下列反应：

1. 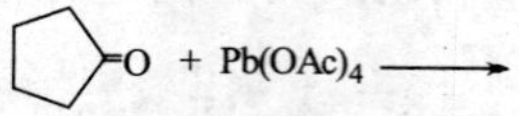 =O + $Pb(OAc)_4$ ⟶

2. $\underset{|}{CH_2}\underset{|}{CH}\underset{|}{CH_2}$ OH OHOH + HIO_4 ⟶

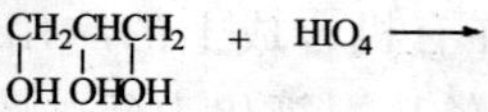

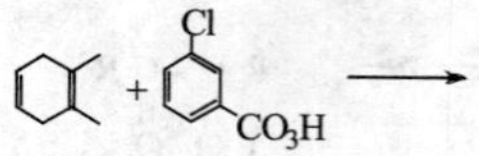

3. + Cl CO_3H ⟶

4. CH=CHCHO + H_2O_2 ⟶

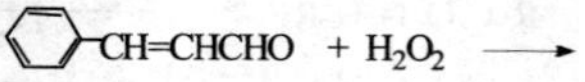

5. 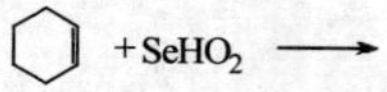 + $SeHO_2$ ⟶

6. 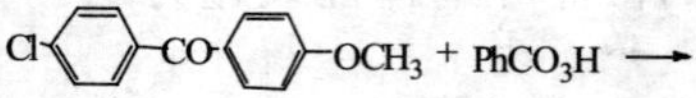 Cl-CO-OCH_3 + $PhCO_3H$ ⟶

7. 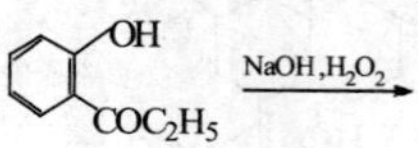 OH COC_2H_5 $\xrightarrow{NaOH, H_2O_2}$

8. 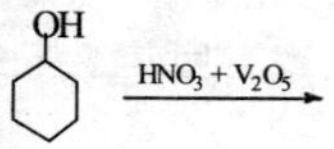 OH $\xrightarrow{HNO_3 + V_2O_5}$

9. 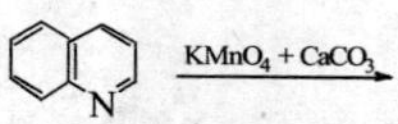 N $\xrightarrow{KMnO_4 + CaCO_3}$

10. 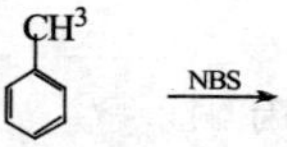 CH^3 $\xrightarrow{NBS}$

三、由指定原料合成：

1.  CH_3 ⟶ $COCH_3$

2. 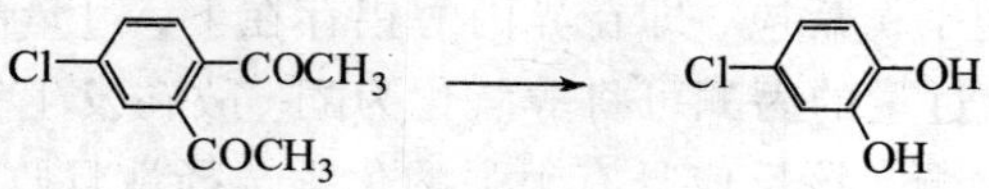 Cl $COCH_3$ $COCH_3$ ⟶ Cl OH OH

3. CH_3 OH CH_3 ⟶ CH_3 $OCH_2\overset{CH_3}{\overset{|}{C}}HNH_2$ CH_3

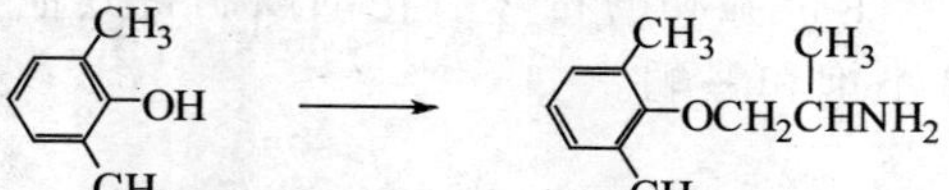

4. 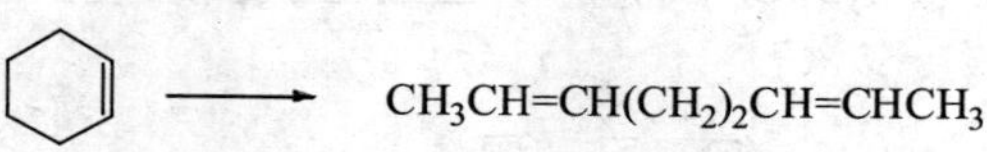 ⟶ $CH_3CH{=}CH(CH_2)_2CH{=}CHCH_3$

第 4 章 不对称合成

4.1 概 述

4.1.1 不对称合成反应及其分类

不对称合成反应(Reaction of Asymmetric Synthesis)亦称手征性合成反应(Reaction of Chiral Synthesis)，是一类重要的有机化学反应。简言之，它是指使反应产物具有光学活性的一类合成反应。Morrision 将其定义为：反应物分子整体中的一个对称的结构单元，由一个试剂转化为一个不对称的单元而产生不等量立体异构体产物的反应。因此，若考虑反应物，则这类反应系指手性分子(Chiral molecules)，或虽为非手性分子(Achiral molecules)，但其中含有某种潜在的可经一定的化学反应转化为手性中心(Chiral Center)的结构单元——潜手性单元(Prochiral unit)的分子，生成不等量光学异构体的反应。

1904 年 Marckwald 首次完成了不对称合成反应。他将甲基乙基丙二酸半番木鳖碱盐加热至 170 ℃经脱羧制得一种左旋的 2–甲基丁酸(光学纯度为 10%)。

H_3C、C_2H_5、COOH、COOH 连于 C $\xrightarrow{(-)\text{-番木鳖碱}}$ H_3C、C_2H_5、COOH (−)–番木鳖碱、COOH 连于 C (Ⅰ) + H_3C、C_2H_5、COOH、COOH(−)–番木鳖碱 连于 C (Ⅱ)

$\xrightarrow{170℃}$ H_3C、C_2H_5、COOH (−)–番木鳖碱、H 连于 C (Ⅲ) + H_3C、C_2H_5、H、COOH(−)–番木鳖碱 连于 C (Ⅳ)

$\xrightarrow{HCl}$ H_3C、C_2H_5、COOH、H 连于 C (Ⅴ) + H_3C、C_2H_5、H、COOH 连于 C (Ⅵ)

(Ⅰ)与(Ⅱ)互为非对映异构体(Diastereoisomers)，(Ⅲ)与(Ⅳ)亦为非对映异构体。(Ⅴ)与(Ⅵ)虽为对映异构体(Enantiomers)，但由于这两种对映异构体的量不等，其中左旋体多于右旋体，因而作为产物混合物的总体仍具有左旋性质。

这里，若将原来非光学活性的甲基乙基丙二酸直接经脱羧转化为2–甲基丁酸，由于反应物为非手性分子，通过反应总是得到等量对映体的混合物——外消旋体。如果不经拆分，无法得到具有光学活性的产物，亦即无法实现不对称合成反应。而一旦将甲基乙基丙二酸经具有光学活性的试剂番木鳖碱处理，而在分子中引入一个手性中心后，再经脱羧，得到的产物便具有手性。因而，实现不对称合成反应的一个重要方法是设法预先使无手性分子转化为手性分子继而再进行反应。加入可与无手性分子作用的手性试剂就是一条有效的途径。

不对称合成反应还可借助于手性催化剂和采用手性反应介质的方法来完成。

4.1.2 不对称合成反应的重要性

不对称合成反应是立体化学的主要内容之一，它的研究具有十分重要的理论价值和实际意义。以此反应为基础的不对称合成是近代有机合成中一个十分活跃的研究领域。

许多具有一定构型和光学活性的天然产物都有显著的生理活性，改变这些物质的构型和光学活性都会导致生理活性的改变，例如药物(+)—抗坏血酸具有抗坏血病的功能，而(–)—抗坏血酸则无此活性。氯霉素中仅(1R，2R)—异构体有药效。因此，研究立体选择性的合成方法，在合成复杂天然药物中是很有意义的。在不对称合成反应出现以前，人们只能从反应得到具有不同构型的产物混合物中，利用繁杂的拆分手段分离出所需构型的立体异构体。然而，这无形中相当于把反应所得产物的一半白白地废弃掉。不对称合成反应则使人们可以像完成一般的有机化学反应一样，借助化学反应的方法为实现这一目的开拓一条成功的道路。因而，可以认为不对称合成反应使有机合成和药物合成进入了一个崭新的阶段。这类反应还广泛应用于有机化合物分子构型的测定和阐明有机化学反应的机理，以及研究酶的催化活性等领域，因而它实际上极大地丰富了有机化学、药物化学、有机合成化学和化学动力学。

4.1.3 动态立体化学的两个基本概念

在研究不对称合成反应时，不仅需要研究反应物分子静态的立体化学特点，而且还要研究动态立体化学——涉及化学反应过程中的立体化学变化，尤其需要研究按何种立体化学途径实现反应的过程。

这里需要区分两类反应：立体选择反应(Stereoslective reaction)与立体专一反应(Stereospicific reaction)。

4.1.3.1 立体选择反应

立体选择反应指一种反应物能生成两种或两种以上立体异构产物，但其中仅一种异构体居优势的反应。以加成反应而言，其加成方式可有顺式加成与反式加成的差别，偿若一种加成方式优先于另一种加成方式，那么或者主要得到顺式加成产物，或者主要得到反式加成产物，这种某一立体化学占优势的反应即为立体选择反应。倘若反应结果顺式加成产物与反式加成产物的量相差无几，这说明反应中并无何种加成方式居优势，则为非立体选择反应，或者说该反应的立体选择性很差。

立体选择反应实例如下：

(1)烃的加成反应：

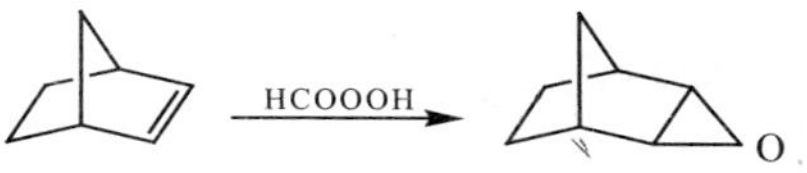

HCOOOH

O

(2)羰基的加成反应：

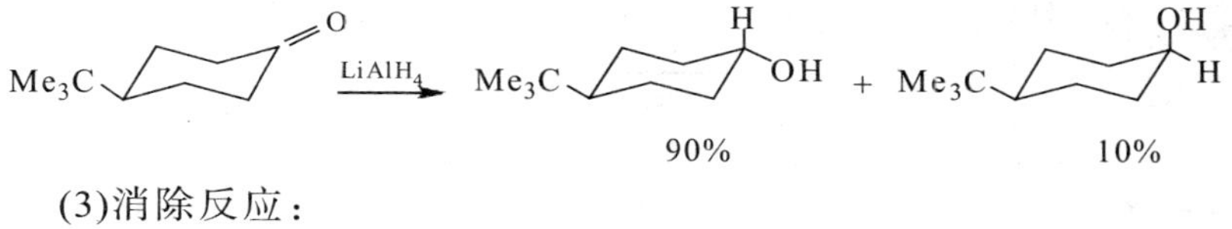

Me_3C O $\xrightarrow{LiAlH_4}$ Me_3C H OH + Me_3C OH H

90%　　10%

(3)消除反应：

$CH_3CH_2CHCH_3$ (I) $\xrightarrow[\text{二甲亚砜}]{Me_3COK}$ H_3C, H, C=C, H, CH_3 + H_3C, CH_3, C=C, H, H

60%　　20%

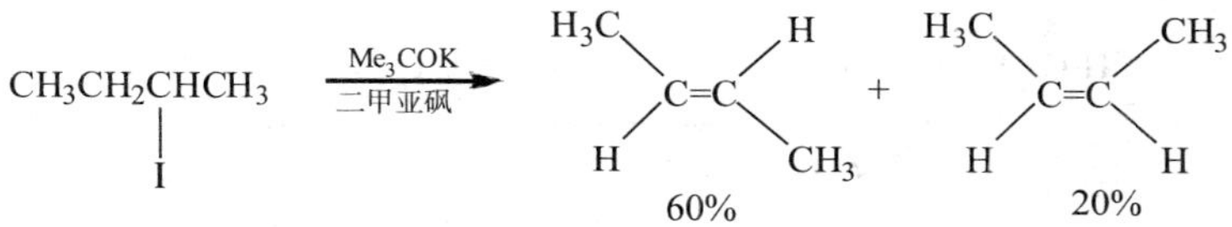

(4)季铵盐的形成反应：

$$\text{4-叔丁基-1-甲基哌啶（H、CMe}_3\text{）}\xrightarrow[\text{CH}_3\text{OH},30^\circ\text{C}]{\text{PhCH}_2\text{Cl}} \text{N}^+(\text{H}_3\text{C})(\text{CH}_2\text{Ph})\ 58\% + \text{N}^+(\text{PhH}_2\text{C})(\text{CH}_3)\ 42\%$$

从上述实例可明显看出，不同的立体选择反应，其立体选择性的高低并不相同。其中，有的选择性较低，如(4)；有的较高，如(3)；有的具有高度的选择性，如(2)；有的则具有完全的立体选择性，如(1)；它仅产生单一的立体异构体。

4.1.3.2 立体专一反应

立体专一反应指由不同的立体异构体作为反应物得到立体构型不同的产物的反应。以顺反异构体与同一试剂的加成反应而言，若两异构体均为顺式加成或均为反式加成反应，那么就得到不同的产物。这种由一种异构体得到一种产物，由另一异构体就得到另一产物的反应即属于立体专一反应。倘若，顺反异构体之一进行顺式加成，而另一异构体进行反式加成，就必然得到相同的产物，则称该反应为非立体专一反应。

立体专一反应的实例如下：

(1)加成反应：

$$\text{(H}_3\text{C)(H)C=C(CH}_3\text{)(H)} \xrightarrow[\text{Me}_3\text{COK}]{\text{CHBr}_3} \text{1,1-二溴-2,3-二甲基环丙烷（CH}_3\text{, H; CH}_3\text{, H; Br, Br）}$$

$$\text{(H}_3\text{C)(H)C=C(H)(CH}_3\text{)} \xrightarrow[\text{Me}_3\text{COK}]{\text{CHBr}_3} \text{1,1-二溴-2,3-二甲基环丙烷（CH}_3\text{, H; H, CH}_3\text{; Br, Br）}$$

(2)消除反应：

$$\mathrm{Me(Ph)(H)C{-}C(Br)(H)(Ph)} \xrightarrow{\mathrm{EtOK}} \mathrm{Me(Ph)C{=}C(H)(Ph)}$$

$$\mathrm{Me(Ph)(H)C{-}C(Br)(Ph)(H)} \xrightarrow{\mathrm{EtOK}} \mathrm{Me(Ph)C{=}C(Ph)(H)}$$

(3)取代反应：

$$\mathrm{CH_3(CH_2)_5(H)(H_3C)C{-}OSO_2C_6H_4\text{-}CH_3\text{-}P} \xrightarrow{\mathrm{CH_3COO^-}} \mathrm{H_3CCOO{-}C(H)((CH_2)_5CH_3)(CH_3)}$$

$$\mathrm{CH_3(CH_2)_5(CH_3)(H)C{-}OSO_2C_6H_4\text{-}CH_3\text{-}P} \xrightarrow{\mathrm{CH_3COO^-}} \mathrm{H_3CCOO{-}C(CH_3)((CH_2)_5CH_3)(H)}$$

上述反应中，(1)为烯烃与二溴卡宾的反应，它是典型的烯烃顺式加成反应；(2)为卤烷进行的反式消除反应，在此反应中过渡态要求被消除的质子与溴离子处于相对的方向；(3)为对甲苯磺酸–2–辛酯的对映体经由醋酸根离子进攻所发生的取代反应，该反应经构型转化得到对映异构的醋酸酯。

显然，一切立体专一反应均为立体选择反应，但反之不亦然。有些反应其主要产物可以是一种与反应物的立体化学无关的特殊的立体异构体；而又有些反应，反应物虽非立体异构体，但一种异构体却成为其主要产物。这些反应虽属立体选择反应却非立体专一反应。以2–溴–2–丁烯和溴化氢在低温下的游离基加成反应而言，由顺式的烯烃产生内消旋 2，3–二溴丁烷，反式烯烃产生外消旋的二溴丁烷，因而既是立体选择又是立体专一的反应。但在高温下，对该反应的两种烯烃而言，均形成 75%的外消旋体和 25%的内消旋体，因而虽是一个立体选择反应，可是两种不同的烯烃均得到相同的混合产物(内旋消体及外消旋体)，却非立体专一反应。

要注意的是这两类反应在一些文献中，时有不加严格区别而随意混用的情况，尤其是将立体选择反应列入立体专一反应的范畴。

4.1.4 不对称合成反应的效率

由上述不对称合成反应的含义不难理解它实际上是一种立体选择反应。不对称合成反应的产物可以是对映体，也可以是非对映体，只不过两种异构体的量不同而已。立体选择性越高的不对称合成反应，产物中两种对映体或两种非对映体的数量差别越为悬殊。手征性合成反应的效率，可由两者的数量的差别来表示，例如，若产物彼此为对映体，则其中某一对映体过量的百分率(Percent enantiomeric excess，简称%e.e.)可作为衡量该不对称合成反应效率高低的标准。

$$\%\,e.e. = \frac{[S]-[R]}{[S]+[R]}\times 100 = S\%-R\%e.e. \tag{1}$$

式(1)中，[S]和[R]分别为数量较多和数量较少的两种对映体的量。一般情况下，可假定旋光度与立体异构体的组成具有线性关系，因而在实验测量误差略而不计时，上述%e.e.等于下述所谓的光学纯度百分率(Optical Purity，简写为%O.P.)

$$\%O.P. = \frac{[\alpha]实测}{[\alpha]纯粹}\times 100\% \tag{2}$$

式(2)中，$[\alpha]_{实测}$为实测得到的反应产物混合物的比旋光度，$[\alpha]_{纯粹}$为某一纯粹异构体的比旋光度。因而实际上往往可用实验的方法求得产品的光学纯度，并以此作为生成对映体的不对称合成反应效率高低的量度。

产物为非对映体时，则关系式(1)中[S]和[R]分别代表数量多的与数量少的两个非对映体的量。这样，式(1)表示立体选择百分率或不对称合成百分率。

不对称合成反应是合成手性化合物的方法。该反应大致可借助两种途径实现：①经由手性反应物的不对称合成；②经由非手性反应物的不对称合成。前者，反应物本身已具有手性，因此即使与非手性试剂反应亦能实现不对称合成反应。后者，反应物本身并不具有手性，因此为实现不对称合成反应，则需要或者借助适当反应使其预先转化为手性反应物再进行反应；或者借助适当的手性试剂、手性催化剂、手性反应介质等进行反应。在实现这一反应的过程中，必然涉及许多反应进程的立体化学问题，因此研究和掌握有关动态立体化学的规律，对深入理解反应的本质和进行有效的立体化学控制都是十分必要的。

4.2 手性反应物的不对称合成反应

4.2.1 一般原理

非手性的反应物产生第一个手性中心时，由于进攻试剂从反应中间体的两边进攻的几率相等，因而生成无光学活性的外消旋体。而当已具有手性的反应物再产生一个新的手性中心时，则可生成含有不等量立体异构体的产物。例如，已具手性的 2–氯丁烷进一步氯代生成 2，3–二氯丁烷：

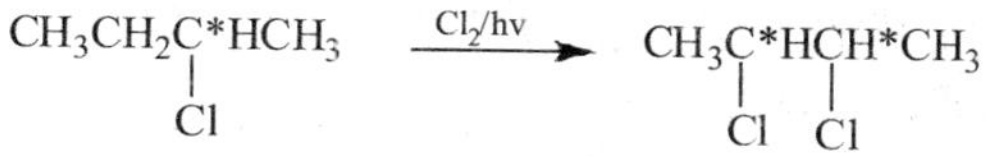

$$CH_3CH_2\underset{\substack{|\\ Cl}}{C^*}HCH_3 \xrightarrow{Cl_2/hv} CH_3\underset{\substack{|\\ Cl}}{C^*}H\underset{\substack{|\\ Cl}}{C}H^*CH_3$$

这是一个经由游离基反应中间体的反应，中间体 3–氯–2–丁基游离基已具有一个手性中心，但它缺乏对称因素而使氯从两边进攻反应中心的几率并不相等：

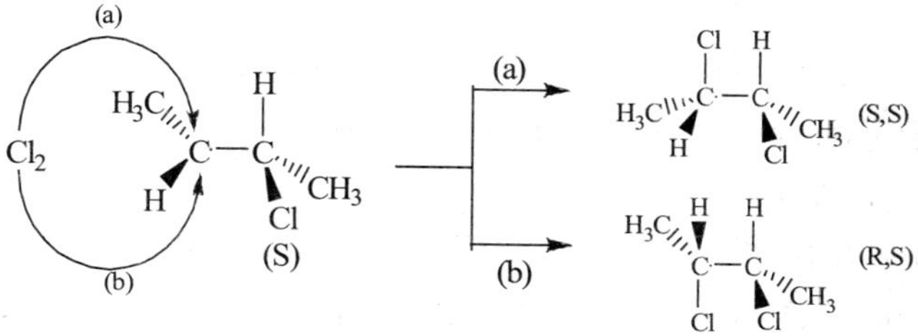

实际情况是产物混合物中 S，S–异构体与 R，S–异构体的比例为 29 比 71。从上述反应可见，在反应前后原来手性中心的构型并未发生任何变化，但正是由于这个原来的手性中心而使氯按上述(a)与(b)两个不同方向进攻所遇到的立体效应有所差别，从而形成的相应的过渡态能量不同，这就导致产物异构体量不相等。因而可以认为关于构型与构象、反应中间体与过渡态的知识乃是研究不对称合成反应的重要基础。

4.2.2 Prolog 规则

Prolog 借助构象分析研究了某些手性醇的苯甲酰甲酸酯与格氏

试剂的加成过程，并在此基础上提出了有关不对称合成反应的经验性结论——Prolog 规则。这一规则总结了已具有一个手性中心的化合物与非手性试剂之间进行不对称合成反应的规律。

众所周知，以具有对称结构为特征的潜手性基团(如>C=C<，>C=O，>C=N—等)，当其与非手性试剂作用时，只能导致生成等量立体异构体。倘若通过一定的反应在潜手性基团附近预先引入一个手性中心，则当该基团与进攻试剂发生反应时，将受所引入的手性中心的影响，进攻试剂主要从位阻较小的一边进攻，从而实现不对称合成反应。这就是所谓 Prolog 规则。

在 Prolog 的研究中，原来的苯甲酰甲酸虽并不具有手征性，却具有潜手性基团——羰基，它可与手征性的醇作用，经酯化反应转化为具有手征性的 α–酮酸酯，继之以此为反应物再与格氏试剂进行加成反应，从而得到不等量的非对映异构体 α–羟基酯。该酯经水解除去引入的手征性醇后，得到不等量的对映异构体—α–羟基酸。其反应过程表示如下：

$$\mathrm{PhCOCO_2H} \xrightarrow{\mathrm{HOC^*SML}} \mathrm{PhCOCO_2C^*SML} \xrightarrow{\mathrm{RMgX}}$$

$$\mathrm{PhC^*R(OH)CO_2C^*SML} \xrightarrow{\text{水解}} \mathrm{PhC^*R(OH)CO_2H}$$

HOC^*SML 代表手性醇，S、M、L 分别代表与手征性碳相连的小、中、大三种不同的基团。

Prolog 探讨了醇的手性部分与最后生成物之间的构型关系。他指出在该反应的产物中居优势的立体异构体的构型与引入的手征性醇的构型有关，α–酮酸酯的最稳定构象是两个羰基彼此处于反式共平面的位置，并认为 C—O 原子亦处于该平面上，即如下图所示的分子断片为一平面

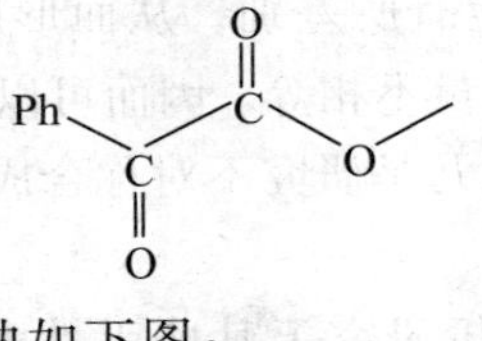

Prolog 的研究可归纳如下图：

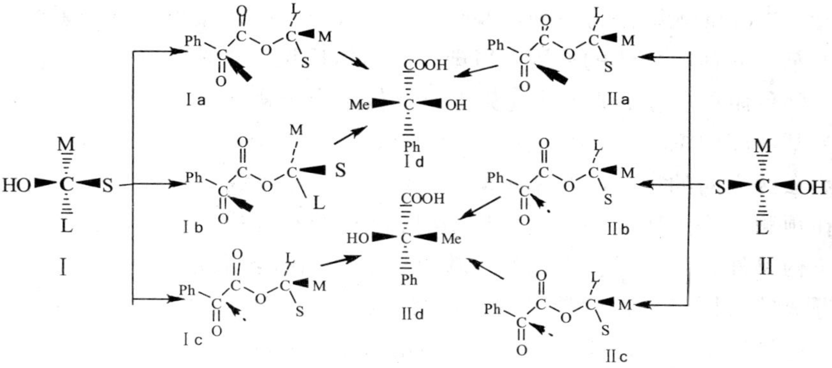

CSML 基团围绕 O—C 键的旋转，则有三种能量上有利的构象。(1) S 处于平面上，M 处于平面前方，L 处于平面后方。(2) M 处于平面上，L 处于平面前方，S 处于平面后方；(3)L 处于平面上，S 处于平面前方，M 处于平面后方。1953 年他曾认为最多的构象是 S 位于平面上，M 和 L 位于平面的两侧(即(Ia)与(IIb)，其中楔形线表示基团位于平面前方，虚线表示基团位于平面后方，普通的实线表示基团位于平面上)。三年之后，他指出最多的构象为 L 位于平面上，S 和 M 位于平面的两侧(即(Ib)与(IIc))。另一种有利的构象是 M 位于平面上，S 与 L 位于平面的两侧(即(Ic)与(IIa))。于是，如上图手性醇的对映体(I)与(II)各给出 α–酮酸酯的三种有利的构象。

Prolog 认为格氏试剂可从位阻较小的方向进攻羰基 (粗箭头表示从前向进攻，虚箭头表示从背面进攻)。他以 MeMgX 为格氏试剂，因而产物 α–羟基酸为苯基乳酸((Id)与(IId))。以构象为(Ib)的 α–酮酸酯为例表示如下：

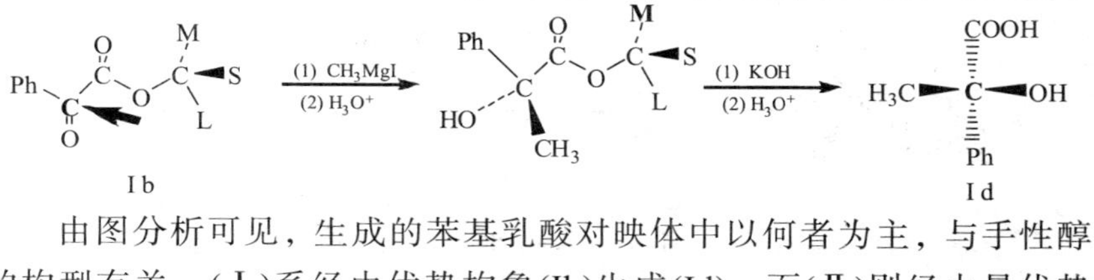

由图分析可见，生成的苯基乳酸对映体中以何者为主，与手性醇的构型有关。(Ⅰ)系经由优势构象(Ib)生成(Id)；而(Ⅱ)则经由最优势的构象(IIc)生成(Id)的对映体(IId)。

Prolog 规则作为一种经验性规则，从分子的构象出发解释了产生的某一立体异构体的原因：当羰基经与格氏试剂加成而还原时，由于空间位阻的关系，试剂的优势进攻部位是力求避开原来手性醇中的最大基团(即 L)，而从中、小的基团(即 S，M)一方接近分子。因此，试剂在两方向的进攻的几率不同，于是不等量地生成对映异构体。这样，在预测产物中居优势的立体构型时，除应分析反应过程中反应物的优势构象外，还必须考虑试剂进攻潜手性基团时各个方向位阻的大小、形成的不同过渡态的能量以及最终产品的稳定性等因素。

显然，若 S、M、L 之间大小差别越大，试剂进攻时位阻的大小差别就越大，过渡态的自由活化能差别也就越大，形成两种构型不同的立体异构体的量也必然越悬殊，因而不对称合成反应的效率也愈高。例如，下述反应，固定 S 与 M(前者为氢原子，后者为甲基)，当改变 L 的大小时，可明显看到%e.e.随 L 的逐渐增大而增加(见表 4-1)。

Prolog 规则更多地被用于手性醇构型的测定。这是由于苯基乳酸对映体的相对量与手征性醇的构型有关，因而如果明确了这两者之间的关系，则反过来可从苯基乳酸的旋光方向来判断手性醇构型。人们将这种经由苯基乳酸的旋光方向确定手性醇构型的方法称之为“苯基乳酸法”。只需将苯甲酰甲酰氯与待定构型的手性醇作用制成相应的 α–酮酸酯，继而与 MeMgX 加成，再经水解得到不等量的苯基乳酸对映体。于是该手性醇的构型必然与居优势的苯基乳酸的构型相同。

表 4-1　手性醇分子中不同大小的配基对不对称合成的影响

Ph–CO–CO–O–C(L)(H)–CH_3 $\xrightarrow[\text{(2) KOH/}H_3O^+]{\text{(1) }CH_3MgI}$ HO–C(COOH)(Ph)–CH_3 + OH–C(L)(H)–CH_3

L =	Ph,	a–萘基，	叔丁基，	2,4,6–三甲苯基，	三苯甲基，	2,4,6–三环己基苯基
% e.e=	3,	12,	24,	30,	49,	60

4.2.3 Cram 规则

Cram 规则与 Prolog 规则一样都是不对称合成反应的经验总结。然而，前者的研究对象其手性中心为反应物分子所固有，且该手性中心与潜手性基团紧紧相邻(1，2–位)，其反应属于 1，2–诱导不对称加成。Prolog 规则的研究对象其反应物本身原来并不具有手征性中心，系借助与手性试剂(如上述的手性醇)的作用获得手性，且该手性中心与潜手性基团处于 1，4–位，反应属于 1，4–诱导不对称加成。

Cram 研究的对象是具有一个与羰基紧相邻的手征性中心的无环化合物的加成反应，他首先涉足于这类化合物转化为相应的醇的还原反应，并提出了有关该类反应的“不对称诱导立体控制”的规则——Cram 规则。即含有手性 α–碳原子的羰基化合物进行加成反应时，试剂应优先从位阻较小的方向进攻反应中心。

依据手性 α–碳原子上所连接基团的性质不同，Cram 等人用三种不同的模型来描述反应进程中立体化学控制的途径。

4.2.3.1 开链式模型

这一模型适用于手性 α–碳原子上连接基团为烃基的不饱和羰基化合物的加成反应(如应用氢化物和醇铝的还原反应，格氏试剂的反应等)。根据这一模型，假定反应物发生反应时的构象为羰基居于 M 与 S 之间(这时官能团周围位阻最小)，则试剂必然更易于从 S 的一边接近羰基，这样生成的产物将成为主要产物。

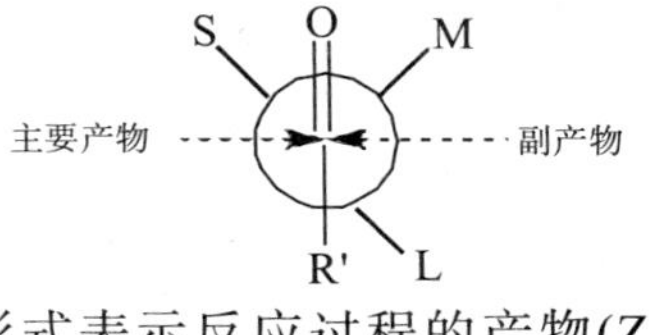

以 Newmann 投影式表示反应过程的产物(Z = MgX)：

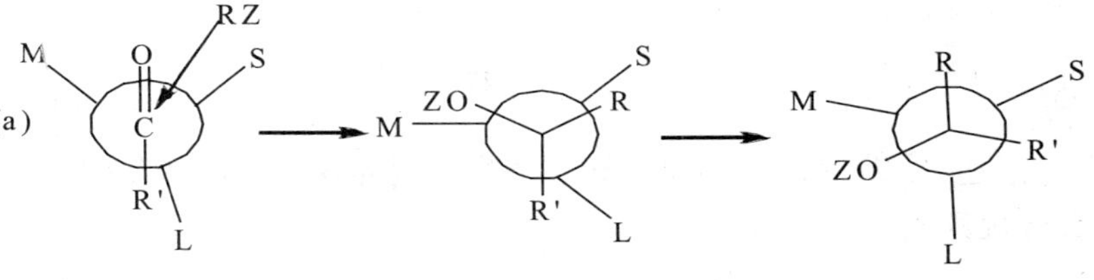

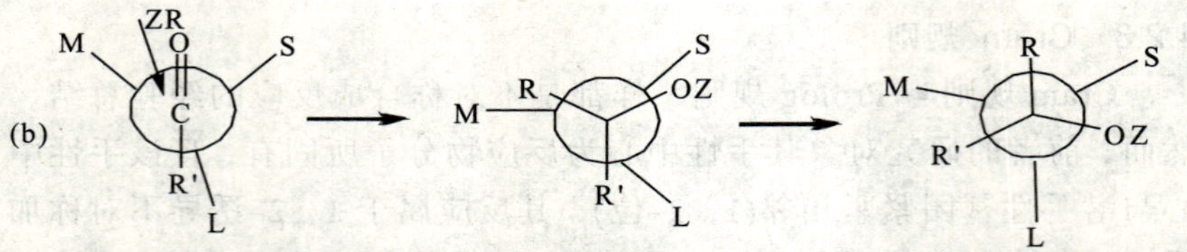

(b)

根据该规则，试剂应主要倾向于从位阻较小的 S 一边进攻羰基的碳原子，因而反应(a)的产物应居主要地位。

例如：

(1)α–苯基丙醛与 MeMgBr 的加成反应

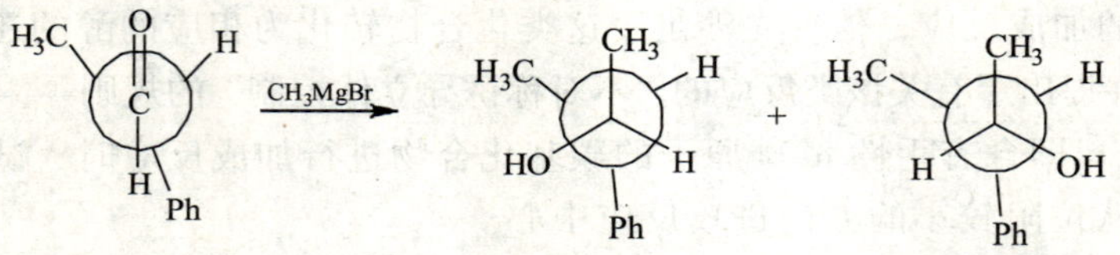

(苏式)　　(赤式)

产物为赤式与苏式两种异构体，且前者为主要产物，因而完全符合 Cram 规则的预言。

(2)$LiAlH_4$ 还原酮

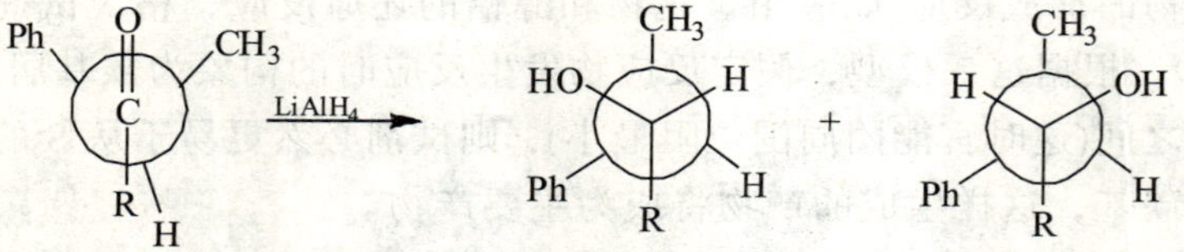

		主要产物	次要产物
R=	CH_3–	5.6	1
	C_2H_5–	3.2	1
	Ph–	>4	1
	$(CH_3)_2CH$–	5.0	1
	$(CH_3)_3C$–	499	1

上述 R 基团体积的变化导致产物中两异构体量的变化同样符合 Cram 规则。

(3)$NaBH_4$还原酮

$$\text{H, CH}_2\text{CH}_3\text{, C=O, CH}_3\text{, Ph} \xrightarrow{NaBH_4}$$

CH₂CH₃ / H, OH / H, Ph / CH₃ 75%

CH₂CH₃ / HO, H / H, Ph / CH₃ 25%

这一模型中，立体选择性的大小除与碳 α–碳原上连接烃基的大小有关外，还与试剂的基团大小有关。以开链羰基化合物与格氏试剂及 $LiAlH_4$ 的反应为例(见表 4-25)

$$\text{(M, S, L)C—C(=O)R} \xrightarrow[(2)\ H_3O^+]{(1)\ R'Z} \text{I} + \text{II}$$

表 4-2 开链羰基化合物的亲核加成反应

编号	L	M	S	R	R'Z	Ⅰ/Ⅱ
1	Ph	Me	H	Me	$LiAlH_4$	2.6
2	Ph	Me	H	Et	$LiAlH_4$	3.2
3	Ph	Me	H	i-Pr	$LiAlH_4$	5.0
4	Ph	Me	H	t-Bu	$LiAlH_4$	4.9
5	Ph	Me	H	Ph	$LiAlH_4$	4.0
6	Et	Me	H	Me	$LiAlH_4$	1.03
7	Et	Me	H	H	CH_3MgBr	1.5
8	Ph	Me	H	H	CH_3MgI	2.0
9	Ph	Me	H	H	CH_3MgBr	3.0
10	Ph	Et	H	H	CH_3MgI	2.5
11	Ph	Et	H	H	CH_3MgBr	3.0

开链模型并不适应在催化剂作用下的催化还原以及手性 α-碳原子上述接有 – OH，– OR–，NH_2 等能与试剂络合的基团的化合物。

4.2.3.2　环式模型

Cram 指出在上述开链模型不适用的情况下，可用环式模型。这时，– OH，– OR，– NH_2 等基团可与羰基氧原子形成氢键，试剂将从含氢键的环的位阻较小的方向进攻羰基。上述基团还能与一些加成试剂，如格氏试剂、有机锂试剂等络合形成具有环式结构的过渡态。这时反应的立体化学进程决定于形成的这种过渡态。这种环式模型为一刚性环式结构，其优势产物的形成可表示为：

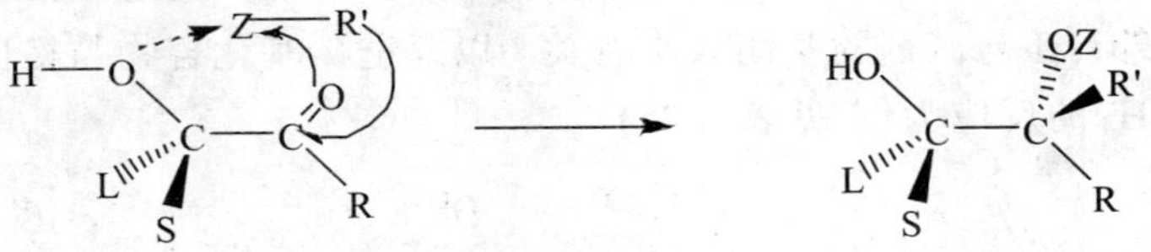

H—O···Z—R'，L、S、C=O、R → HO、L、S、C—C、OZ、R'、R

值得指出的是，环式模型中影响立体选择的因素颇为复杂，既与手性碳上连接基团的空间效应有关，又与其电子效应有关。再者，反应试剂、溶剂、温度等还将不同程度地影响着反应，但总的说来与形成环式过渡状态的活化能有关。例如：

(1)对硝基苯乙酮合成氯霉素：

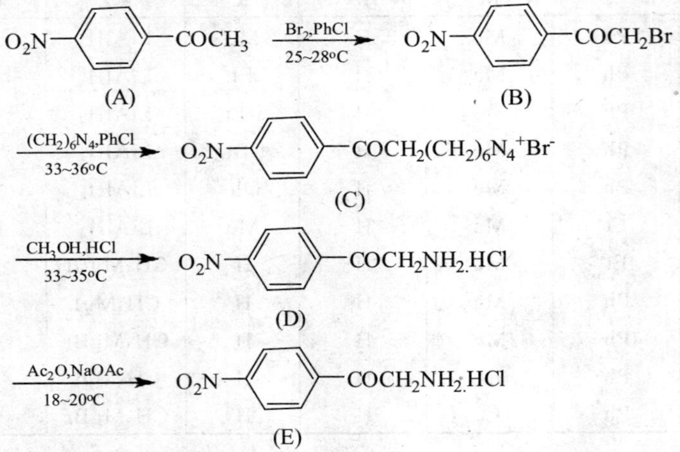

$$O_2N-C_6H_4-COCH_3\ \text{(A)} \xrightarrow[25\sim28^{o}C]{Br_2,PhCl} O_2N-C_6H_4-COCH_2Br\ \text{(B)}$$

$$\xrightarrow[33\sim36^{o}C]{(CH_2)_6N_4,PhCl} O_2N-C_6H_4-COCH_2(CH_2)_6N_4^{+}Br^{-}\ \text{(C)}$$

$$\xrightarrow[33\sim35^{o}C]{CH_3OH,HCl} O_2N-C_6H_4-COCH_2NH_2.HCl\ \text{(D)}$$

$$\xrightarrow[18\sim20^{o}C]{Ac_2O,NaOAc} O_2N-C_6H_4-COCH_2NH_2.HCl\ \text{(E)}$$

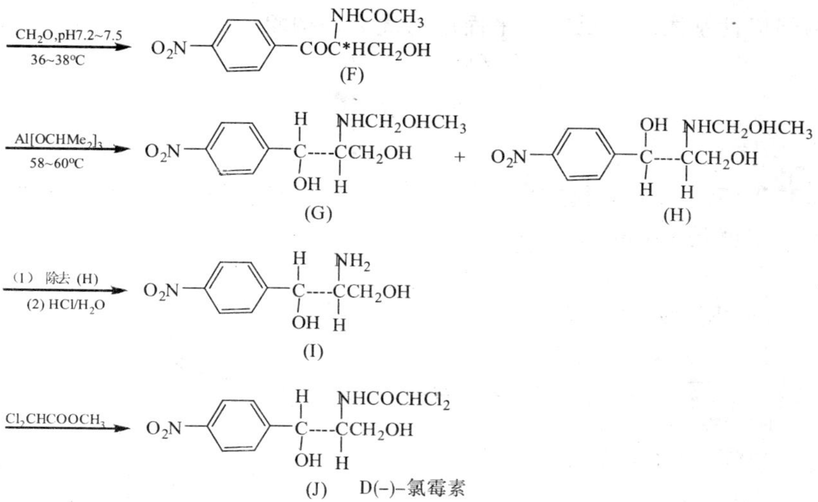

$\xrightarrow[36\sim38^{\circ}C]{CH_2O, pH7.2\sim7.5}$ $O_2N-C_6H_4-COC^*H(NHCOCH_3)CH_2OH$

(F)

$\xrightarrow[58\sim60^{\circ}C]{Al[OCHMe_2]_3}$ $O_2N-C_6H_4-CH(OH)-CH(NHCH_2OHCH_3)CH_2OH$ (G) + $O_2N-C_6H_4-CH(OH)-CH(NHCH_2OHCH_3)CH_2OH$ (H)

$\xrightarrow[(2)\ HCl/H_2O]{(1)\ 除去\ (H)}$ $O_2N-C_6H_4-CH(OH)-CH(NH_2)CH_2OH$

(I)

$\xrightarrow{Cl_2CHCOOCH_3}$ $O_2N-C_6H_4-CH(OH)-CH(NHCOCHCl_2)CH_2OH$

(J) D(–)–氯霉素

本反应中，(F)的羰基还原为仲羟基一步为立体选择反应，中间经由六元环的过渡态，得 DL– 苏式异构体。

(2)α– 氨基苯丙酮的还原：

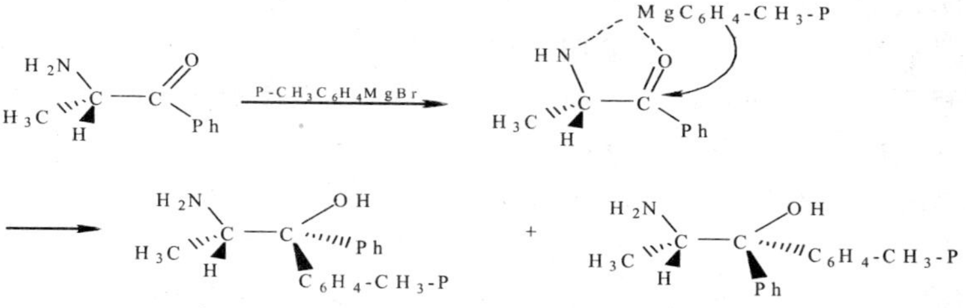

H_2N、H_3C、H–C–C(=O)Ph $\xrightarrow{P-CH_3C_6H_4MgBr}$ 五元环过渡态（HN…MgC_6H_4-CH_3-P…O=C(Ph)–C(H)(H_3C)）

$\longrightarrow$ H_2N、H_3C、H–C–C(OH)(Ph)(C_6H_4-CH_3-P) + H_2N、H_3C、H–C–C(OH)(C_6H_4-CH_3-P)(Ph)

(赤式) (苏式)

该反应经由五元环的过渡态，产物以赤式为主，倘若将 α-氨基经酰化处理必然使结合能力降低难以形成环式过渡态，于是 α-酰胺基就作为 L 基团而形成开链式过渡态。产物将以苏式为主。

4.2.3.3 偶极式模型——Cornforth 规则

当 α– 手性碳原子上连接一个电负性很大的原子或原子团(如卤素等)时，由于与羰基氧原子所带部分负电荷的相互排斥作用，因此两强极性基团处于反式共平面成为优势的构象，此即所谓偶极模型。

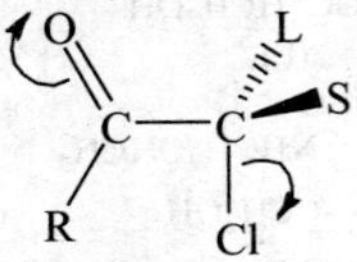

因而，试剂对反应中心羰基的加成反应就必然受制于该优势构象，这就是 Cornforth 规则。

例如：

(1)2R–氯–3–戊酮的还原：

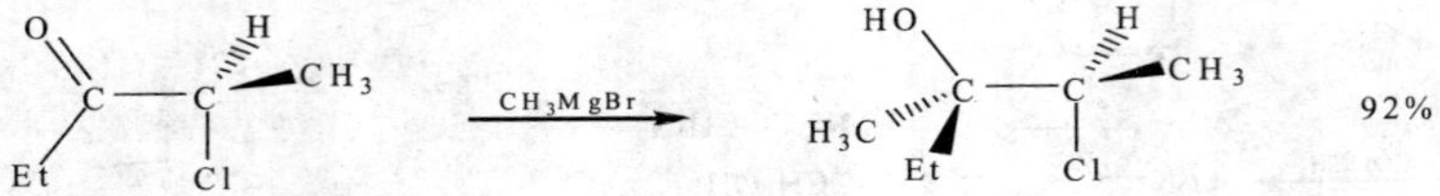

$\xrightarrow{CH_3MgBr}$ 92%

(2)3–氯丁酮的还原：

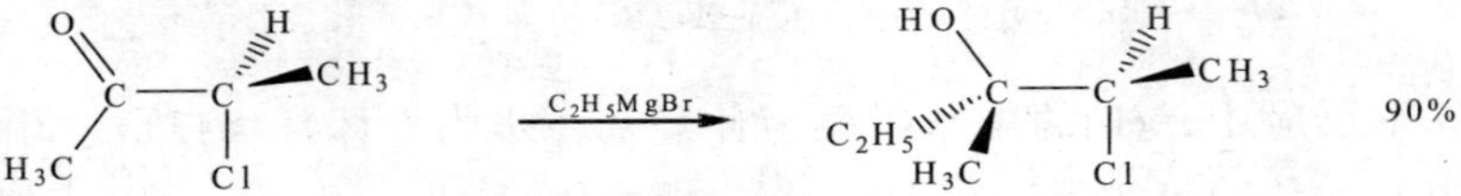

$\xrightarrow{C_2H_5MgBr}$ 90%

综上所述，反应究竟采取何种模型，虽然主要取决于反应物中 α–手性碳原子上连接基团的空间效应与电子效应，但是这些描述反应立体化学进程的模型又不是绝对的，模型之间可能相互竞争。一般说，碳上连接卤原子时多采用偶极模型，而各卤原子的体积与 α–手性碳原子上连接的其他两个基团相比属于中等基团(M)时，则可能出现开链式模型与偶极模型之间的竞争，这时主要产物的构型将取决于居优势的过渡态。又如，α–手性碳原子上连接—NH_2时，多经环式模型过渡态形成产物，而若将其酰化，则既降低其络合成环的能力，又使其体积增大(将可能成为 L)，于是开链式模型将成为优势模型决定着主要产物的构型。与此同时，反应试剂、溶剂、反应温度等因素又都对上述模型产生种种影响，甚至导致与按常规预测相反的结果。因而上述各种模型仅是经验性的和定性的。虽然迄今这一领域有待探索，定量的理论尚待建立，但是应该认为上述基于反应事实形成的经验性规则及其建立的有关描述反应进程的种种立体化学模型，对于预言这类不对称合成反应的立体化学结果颇具指导意义。

还需指出的是，Cram 和 Cornforth 规则仅适用于动力学控制的反应，即分离得到的产物是受反应速度制约的，而非反应后由于平衡形成的更为稳定的产物(热力学控制)。

4.2.3.4　手性脂环酮的不对称合成反应

手性脂环酮类的结构遍及甾类和萜类的化合物，因而有关该类化合物的不对称合成反应十分重要。尤其研究其分子中的羰基在化学反应中的立体选择性更是不对称合成反应的一个重要方面。

由环己酮取代衍生物还原为相应仲醇的反应是环酮羰基最为重要的加成反应之一，而且其反应的立体化学也研究得最为透彻，因而我们以此为主要内容讨论有关的不对称合成反应。

1)Hammond 假定

过渡态与反应物、中间体和产物之间的关系通过结构与能量加以联系。他认为如果真正分子和过渡态的能量相近，则它们的几何形象也彼此相近。如果一种过渡态和一种不稳定的中间体是连续递变的关系，而且它们的能量差别不大，则它们之间的转变仅涉及结构上很小的改动。因而，尽管我们无法用实验的方法直接获得只能瞬时存在的有关过渡态结构的信息，但由于人们对于反应中间体结构的知识远超于对过渡态结构的了解，因此可以在许多情况下根据反应过程的中间体，反应物或产物来讨论过渡态的结构。

在羰基加成反应中需要综合考虑的两种因素是：

(1)试剂进攻羰基的方向受制于反应物分子的几何构象。

(2)形成产物的稳定性受制于产物分子的几何构象。

图 4-1 中，(I)、(II)分别为两种不同的情况。

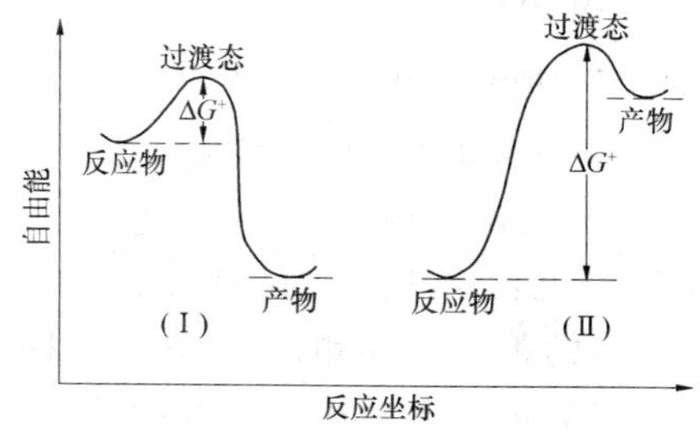

图 4-1

由图 4-1 可以看出：(I)为放热反应，(II)为吸热反应，前者过渡态与反应物的能量相近；后者过渡态与产物的能量相近。根据 Hammond 假定，前者过渡态的几何构象应与反应物相近；后者过渡态的几何构象则与产物相近。因而，前者反应物的几何构象起主导作用，而后者产物的几何构象起主导作用(体现于产物结构的稳定性)。例如 $LiAlH_4$ 还原 3，6–二甲基环己酮，若考虑接近分子的几何形象，试剂应取下列反应式中(1)的方式进攻羰基较为有利；若考虑产物的几何稳定性，则试剂应取(2)的方式进攻羰基较为有利。于是可分别产生两种不同的产物。

总的说来，反应物环上的取代基和试剂的体积均较大时，反应物的几何构象将起主导作用；否则是产物的几何形象起主导作用。

(2) R O H_3C H_3C (1) —(1) $LiAlH_4$ (2) H_2O→ R OH H_3C H H_3C (1) + R H H_3C OH H_3C (2)

(试剂接近有利)　　(产物稳定性有利)

其他实例：

(1)$Al(O\text{-}Pr\text{-}i)_3$ 还原 2– 甲基环己酮：

O CH_3 H → OH H CH_3 H + H OH CH_3 H

$Al(OPr\text{-}i)_3$	58%	42%
$LiAlH(OCH_3)_3$	69%	31%
$BH(CHCH_3CHMe_2)_3$	77%	23%
二-3-蒎烷基硼烷	92%	8%

由上述反应结果可见：由于进攻试剂 $Al(O\text{-}Pr\text{-}i)_3$ 的空间体积较大，倾向于从位阻较小的羰基的外侧进攻，得到以顺式异构体为主要产物的混合物。从上述数据还可看出，随着试剂基团的愈益增大，顺式产物就愈益增加。

(2)樟脑还原为异龙脑：

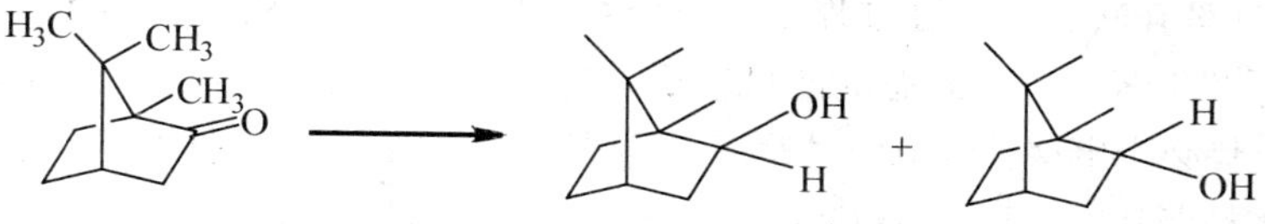

异龙脑　　冰片

	异龙脑	冰片
$LiAlH_4$	90%	10%
$NaBH_4$	86%	14%
$LiBH(CHMeEt)_3$	99.6%	0.4%

此实例表明反应物的几何形象对手征性合成反应效率的影响。由于在樟脑分子中，六元环被碳桥固定，无法翻转。有碳桥的一边位阻很大，尽管进攻试剂的体积有大小之别，但都更易于从位阻较小的一边(即碳桥的对面)进攻羰基，于是异龙脑均成为主要产物。当进攻试剂体积很大时，则该反应的立体选择性更强，异龙脑几乎为单一产物。

(3)4– 叔丁基环己酮的还原：

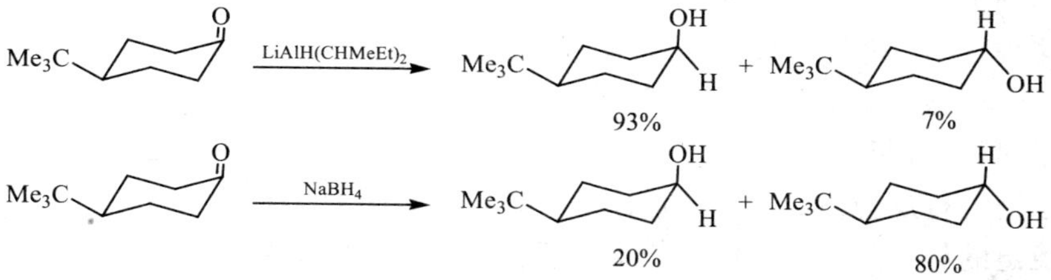

$LiAlH(CHMeEt)_2$：93%　7%

$NaBH_4$：20%　80%

该例说明在不对称合成反应中，对于反应物分子的几何形象进行分析的重要性。从环己烷衍生物构象的分析可以看出，4– 叔丁基环己酮分子中体积很大的叔丁基，只能以 e 键与环相连，环无法翻转。3，5– 位上的氢原子虽对试剂进攻有一定的位阻，但是较小，这样，进攻试剂体积极大时，起主导作用的将是试剂的位阻，而它更易进攻的是 e 键方向，因而还原后羟基应处于 a 键的位置，得到以顺式异构体为主的产物。当进攻试剂体积较小时，2，6– 位上的氢位阻作用已可略而不计，起主导作用的是羰基变成 C– OBH_3^- 过程中 C– O 键与 2，6– 位 C– He 键之间的张力。这时，若试剂从 a 键方向进攻羰基，

C– O 键在转化为 e 键过程中与两个 C– H e 键的距离将愈益增大，因而并不产生张力，过渡态的能量较低，易于形成；而若试刘从 e 键方向进攻，势必产生这种张力使过渡态的能量增高。因此，在该情况下，主要产物将是羟基以 e 键与环相连的反式异构体,而顺式异构体则成为次要产物。

一般可以认为，试剂的体积较小时，羟基在 e 键上的稳定产物即反式产物为主；试剂的体积较大时，以 a– 羟基产物即顺式产物为主。

2)反应的立体化学控制

在脂环酮为反应物进行不对称合成反应的过程中，必须注意合理地运用立体化学控制的方法，以期提高不对称合成的效率。脂环酮在各种还原剂的作用下发生反应的过程中，在一定的反应时间内其产物异构体间将在该试剂的作用下建立起可逆互变的平衡关系。例如：

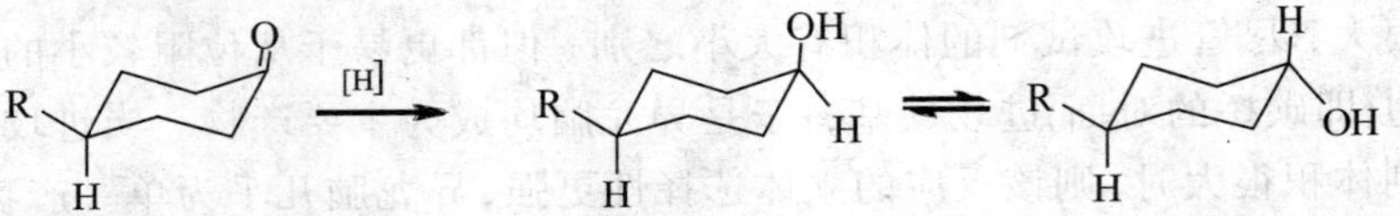

R, H, O —[H]→ R, H, OH, H ⇌ R, H, H, OH

还原能力较强的试剂，速度较快，在还原反应结束前上述转化已基本达到平衡状态；而还原能力较低的试剂，则需要较长的时间才能达到这种平衡。倘若延长反应时间，必然有利于稳定异构体的生成。这样，在实现这些不对称合成反应中就需要充分考虑这一因素，以便决定采用何种试剂和进行反应条件的控制。例如，当采用还原能力较弱的还原剂进行反应时，若试剂量固定，则反应时间较长时必然有利于获得稳定的异构产物。因而，若主要想获得较不稳定的异构产物，则应加大试剂用量和减少反应时间。下列数据为在不同还原剂作用下 e 羟基与 a– 羟基两种异构体产物在平衡混合物中的比例：

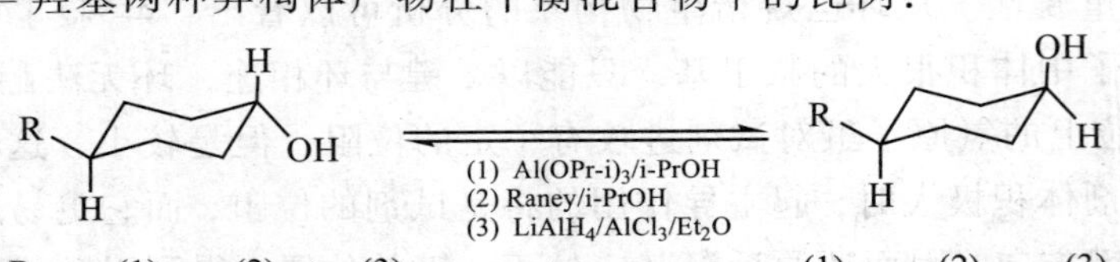

R, H, H, OH ⇌ R, H, OH, H

(1) $Al(OPr\text{-}i)_3/i\text{-}PrOH$
(2) Raney/i-PrOH
(3) $LiAlH_4/AlCl_3/Et_2O$

R	(1)	(2)	(3)	(1)	(2)	(3)
Me	75.0%	75.0%	92.4%	25.0%	25.0%	7.6%
Et	74.5%	74.3%	93.5%	25.5%	25.7%	6.5%
i-Pr	76.5%	77.0%	95.3%	23.5%	23.0%	4.7%
t-Bu	75.6%	77.0%	99.5%	23.5%	23.0%	0.5%

上述数据表明：$LiAlH_4/AlCl_3$ 为还原剂时，较稳定的 e 羟基异

构体(反式)含量较以 Al(0-i-Pr)/i-PrOH 或者以 Raney Ni/i-Pr0H 为还原剂时大得多。因而为获得较多量的该异构产物可采用 $LiAlH_4/AlCl_3$ 作还原剂，并且适当延长反应时间以充分实现这一异构体间的可逆转化。而在 Raney Ni 催化下的上述还原反应，若适当增加催化剂的用量和减少反应时间，则将得到以 a– 羟基异构体为主的还原产物。

4.3 非手性反应物的不对称合成反应

具有手性的反应物可实现不对称合成反应，非手性的反应物亦可借助一定的方法完成这类反应。在合成左旋 2– 甲基丁酸的反应中，反应物甲基乙基丙二酸就没有手性，而通过化学反应在分子中预先形成一个手性中心，使非手性反应物转变为手性反应物然后再进行反应。根据不对称合成反应的原理，除了这一方法外，还可不必预先于反应物分子中引入手征性中心，而直接应用手性反应试剂、手性催化剂、手性反应介质使非手性反应物发生不对称合成反应。

4.3.1 手性试剂的应用

手性试剂种类很多，一般为具有手性基团的金属有机化合物。这些试剂可与非手性反应物分子中的潜手性基团作用进行立体选择反应，从而产生不等量的立体异构产物。其反应的不对称合成效率在温度、溶剂等反应条件固定的情况下，既与反应物的几何形象及性质有关(尤其与潜手性基团相邻的基团的体积对此影响较大)，又与手性试剂的几何形象及性质有关。重要的是，根据手性合成的具体要求和手性试剂本身的特点恰当地选用适宜的反应试剂。

4.3.1.1 手性还原试剂的还原作用

1)手性烷氧基铝还原剂

当应用手性烷氧基铝为反应试剂与非手性的羰基化合物进行还原反应时，彼此间经配位络合形成两种优势不同的过渡态，然后经由负氢离子向羰基碳原子的转移，从而实现立体选择的还原反应。

例如：

(1)S (+)– 3– 甲基– 2– 丁醇铝还原甲基环己基酮：

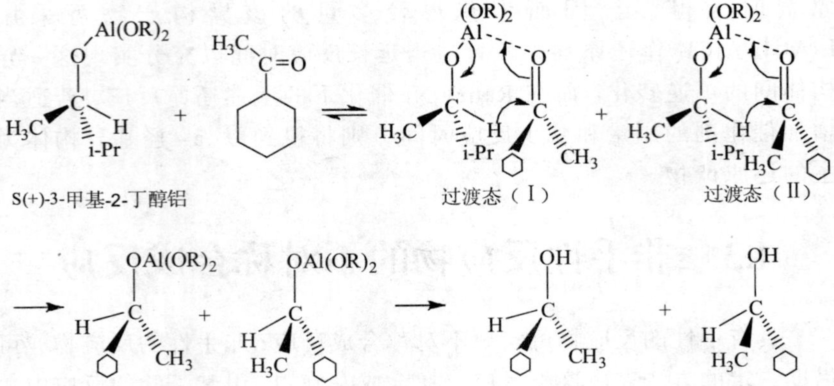

S(+)-3-甲基-2-丁醇铝　　过渡态（Ⅰ）　　过渡态（Ⅱ）

S(+)-1-环己基乙醇　　R(-)-1-环己基乙醇

21.8% e.e

两种过渡态(I)与(II)中，(I)占优势。这是由于手性还原剂 3– 甲基– 2– 丁醇铝中，手性碳原子上所连接的基团与反应物甲基环己基酮中与羰基碳原子相连的基团间的相互排斥作用，前者小于后者，因而两种过渡状态的能量(I)小于(II)，最后主要产物为 S(+)– 1– 环己基乙醇。

(2)二氯(–)– 异冰片铝还原苯丙酮：

该反应的立体选择性高于例(1)，这是由于手性试剂二氯(–)– 异冰片铝中两个氯原子的– I 效应降低了铝原子的电子云密度，增强了形成过渡态所必须的与羰基氧原子的络合能力，从而有利于羰基的还原。

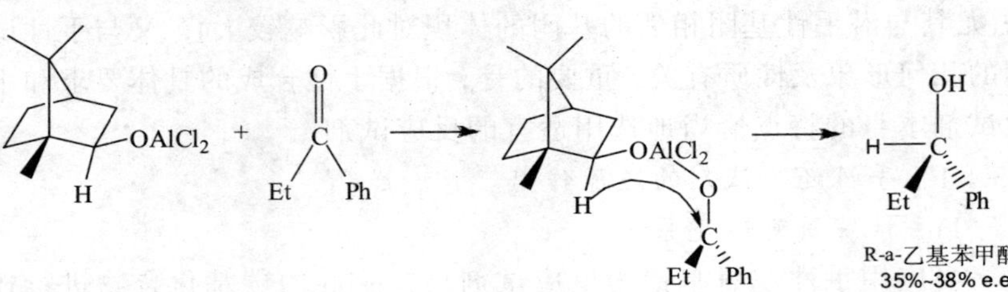

R-a-乙基苯甲醇
35%~38% e.e

2)应用手性格氏试剂的还原

手性格氏试剂的还原机理与手性烷氧基铝还原剂类似。区别在于这里过渡态的形成是借助镁与羰基氧原子的配位络合。例如 S– 2– 甲基丁基氯化镁还原二甲基丁酮：

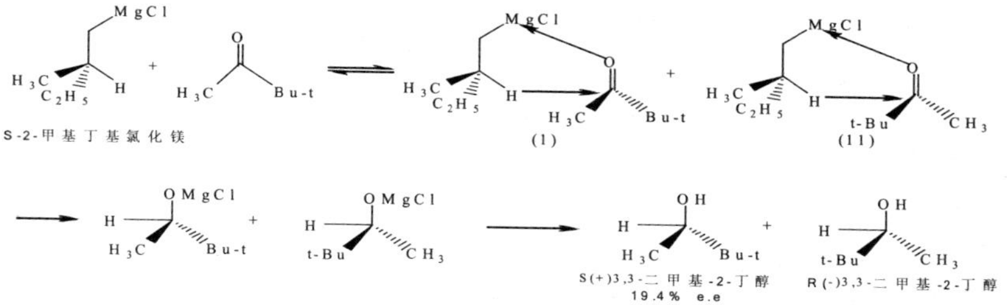

S-2-甲基丁基氯化镁

(1)

(11)

S(+)3,3-二甲基-2-丁醇 19.4% e.e

R(-)3,3-二甲基-2-丁醇

常用的手性格氏试剂还有 R-(或 S)苯基丙基氯化镁，R-(或 S)苯基丁基氯化镁，薄荷醇的烷氧基溴化镁，溴化(-)-异冰片镁等。

3)应用手征性氢化物的还原

这类还原剂应用较多的是手征性烷氧基氢化铝锂，薄荷醇的烷氧基氢化铝锂、辛可宁碱-烷氧基氢化铝锂、奎宁碱-烷氧基氢化铝锂等。它们实际上是氢化铝锂与相应的手性成分形成的手性络合物。例如，手征性奎宁碱与氢化铝锂形成的手性络合物结构如下：

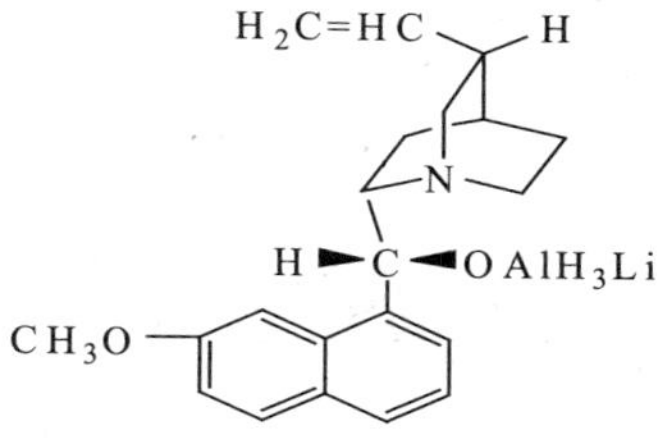

这类还原剂可用于还原羰基基、亚胺基等。例如奎宁碱—烷氧基氢化铝锂[$LiAlH_3(OQ)$*还原苯乙酮：

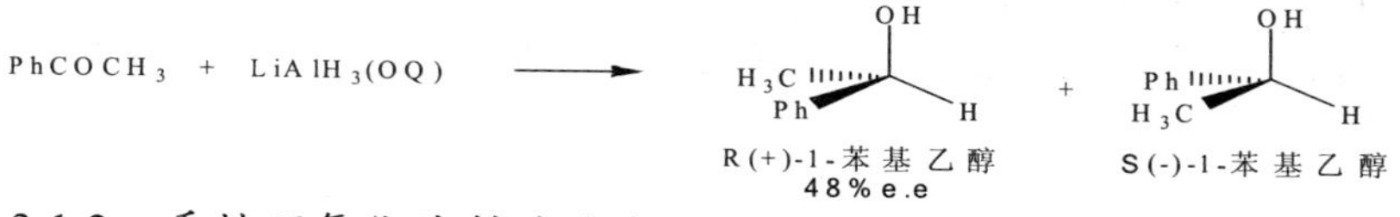

$$PhCOCH_3 + LiAlH_3(OQ) \longrightarrow$$

R(+)-1-苯基乙醇 48% e.e

S(-)-1-苯基乙醇

4.3.1.2 手性硼氢化试剂的反应

手性硼氢化试剂是具有手性的硼烷，常用的为乙硼烷与 α-蒎烯经加成反应得到的二-3-蒎基硼烷(P_2^*BH)，其中硼烷的两个氢原子为手性分子所取代。

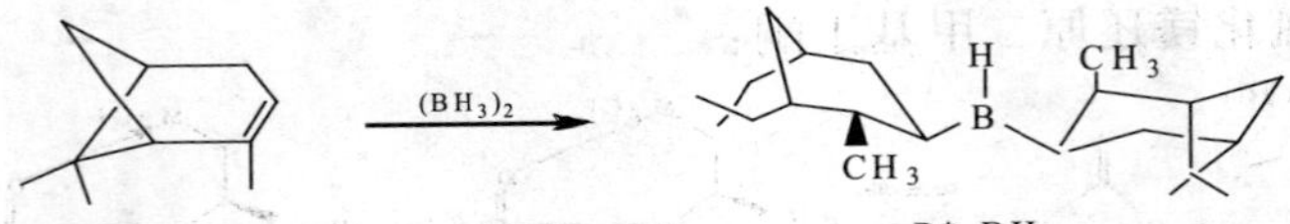

(BH$_3$)$_2$

P^*_2BH

它在溶液中系以自身聚合形成的二聚体为主，单体与二聚体之间存在如下平衡

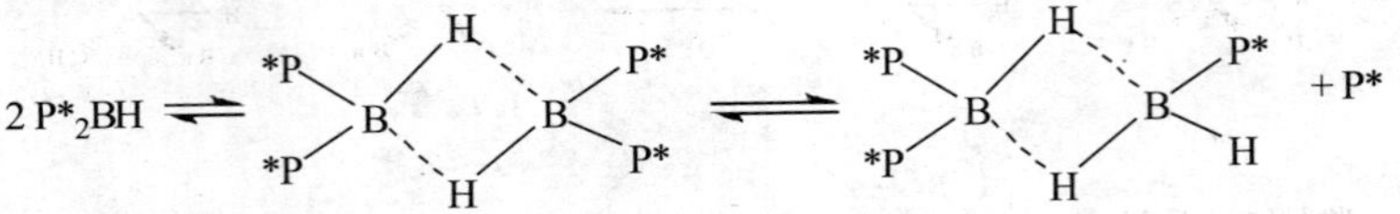

2 P^*_2BH ⇌ *P, *P, B, H, H, B, P*, P* ⇌ *P, *P, B, H, H, B, P*, H + P*

H.C.Brown 认为 P_2^*BH 应具有下列优势构象：

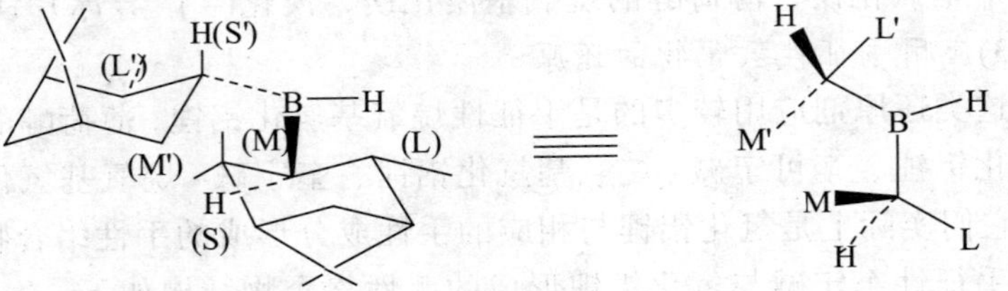

H(S') (L') B—H (M) (L) (M') H (S) ≡ H L' H B M' M L H

其中 S(S')，M(M')，L(L')分别表示所连接的小、中、大三种体积不同的基团。

例如顺–2–丁烯与二–3–蒎基硼烷的加成反应：

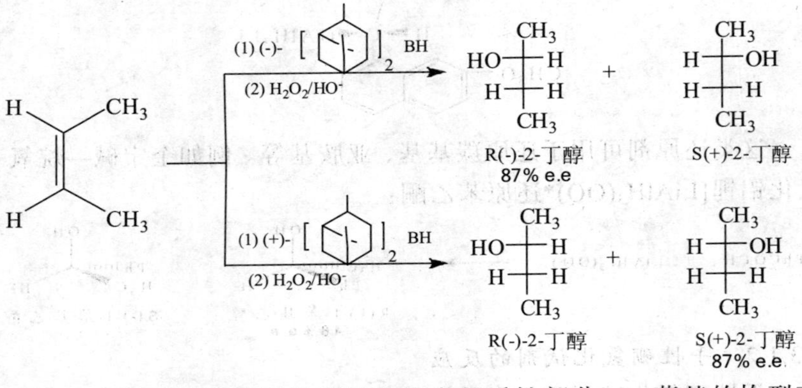

(1) (-)-[ ]$_2$BH (2) H_2O_2/HO^-

R(-)-2-丁醇 87% e.e　S(+)-2-丁醇

(1) (+)-[ ]$_2$BH (2) H_2O_2/HO^-

R(-)-2-丁醇　S(+)-2-丁醇 87% e.e

由此实例可见：①手性硼烷结构中的手性部分——蒎基的构型直接影响加成反应中立体异构产物的组成；②应用手性硼烷进行的不对称合成反应具有很高的立体选择性。在上述反应的进程中，尽管与应

用一般的非手性硼氢化试剂时一样，均为顺式加成，但是这时将形成两种能量差别相当大的过渡态(I)与(II)。其中能量(I)＜(II)，(I)中顺2–丁烯的甲基接近 C_3 上体积小的氢原子；在(II)中该甲基接近于体积较氢原子大得多的 C_3 上的 M 基团，这就导致两种过渡态在能量上的悬殊，从而使反应具有较高的立体选择性。

Brown 等认为，用 P_2^*BH 进行烯烃的硼氢化反应，其反应速度与立体选择性与烯烃的构型有很大关系，并且空间位阻的因素至关重要。一般说来，位阻不太大的顺式烯烃反应速度与立体选择性均超过其反式异构体。

有关烯烃的硼氢化反应，它的发现者 H.C.Brown 及其同事开创性和卓有成效的研究工作为其奠定了丰实的基础，并因此荣获诺贝尔化学奖。

近年来，由于一系列具有高度立体选择性的手性反应试剂相继出现，使不对称合成进入了新的阶段。

4.3.2 手性催化剂的应用

4.3.2.1 手性催化氢化

含有双键的非手性反应物在手性催化剂作用下能实现手性的催化氢化得到具有光学活性的立体异构产物。这是由于手性催化剂与具有对称因素的非手性反应物分子作用时，与其对称平面两边的作用具有不对称性，从而表现出在该催化剂作用下催化氢化的立体选择性。依催化剂的相溶性，可分为多相催化与均相催化。手性均相氢化催化剂不但具有极高的立体选择性(甚至可得到单一的某种立体异构体)，而且具有很高的化学选择性，可选择性氢化烯键，而不与 COOH，– COOR，– NO_2，＞C＝O，– CN 等体系中的共轭不饱和键反应。而三(三苯基膦)氢氯化钌[$(PPh_3)_3RuClH$]]对于端基双键具有择性催化氢化的能力，分子内其他位置的双键基本不受影响。这类催化剂通常还不易受毒化，甚至可以用来还原含硫的烯键化合物。因此，该类催化剂以其独特的催化性能引起了化学工作者的高度重视，用其进行的催化氢化成为引人瞩目的领域。

这类催化剂多为具有手性配位体的金属络合物，其与非手性反应物分子的两面有着不同的作用能力，从而使一种立体异构体成为氢化的主要产物。显然，作为这类催化剂的配体不仅要求应与金属形成难以离解的配位键，而且要求所形成的手性配位络合物应有稳定的构象。常用的为膦铑型络合催化剂，通称 Wilkinson 型催化剂，其配位中心为铑，配位体为膦化物。以 $RhClL_3^*$，其中 L^*表示手性配体，有如下三类：

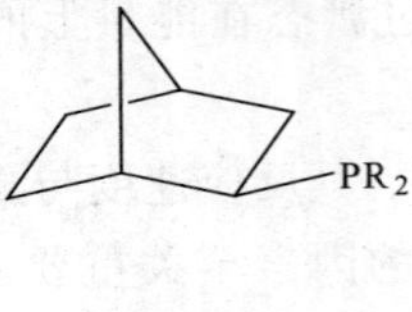
PR2

(Ⅰ)

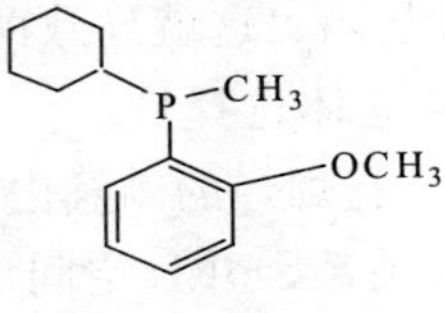
P
CH3
OCH3

(Ⅱ)

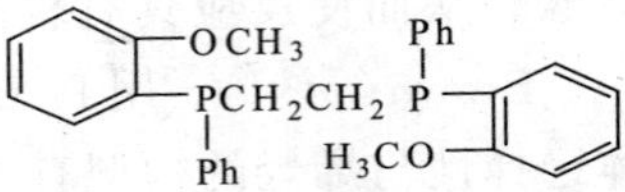
OCH3
PCH2CH2P
Ph
Ph
H3CO

(Ⅲ)

(I)中手性中心在碳原子上，离与金属配位的磷原子较远，立体选择效果较差；(II)中手性中心在磷原子上，产物的 O.P.又可提高至 85%～90%。(III)为螯合型手性膦配体，为不对称合成效率最高的一类，产物的 O. P. 可高达 95%～96%。以(III)为配位体的催化剂结构可表示如下：

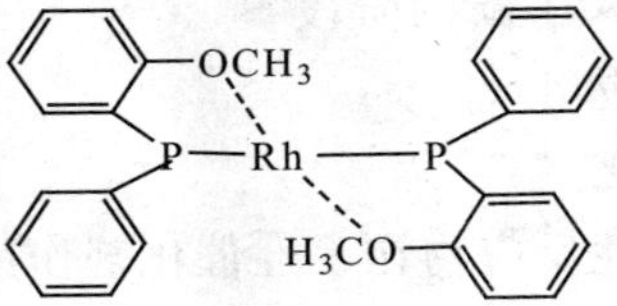
OCH3
P
Rh
P
H3CO

其中四个苯基的取向由于—OMe 基和配位中心 Rh 原子的微弱配位作用而使构象稳定。例如：

(1)S(+)– N– 乙酰苯丙氨酸的合成

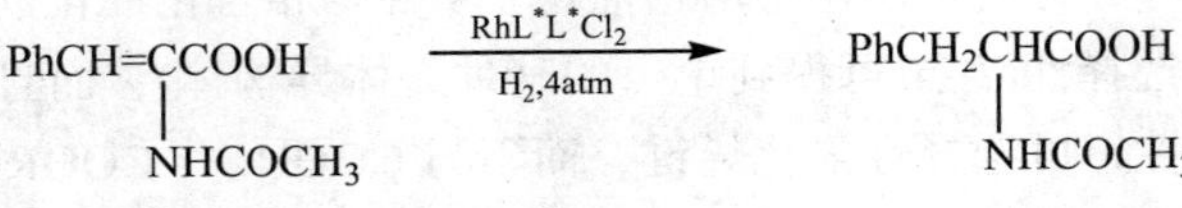
PhCH=CCOOH
NHCOCH3
RhL*L*Cl2
H2,4atm
PhCH2CHCOOH
NHCOCH3

Z–a–乙酰氨基肉桂酸　　　　S(+)–N–乙酰苯丙氨酸 95.7%

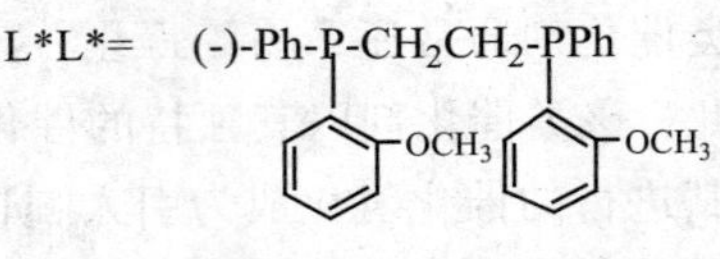
L*L*=
(-)-Ph-P-CH2CH2-PPh
OCH3
OCH3

(2)R(+)– N– 乙酰亮氨酸的合成

$$\underset{\displaystyle \text{NHCOCH}_3}{Me_2CHCH{=}\underset{|}{C}COOH} \xrightarrow[H_2,THF]{RhL^*L^*Cl_2} \underset{\displaystyle \text{NHCOCH}_3}{Me_2CHCH_2\underset{|}{C}HCOOH}$$

Z–a–乙酰氨基–4–甲基–2–己烯酸

R(+)–N–乙酰亮氨酸
100%e.e

$$L^*L^* = S,S\text{-}(-)\text{-}Ph_2\text{-}P\text{-}\underset{CH_3}{\underset{|}{C^*H}}\text{----}\underset{CH_3}{\underset{|}{C^*H}}\text{-}PPh_2$$

目前不对称均相催化的深入研究不仅有力地推动着有机合成的发展，而且酶催化相互渗透，为模拟和实现生物体内的酶催化反应开辟新的途径。

4.3.2.2 酶催化不对称合成

酶催化以专一性(Specificity)为其显著特征，这主要表现如下：①对于反应的专一性，即一种酶仅催化某一特定类型的反应。如酯水解酶仅催化酯的水解反应，而对其他反应则无催化作用。②对反应底物的专一性，即一种酶仅对某种或某类特定的反应物具有催化作用。例如，尿素酶仅对水解尿素有催化作用，磷酸酶仅能催化水解磷酸酯。③对于反应动力学的专一性，在所催化的同类反应中，其催化反应的速度因反应物的不同而异。例如，酯酶虽可催化水解所有的酯，但对不同的酯，其水解速度不同。④许多酶的催化有立体专一性，例如，麦芽糖酶仅催化水解 α– 配糖物，而不水解 β– 配糖物；苦杏仁酶则仅水解 β–配糖物，而不能水解 α– 配糖物，这是酶催化不对称合成的主要表现。

值得指出的是，一种酶往往可以兼具上述四种专—性中的两种或数种功能。例如，酯酶不仅具有反应专一性，而且具有立体专一性。酶催化所具有的上述特异功能引起了合成化学家的极大关注。

酶参与生命的化学过程，这是因为有机体内进行着的许多复杂的有机化学反应，无一不是具有高度手性结构的酶在不对称催化作用下完成的。酶催化的不对称合成在有机体内都是在十分温和的条件下进行的，具有极高的立体选择性，其产物往往可达到 100%的光学纯度，这何尝不是化学工作者一直所企盼的合成水平。有机体内进行着的酶催化反应给人们以启迪，近年来化学家潜心求索，以模拟酶催化为中心的仿生合成法脱颖而出，成为有机合成化学的前沿。

酶催化可采用微生物发酵的方法促致反应进行，亦可自有机体内分离出具有高度稳定性的酶(应使其离开有机体而不失去活性)，在有机体外进行催化反应。

例如：肾上腺皮质激素——氢化可的松合成中的重要一步，C– 11 β – 羟基的引入就是利用梨头霉菌这种酶的催化氧化兼具部位选择性和立体选择性的特点，得到 C– 11 β – 羟基化合物。

$COCH_2OOCCH_3$ ----OH O 梨头霉菌 → OH $COCH_2OOCCH_3$ ----OH O

维生素 C 的合成：

CH_2OH =O HO—H H—OH HO—H CH_2OH 假单孢酶 → CO_2H =O HO—H H—OH HO—H CH_2OH H_3O^+ → OH HO O H O HO—H CH_2OH

L-山梨糖　2-酮基-L-古龙酸　维生素C

这是近年来发展的维生素 C 合成法，它是利用假单孢菌直接将 L– 山梨糖氧化为 2– 酮基– L 古龙酸，再经酸处理得维生素 C。由此可见，该菌具有特异选择性氧化功能，它可将 C– 1 的羟基氧化为羧基，而不影响分子中的其他羟基。这样可以省去该羟基氧化前其他羟基经由缩酮的保护步骤，从而使合成程序大为简化。

R(+) – 苦杏仁腈的合成：

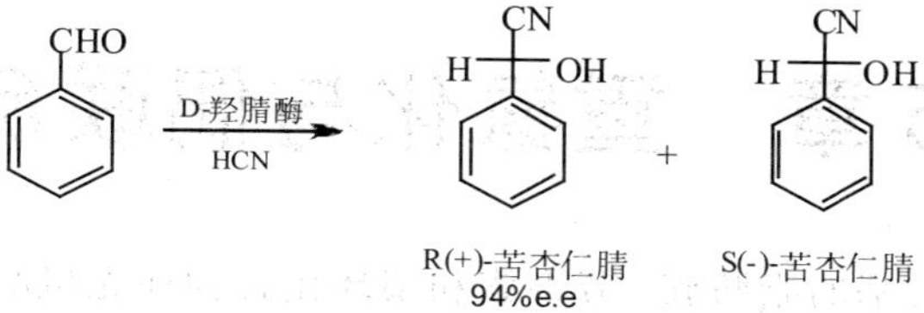

D-羟腈酶, HCN

R(+)-苦杏仁腈 94%e.e + S(-)-苦杏仁腈

由产物的%e.e.可见，此合成具有很高的立体选择性。同样的反应若采用非酶的手性催化剂，其立体选择性要差得多。

目前，酶催化是极为活跃的研究领域之一，许多化学家正潜心于酶催化机理的探索，以及人工模拟有机体内的酶催化反应，并已取得可喜的进展。例如，近来已制得血红素的模型化合物，并设想从中得到能在温和的条件下利用空气中的氧进行有效的氧化的反应途径，并能与有机体内的氧化酶一样进行氧的吸收与解脱。因此，酶催化的研究具有十分广阔的发展前景。相关内容在有机合成新进展一章还要作详细介绍。

练 习 题

一、什么叫不对称合成反应，怎样实现不对称合成？举例说明。

二、什么是立体选择反应和立体专一反应，两类反应有何区别？

三、写出下列不对称反应的主要产物

1. 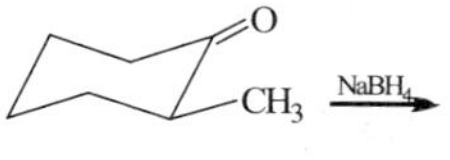 2-甲基环己酮 $\xrightarrow{NaBH_4}$

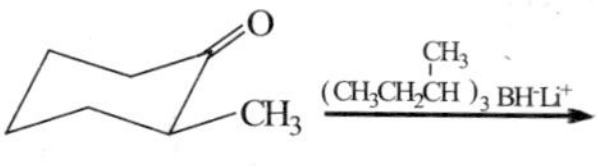

2. 2-甲基环己酮 $\xrightarrow{(CH_3CH_2CH(CH_3))_3BH^-Li^+}$

3. 4-t-Bu-环己酮 $\xrightarrow{RLi}$

4. H_3C, C_6H_5, H—C—CHO $\xrightarrow{C_6H_5MgBr}$

5. 环己烯 $\xrightarrow{Br_2/CCl_4}$

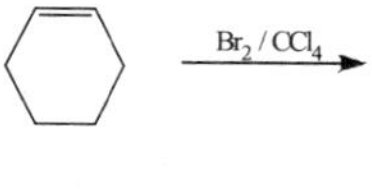

6. 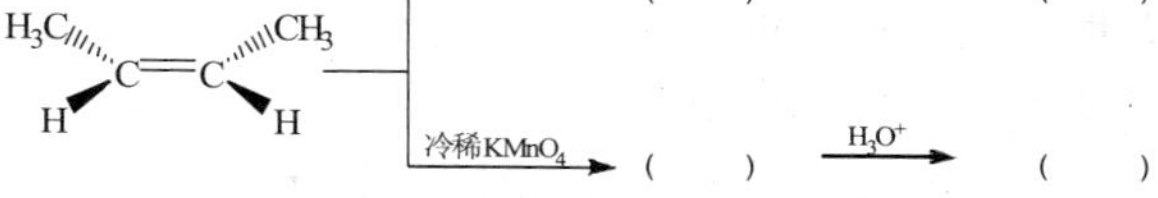 H_3C(H)C=C(H)CH_3 $\xrightarrow{C_6H_5CO_3H}$ (　　) $\xrightarrow{H_3O^+}$ (　　)

冷稀 $KMnO_4$ → (　　) $\xrightarrow{H_3O^+}$ (　　)

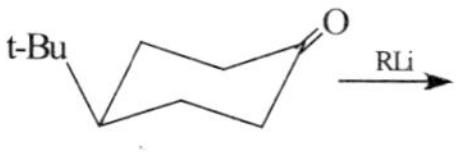

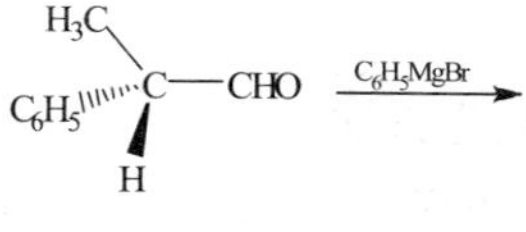

第 5 章 重氮化与偶联反应

具有伯胺基的脂肪族、芳香族和杂环化合物在无机酸的存在下与亚硝酸作用，生成重氮盐的反应称为重氮化反应。

$$RNH_2 + HNO_2 + HCl \longrightarrow RN_2^+Cl^- + 2H_2O$$

脂肪烃的重氮盐所形成的阳碳离子，由于性质极不稳定，除脂环重氮盐所形成的阳碳离子可进行扩环、缩环等反应外，其他的脂肪烃重氮盐易发生重排、异构、取代和消除等副反应，缺少应用价值。

芳胺和杂环胺的重氮化，由于分子中重氮基上的氮原子与芳环间的分子轨道形成离域π键，分散了正电荷，较脂肪重氮盐性质稳定，有较少的副反应。因而，通过芳香重氮盐可以进行许多有价值的转化反应，在有机合成上占有重要地位。有人认为芳香族重氮盐在有机合成上的重要性堪与格氏试剂相媲美。

重氮盐正离子可以作为亲电试剂与活泼的芳香化合物进行芳环亲电取代反应，生成偶氮化合物，此反应通常称为偶联反应。

重氮盐与酚、芳胺及其衍生物的偶联反应是合成偶氮染料的基础。偶氮染料是最大的一类化学合成染料，约几千种化合物。

5.1 重氮化反应

5.1.1 重氮化方法

重氮盐的制备方法很多，根据不同的要求和用途，可归纳为下面两类。

5.1.1.1 一般方法

无机酸(HCl 或 H_2SO_4)与亚硝酸盐作用产生亚硝酸，伯胺与亚硝酸反应生成重氮盐，此即重氮化反应。操作时可将 $NaNO_2$(或 KNO_2)的浓溶液加入温度保持在 0 ~ 5 ℃的伯胺酸性溶液中或将伯胺和 $NaNO_2$ 同时加入酸溶液中，可得到相同的结果。

$$ArNH_2 + HCl \longrightarrow ArNH_3^+Cl^-$$

$$NaNO_2 + HCl \longrightarrow HONO + NaCl$$

$$ArNH_3Cl + HONO \longrightarrow ArN{\equiv}\overset{+}{N}Cl^- + 2H_2O$$

5.1.1.2　特殊方法

1)格里思方法

N_2O_3(由淀粉或 As_2O_3 与 HNO_3 作用而产生)与伯胺作用可生成重氮盐。

$$2Ar{-}NH_2 + 2HNO_3 + N_2O_3 + H_2O \longrightarrow 2Ar{-}N_2NO_3 + 4H_2O$$

该法适宜于制备干燥的重氮盐类。

2)维特方法

利用 HNO_3 为溶剂，同时加入 $K_2S_2O_5$(还原剂)和伯胺，使 $K_2S_2O_5$ 与 HNO_3 作用产生 HNO_2，而 HNO_2 与伯胺作用生成重氮盐。

$$2ArNH_2 + 4HNO_3 + K_2S_2O_5 \longrightarrow 2ArN_2^+NO_3^- + K_2S_2O_7 + 4H_2O$$

$$\text{2,6-二氯-4-硝基苯胺 } (NH_2,\ Cl,\ Cl,\ NO_2) \xrightarrow{K_2S_2O_5\text{-}HNO_3} \text{2,6-二氯-4-硝基苯重氮盐 } (N_2NO_3,\ Cl,\ Cl,\ NO_2)$$

3)盖尔法

用亚硝酸烷酯(R—O—NO)或亚硝酰氯(O═N—Cl)为重氮化剂，与伯胺作用生成重氮盐。

$$ArNH_2 + HCl + RONO \longrightarrow ArN_2Cl + ROH + H_2O$$

$$RNH_2 + ClNO \longrightarrow Ar{-}\overset{H}{N}{-}N(Cl)(OH) \xrightarrow{-H_2O} ArN_2Cl$$

5.1.2　影响重氮化反应的因素

5.1.2.1　酸

由芳伯胺重氮化反应 $ArNH_2 + NaNO_2 + 2HX \longrightarrow ArN_2^+X^- + NaX + 2H_2O$ 知酸的用量应是芳伯胺的 2 倍当量，但实际操作时，一般为芳伯胺的 2.5 ~ 3.0 倍当量为宜，其中 1 当量酸与胺生成盐，1 当量酸与亚硝钠反应生成 HNO_2，过量的 0.5 ~ 1.0 当量酸保持反应液的酸性，以防止刚生成的重氮盐与尚未反应的芳伯胺偶联生成重氮氨基化合物：

$$ArN_2^+Cl^- + ArNH_2 \longrightarrow ArN_2NHAr + HCl$$

该不溶性副产物一经生成，就很难除去，而影响重氮化操作。

酸的种类对重氮化反应的速率有较大的影响，HBr 较 HCl 快约 50 倍，而 HNO_3、H_2SO_4 的反应速率则没有 HCl 大。重氮化反应常用 HCl，而当 Cl^- 影响重氮盐的后续反应时则常用 H_2SO_4。

5.1.2.2　温度

由于重氮盐不稳定，重氮化反应一般在低温(0 ~ 5 ℃)下进行。如果生成的重氮盐较稳定，亦可在较高的温度下进行，最高者可达 90 ℃，如氨基偶氮苯的工业化生产。升高温度可加大重氮化的反应速度，每增加 10 ℃，可增加反应速度 2 ~ 4 倍。

一般说来，碱性愈强的芳伯胺，重氮化的温度愈低。

5.1.2.3　亚硝酸钠

$NaNO_2$ 的用量一般为理论量或稍微过量，一般不宜过量太多。否则，过量的亚硝酸将使重氮盐分解。但也不能太少，以免重氮化不完全而生成重氮氨基化合物。

检验重氮化的终点就是检验过量的亚硝酸，常用方法是淀粉－碘化钾试纸法：

$$2KI + 2HCl + 2HNO_2 \longrightarrow I_2 + 2NO + 2KCl + 2H_2O$$

若反应液使试纸变蓝，则表明反应液中已有过量的亚硝酸存在，反应已到终点。

过量的亚硝酸可加入尿素除去。

$$(NH_2)_2CO + 2HNO_2 \longrightarrow 2N_2 + CO_2 + 3H_2O$$

5.1.2.4　芳伯胺的结构

(1)强碱氨基化合物。如苯胺、联苯胺及其含有—Me、—OMe 等斥电子基团的衍生物，由于碱性强能与无机酸生成易溶于水但难水解的铵盐，因而重氮化反应速率较小。

(2)含有吸电子基的氨基化合物。含有—NO_2、—Cl 等吸电子基的伯胺，因碱性较弱，成盐较难，其胺盐难溶于水，但易水解释出游离胺，反应速度较大。

含—SO_3H，—COOH 等吸电子基的伯胺。该类化合物在酸性溶液中生成两性离子的内盐沉淀，故不溶于酸中，很难重氮化。可将该类化合物加入 Na_2CO_3 形成钠盐，增加溶解度，再进行重氮化。

(3)二氨基化合物。邻二氨基类，一个—NH_2 先被重氮化，然后该重氮基与未重氮化的氨基反应生成环状氨基偶氮化合物，如：

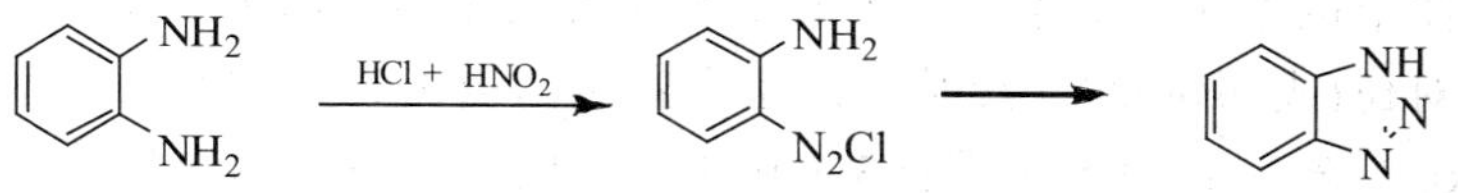

HCl + HNO_2

间二氨基类，分子中两个—NH_2 可同时被重氮化，继之与未重氮化的二胺发生自身偶联，如：

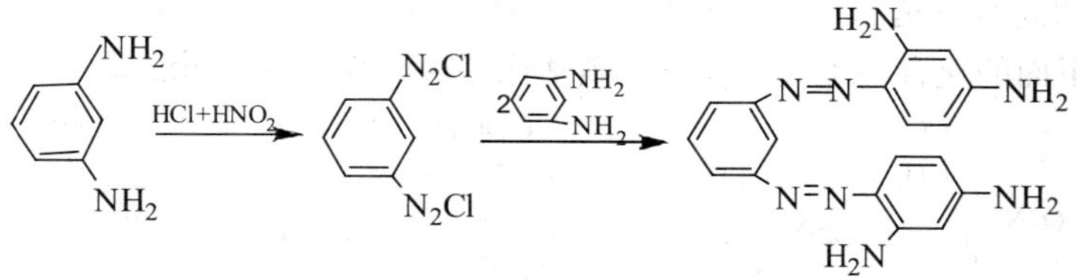

HCl+HNO_2

对二氨基类化合物与间二氨基类相似，但采取一定方法可将其中一个—NH_2 重氮化。

5.1.3 重氮盐的性质

5.1.3.1 稳定性

由于芳环能分散重氮基上的正电荷，因此芳香族重氮盐的稳定性比脂肪重氮盐的大。正电荷分散程度越大，重氮盐的稳定性也就越大。

例如：

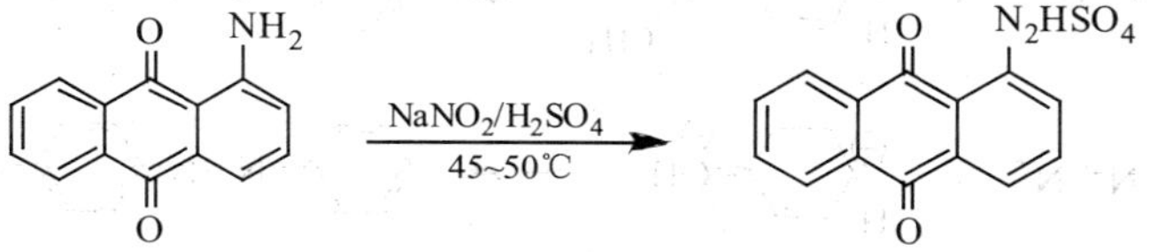

$NaNO_2/H_2SO_4$

45~50℃

该重氮化反应温度为 45 ~ 50 ℃。其产物可在水中加热至 80 ~ 90 ℃进行重结晶。由此可知，苯系重氮盐的稳定性比多环芳香重氮盐差得多。苯核上取代基不同，其重氮盐的稳定性也不同。能形成内盐者，其重氮盐的稳定性增加。

另外，温度、光、pH 值和某些金属离子及氧化剂，也对重氮盐的稳定性有较大的影响。

干燥状态下的重氮盐极不稳定，当受热或震动时，易发生爆炸。

5.1.3.2 重氮基团的吸电子性质

芳香环上的重氮盐基带有正电荷，具有很强的吸电子性，能将其他基团上的电子云分散。其吸电子效应大致相当于两个硝基。重氮盐基的对位(或邻位)的酚羟基，由于重氮基的吸引，其酸性大大增强。其 pka 与苯酚的 pka 分别为 3.4 和 10.0。同样，重氮基对位或邻位的氨基的碱性，则被大大减弱。

若重氮基对位存在活泼亚甲基，则该亚甲基的活性大大增强，在重氮化的同时可进行碳—亚硝化反应。碳—亚硝基化合物可进一步反应。例如下面的化合物生成的碳—亚硝基化合物可脱去羧基而形成苯甲醛肟。

COOH, CH_2, O_2N, NH_2 —$NaNO_2/H^+$→ COOH, HC—NO, O_2N, NH_2 —$-CO_2$→ NOH, CH, O_2N, NH_2

5.1.3.3 重氮基团的亲电性质

芳烃重氮盐氮原子上的正电荷主要在重氮基末端的氮原子上，因而显示其亲电特性。利用此性质，可与酚、芳香胺等类化合物进行偶合反应而得偶氮化合物。

例如：

$$C_6H_5-N{=}N^+ + (\ominus,H)C_6H_5{=}N(CH_3)_2^+ \xrightarrow{-H^+} C_6H_5-N{=}N-C_6H_4-N(CH_3)_2$$

$$C_6H_5-N{=}N^+ + (\ominus,H)C_6H_5{=}\overset{\oplus}{O}H \longrightarrow C_6H_5-N{=}N-C_6H_4-OH$$

如果重氮盐分子中的邻位含有亲核性基团，则可自身耦合，生成环状化合物。

例如：

$$\text{邻苯二胺} \xrightarrow{NaNO_2 + H^+} [\text{中间体 } N{:}N^{\oplus}Cl^{\ominus}] \longrightarrow \text{苯并三氮唑}$$

利用这种性质可直接制得多氮杂环衍生物。

例如：

$$\xrightarrow[NaNO_2/HCl]{PH=6,\ 25℃}$$

抗过敏哮喘药 —苯并嘌呤酮

5.1.3.4 重氮盐的溶解度

重氮盐有如铵盐性质，其氯化物和硫酸盐一般可溶于水。因此，重氮化后的水溶液是否澄清，常作为反应正常与否的标志。

在氯化重氮盐的水溶液中，加入重金属的氯化物，氟化配酸(HBF_4、$HSbF_6$)以及芳磺酸等，可形成相应的重氮复盐而沉淀，这些固体盐类除用作制备有机金属化合物、氟化物和某些转化反应外，主要用于染料的制备。

5.1.4 重氮化反应历程

重氮化反应的历程一般认为是亚硝酰阳离子对伯氨基的亲电反应。其反应速率与酸的浓度以及形成亚硝酰阳离子的试剂种类有关。一般而言，具有下列过程：

$$NaNO_2 + H^+ \longrightarrow HO\text{-}NO + Na^+$$

$$HO\text{-}NO \underset{}{\overset{H^+}{\rightleftharpoons}} H_2{}^+ONO \begin{cases} \xrightarrow[-H_2O]{NO_2^{\ominus}} ON\text{-}NO_2 \xrightarrow{ArNH_2} \\ \xrightarrow[-H_2O]{ArNH_2} ArNH_2NO \xrightarrow{-H^+} \\ \xrightarrow[-H_2O]{X^{\ominus}} NOX \xrightarrow{ArNH_2} \end{cases}$$

$$ArNHNO \longrightarrow ArN{=}NOH \xrightarrow{H^+} ArN \equiv N^{\oplus} + H_2O$$

亚硝酰基化合物 H_2O^+NO，$ON—NO_2$，NOX 均可与游离芳胺进行亲电反应，经由中间体 $ArNH_2NO$ 而转化为重氮盐。不同的亚硝酰阳离子的形成，与采用酸的性质和浓度有关，并且与重氮化的反应速率也有关系。总的来讲，反应速度均与游离芳胺、亚硝酸和质子的浓度成正比，有时也与 X^-的浓度成正比。

5.2 偶联反应

5.2.1 偶联反应的理论

芳伯胺经重氮化生成的重氮化合物与酚类、胺类等作用生成偶氮化合物的反应叫偶联反应。其中重氮化合物称为“重氮组分”，而酚类、胺类则谓之“偶联组分”。

例如：

$$O_2N\text{-}C_6H_4\text{-}NH_2 \xrightarrow{HNO_2} O_2N\text{-}C_6H_4\text{-}N_2Cl$$

$$O_2N\text{-}C_6H_4\text{-}N_2Cl + C_{10}H_7OH \longrightarrow O_2N\text{-}C_6H_4\text{-}N{=}N\text{-}C_{10}H_6OH$$

重氮组分　　偶联组分　　偶氮化合物 (毛巾红)

偶联反应的机理可由下式说明：

$$\left[Ar\text{-}\overset{\oplus}{N}{\equiv}N\right]Cl^{\ominus} \rightleftharpoons Ar\text{-}N{=}\overset{\oplus}{N}\,\overset{\ominus}{Cl}$$

(Ⅰ)　　(Ⅱ)

(Ⅱ)式中，其第二个氮原子上具有正电荷，易与供电子的化合物发生偶联反应，(Ⅰ)式则不能发生偶联作用。作为偶联剂如苯酚，其酚羟基的邻位与对位具有较大的电子云密度，能满足重氮盐(Ⅱ)的亲电要求。

$$C_6H_5OH \underset{}{\overset{OH^-}{\rightleftharpoons}} C_6H_5O^{\ominus} + H_2O$$

$$ArN{=}\overset{\oplus}{N} + \overset{\ominus}{H}C_6H_4{=}O \rightleftharpoons Ar\,N{=}N\text{-}(H)C_6H_4{=}O \longrightarrow Ar\text{-}N{=}N\text{-}C_6H_4\text{-}OH$$

因而，偶联反应为缺电子的氮原子对富电子的芳环所起的亲电取代作用。

5.2.2 偶联反应的定位规则

在偶联反应中，作为亲电试剂的重氮组分在与偶联组分作用时，亲电试剂与偶联试剂的电子密度最大的位置作用，从而呈现出一定的规律。

5.2.2.1 苯系偶联组分

(1)苯系的单氨基或单羟基化合物作为偶联组分，偶氮基进入氨基或羟基的对位，若对位已为其他取代基所占，则其进入邻位：

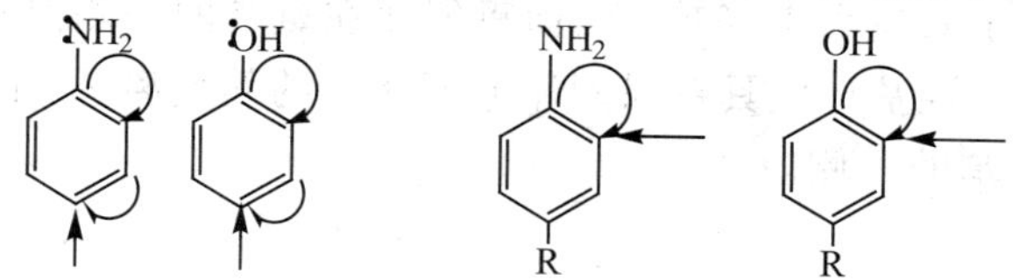

(2)苯系的二胺及二羟基化合物作为偶联组分，一般仅间位化合物易于偶联。位置在 4－位；若 4－位被占，则进入 2 位：

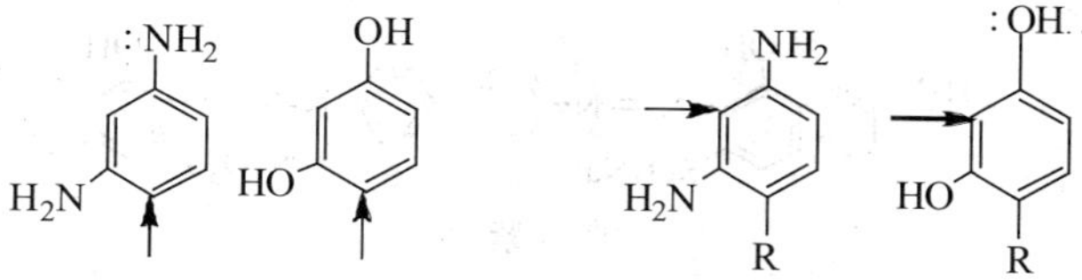

5.2.2.2 萘系偶联组分

(1)α－羟基或氨基萘，偶氮基进入 4 位，若 4 位被占，则进入 2 位：

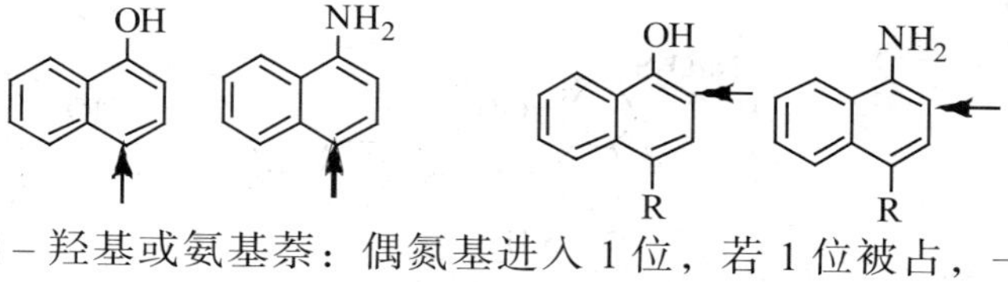

(2)β－羟基或氨基萘：偶氮基进入 1 位，若 1 位被占，一般不能发生偶联反应。

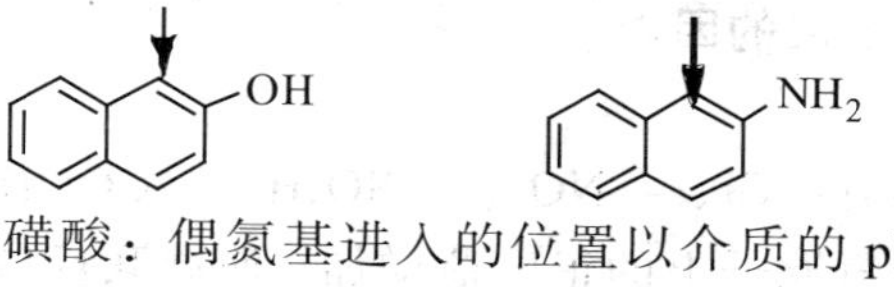

(3)氨基萘酚磺酸：偶氮基进入的位置以介质的 pH 值而异。在碱

性溶液中，进入羟基的邻位；在弱酸性溶液中，则进入氨基的邻位。

例如：

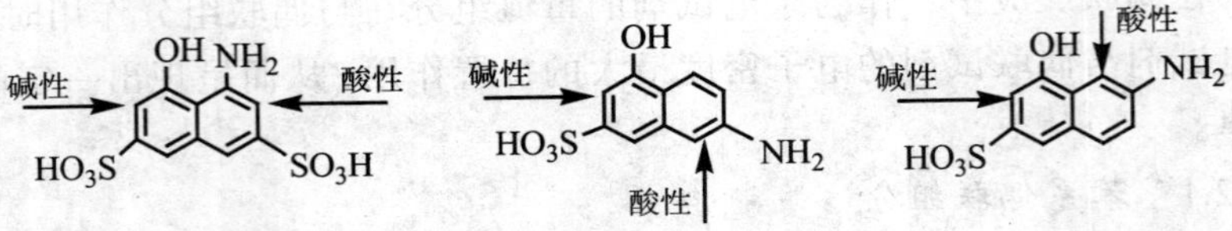

碱性 → OH NH$_2$ ← 酸性 HO$_3$S SO$_3$H　　碱性 → OH HO$_3$S NH$_2$ ↑酸性　　碱性 → OH ↓酸性 NH$_2$ HO$_3$S

上述现象可由电子效应解释：在弱酸性介质中，由于氨基仍未成盐，其推电子效应大于羟基，因而重氮盐在氨基的一侧偶联；在碱性溶液中，由于羟基形成具有强烈斥电子能力的氧负离子，故偶联反应将发生于羟基的一侧。

例如：

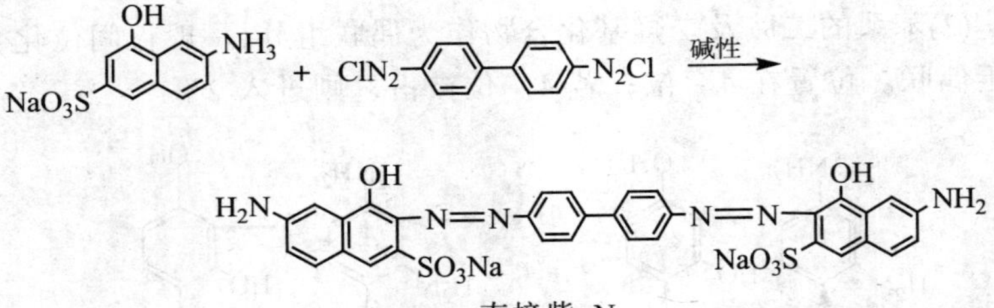

OH NH$_3$ NaO$_3$S + ClN$_2$—⟨⟩—⟨⟩—N$_2$Cl $\xrightarrow{\text{碱性}}$

H$_2$N OH —N=N—⟨⟩—⟨⟩—N=N— OH NH$_2$ SO$_3$Na NaO$_3$S

直接紫 N

OH NH$_2$ NaO$_3$S + ClN$_2$—⟨⟩—⟨⟩—N$_2$Cl $\xrightarrow{\text{醋酸}}$

NaO$_3$S OH —N=N—⟨⟩—⟨⟩—N=N— HO SO$_3$Na NH$_2$

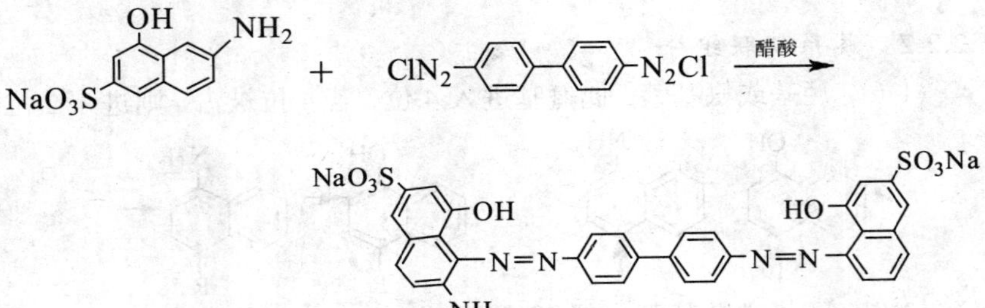

直接重氮黑 R$_0$

5.2.3 影响偶联反应的因素

5.2.3.1 取代基

重氮组分具有—Cl、—NO$_2$、—SO$_3$H、—COOH 等吸电子基时，由于可使第二个氮原子上的正电荷增加，使偶联反应加速；而偶联组分具有上述基团时，则使反应速率减小。反之，供电子基如—Me、—OMe、—OH、—NH_2等则有相反的影响。

5.2.3.2　pH 值

pH 值不仅影响偶联位置，也影响偶联速率。pH 值增加，$ArN=N^{\oplus}$浓度增加，则反应加速。Conant 指出，每增加一个 pH 单位，速率提高 10 倍，但 pH 值过高反而使反应减缓，而且加剧重氮化合物的分解。

5.2.3.3　浓度

一般来说，提高浓度可加速偶联反应，某些化合物在极稀的溶液中几乎不能偶联。在某些过分缓慢的偶联反应中，加入乙醇、吡啶等有机溶剂可加速反应。

5.2.4　偶联反应类型

偶联反应是重氮盐反应的一种，控制一定的条件，重氮盐可与偶联剂(常见的有芳胺和酚类)发生偶联反应。另外，还可与黄原酸盐，含活泼亚甲基的β–二酮或β–酮酸等发生偶联。

5.2.4.1　与芳胺偶联

1)一级胺偶联

重氮盐在冷的弱酸溶液中与一级胺偶联，得到的是重氮氨基化合物(—N=N—NH—)，这种偶联叫做氮偶联。

例如：

$$C_6H_5N_2Cl + C_6H_5NH_2 \xrightarrow[-HCl]{HAC} C_6H_5-N=N-NH-C_6H_5$$

苯重氮氨基苯

这是由于氨基进攻重氮基而形成的三氮化合物，此化合物氮上的氢被活化，因此很活泼，可以转移到重氮基的氮上，产生另外一种异构体，通常把这种互变异构现象叫做三氮互变异构。

例如：

$$C_6H_5-N=N-NH-C_6H_4-CH_3 \rightleftharpoons CH_3-C_6H_4-N=N-HN-C_6H_5$$

苯重氮氨基苯与酸不形成稳定的盐，在稀酸溶液中加热可分解成酚、胺和氮气。

例如：

$$C_6H_5-N=N-NH-C_6H_5 \xrightarrow[H^+]{H_2O} C_6H_5-OH + N_2 + C_6H_5-NH_2$$

苯重氮氨基苯在苯胺中与少量苯胺盐酸盐一起加热，容易发生重排，生成对氨基重氮苯。

例如：

$$C_6H_5-N=N-NH-C_6H_5 \xrightarrow[40℃]{C_6H_5NH_3Cl} C_6H_5-N=N-C_6H_4-NH_2$$

此重排是分子间的重排，即在质子的作用下，先分解成重氮盐和苯胺，然后重氮基直接进攻苯胺氨基对位的碳原子，发生碳偶联反应：

$$C_6H_5-N=N-NH-C_6H_5 \xrightarrow{-H^+} C_6H_5-N=N-NH_2^+-C_6H_5 \longrightarrow C_6H_5-\overset{+}{N}\equiv N + C_6H_5-NH_2$$

$$\longrightarrow C_6H_5-N=N-\underset{H}{C_6H_4}=N^+H_2 \xrightarrow{-H^+} C_6H_5-N=N-C_6H_4-NH_2$$

2)二级芳胺偶联

与一级芳胺类似，二级芳胺也是先生成重氮氨基化合物，但它更容易发生重排，在反应时即有一部分重排形成碳偶联化合物。

例如：

$$C_6H_5-N_2Cl + C_6H_5-NHCH_3 \xrightarrow{-HCl} C_6H_5-N=N-N(CH_3)-C_6H_5$$

$$\xrightarrow{H^+} C_6H_5-N=N-C_6H_4-NHCH_3$$

对甲氨基偶氮苯

3)三级芳胺偶联

在弱酸溶液中，三级芳胺直接和重氮盐发生碳偶联，生成对胺基偶氮化合物。

例如：

$$^{-}O_3S-C_6H_4-\overset{+}{N}\equiv N + C_6H_5-N(CH_3)_2 \longrightarrow {}^{-}O_3S-C_6H_4-N=N-\underset{H}{C_6H_4}=\overset{+}{N}(CH_3)_2$$

$$\xrightarrow{-H^+} HO_3S-C_6H_4-N=N-C_6H_4-N(CH_3)_2$$

4－二甲胺基偶氮苯－4’－磺酸

此化合物的钠盐即是酸碱滴定常用的指示剂甲基橙，变色范围为pH=3.1～4.4，变色机理如下：

$$^{-}O_3S-C_6H_4-N=N-C_6H_4-N(CH_3)_2 \underset{OH^-}{\overset{H^+}{\rightleftharpoons}} \left[{}^{-}O_3S-C_6H_4-\overset{H}{\overset{+}{N}}=N-C_6H_4-N(CH_3)_2 \right.$$

黄色

$$\rightleftharpoons \left. {}^{-}O_3S-C_6H_4-NH-N=C_6H_4=\overset{+}{N}(CH_3)_2 \right]$$

红色

5.2.4.2 与酚偶联

酚为弱酸性物质，与碱作用生成盐，酚盐负离子由于共轭效应(+C)羟基的邻、对位电子密度增大，有利于与亲电试剂重氮盐正离子发生偶联反应，酚比胺在碱性条件下容易发生偶联：

$$C_6H_5-OH_2 + NaOH \longrightarrow C_6H_5-O^-Na^+ + H_2O$$

$$C_6H_5-\overset{+}{N}\equiv NCl + C_6H_5-O^-Na^+ \xrightarrow{-NaCl} C_6H_5-N=N-C_6H_4-OH$$

对羟基偶氮苯

对羟基偶氮苯可发生互变异构：

$$C_6H_5-N=N-C_6H_4-OH \rightleftharpoons C_6H_5-\overset{H}{N}-N=C_6H_4=O$$

若在强碱溶液中，重氮盐与碱作用，生成重氮酸盐，该化合物不是亲电试剂，不能发生偶联反应：

$$C_6H_5-\overset{+}{N}\equiv N + NaOH \rightleftharpoons [C_6H_5-N=N-OH]$$

$$\xrightarrow[-H_2O]{NaOH} C_6H_5-N=N-O^-Na^+ \rightleftharpoons C_6H_5-N=N-O^-Na^+$$

顺重氮酸钠　　　　反重氮酸钠

5.2.4.3　与黄原酸盐偶联

重氮盐与黄原酸钾发生反应，生成重氮黄原酯盐。在 70 ℃加热时，重氮黄原酸酯脱氮生成 S–芳基黄原酸烷基酯，后者继续加热则生成烷基芳基硫醚，用碱液水解则得硫酚。

例如：

$$3-CH_3C_6H_4NH_2 \xrightarrow{NaNO_2+HCl} 3-CH_3C_6H_4N_2Cl \xrightarrow{K-S-\overset{S}{\overset{\|}{C}}-OC_2H_5} 3-CH_3C_6H_4-N=N-S-\overset{S}{\overset{\|}{C}}-OC_2H_5$$

$$\xrightarrow[加热]{-N_2} 3-CH_3C_6H_4-S-\overset{S}{\overset{\|}{C}}-OC_2H_5 \begin{cases} \xrightarrow{加热} 3-CH_3C_6H_4-S-C_2H_5 + COS \\ \xrightarrow{+OH^-} 3-CH_3C_6H_4-SH + C_2H_5OH + COS \end{cases}$$

上述反应分四步进行：

(1)黄原酸钾盐的制备：

$$S=C=S + K-O-R \longrightarrow K-S-\overset{S}{\overset{\|}{C}}-OR \quad 黄原酸钾盐$$

(2)偶联：

$$Ar-N_2Cl + K-S-\overset{S}{\overset{\|}{C}}-OR \longrightarrow Ar-N_2-S-\overset{S}{\overset{\|}{C}}-OR + KCl$$

(3)脱氮：

$$Ar-N_2-S-\overset{S}{\overset{\|}{C}}-OR \xrightarrow{70℃} Ar-S-\overset{S}{\overset{\|}{C}}-OR + N_2\uparrow$$

(4)分解：

$$Ar-S-\overset{S}{\overset{\|}{C}}-OR \begin{cases} \xrightarrow{\text{加热}} Ar-S-R+COS \\ \xrightarrow{ROH} Ar-S-H+ROH+COS \end{cases}$$

5.2.4.4 杰–克反应

芳香族重氮盐与含有活泼亚甲基的β–二酮或β–酮酸酯类的烯醇式发生偶联反应，反应过程中首先生成O–偶氮化合物，分子内部重排成C–偶氮化合物，最后转变成芳腙类，腙用以制备吲哚类化合物。

(1)氯化重氮苯与β–丁酮酸类的偶联：

$$CH_3COCH(CH_3)COOH \xrightarrow{NaOH} H_3C\,C(ONa)=C(CH_3)-COONa \xrightarrow[-NaCl,\ CO_2]{C_6H_5-N_2Cl+HCl}$$

$$H_3C-C(-O-N=N-C_6H_5)=C(CH_3)\cdot H \xrightarrow{\text{重排}} C_6H_5-N=N-C(H)(CH_3)-COCH_3 \longrightarrow C_6H_5-NHN=C(CH_3)-COCH_3$$

O–偶氮化合物　　　　C–偶氮化合物

上述反应的特点是在发生偶联的同时，发生脱羧作用。

(2)氯化重氮苯与β–丁酮酸酯类偶联：

$$H_3C\,\overset{O}{\overset{\|}{C}}-\underset{H}{C}(CH_3)COOC_2H_5 \xrightarrow{NaOH} H_3C\,C(ONa)=C(CH_3)-COOC_2H_5 \xrightarrow[-NaCl]{Ph\,N_2Cl+NaOH}$$

$$H_3C\,C(O-N=NPh)=C(CH_3)\,COOC_2H_5 \xrightarrow{H_2O} H_3C-C(O\cdots HO)\vdots=C(CH_3)\,COOC_2H_5(N\vdots NPh\cdots H) \xrightarrow{-CH_3COOH}$$

$$PhN=N-\underset{H}{C}(CH_3)-COOC_2H_5 \longrightarrow Ph\,HN\,N=C(CH_3)\,COOC_2H_5$$

上述反应分子内部重排时，脱去乙酸。

5.3 重氮盐的转化反应

重氮盐的特性决定了它在有机合成上的应用，其反应可分为两类：一类是保留氮原子的反应，如前面讲的偶联反应及肼类化合物的制备反应(还原反应)。另一类是去氮反应即置换反应，就是用其他基团置换重氮基。由于偶联反应在上节已讲过，本节主要讨论置换反应和还原反应，另外简单讨论一下，苯炔、重氮盐的相转移催化反应。

5.3.1 重氮盐的置换反应

5.3.1.1 桑德迈也尔(Sandmeyer)反应

芳香重氮盐在亚铜盐催化下重氮基转变成卤素和氰基的反应，称为 Sandmeyer 反应。

1)置换成氯、溴化合物

由芳香伯胺经重氮盐置转换成相应的氯或溴化物，对于制备一些不能直接采用卤素进行亲电取代，或者取代后所得异构体难以分离纯化的卤化物是有价值的。

例如：

$$\text{(4-}NO_2\text{)}C_6H_4NH_2 \xrightarrow[<10℃]{NaNO_2/HCl} \text{(4-}NO_2\text{)}C_6H_4N_2Cl \xrightarrow[60℃]{CuCl/HCl} \text{(4-}NO_2\text{)}C_6H_4Cl$$

$$\text{(2-}CH_3\text{-6-}NO_2\text{)}C_6H_3NH_2 \xrightarrow{NaNO_2/HBr} \text{(2-}CH_3\text{-6-}NO_2\text{)}C_6H_3N_2Br \xrightarrow[\Delta]{CuBr/HBr} \text{(2-}CH_3\text{-6-}NO_2\text{)}C_6H_3Br$$

$$\text{(3-}CHO\text{)}C_6H_4NO_2 \xrightarrow[2.\ NaNO_2/HCl]{1.\ Zn/HCl} \text{(3-}CHO\text{)}C_6H_4N_2Cl \xrightarrow[\Delta]{CuCl/HCl} \text{(3-}CHO\text{)}C_6H_4Cl$$

在卤素的置换反应中，亚铜盐的卤原子和氢卤酸的卤原子应当一致，不然所得卤化物为混合物。不同的卤素具有不同的亲核能力和氧化还原电位，因此，在重氮盐发生置换反应时具有不同的反应条件和机理。碘离子的亲核能力强，不需要亚铜盐催化剂即可进行碘的置换反应。氟离子的亲核性甚差，而 CuF 又不稳定，在室温条件下迅速发生氧化还原而得铜和氟化铜。因此，Sandmeyer 反应仅适用于氯和溴的制备。

一般 Sandmeyer 反应的收率在 70%～90%，常见的副反应除形成树脂状的物质外，主要副产物为偶氮化合物(Ar–N=N–Ar)、联苯衍生物(Ar–Ar)、芳烃类(Ar–H)和酚类物质(Ar–OH)，副反应发生及副产物的生成量与反应物的结构和反应条件有关。

Sandmeyer 反应的机理公认如下：

$$CuCl + Cl^- \rightleftharpoons [CuCl_2]^-$$

$$N{=}N^+Ar + CuCl_2^- \longrightarrow Ar\,N{=}N^+\,CuCl_2$$

$$Ar\,N{=}N\cdot \longrightarrow Ar\cdot + N_2$$

$$Ar\cdot + CuCl_2 \longrightarrow ArCl + CuCl$$

亚铜盐的最高配位数为 4，它溶于相应的氢卤酸中，一般以配离子$[CuCl_2]^-$形式存在。若是溶液中 Cl^-的浓度大，酸性较小，则有$[CuCl_4]^{3-}$存在，但后者配位数已达到饱和，不能与重氮盐配位成配合物。因此，仅配离子$[CuCl_2]^-$具有催化性能。

亚铜盐的用量，一般为重氮盐的 20%～10%当量。某些例子中加入适量的卤化盐以增加卤离子浓度，有增加主反应速率、减少副反应和提高取代反应速率的作用。

除采用亚铜盐作催化剂外，也可将铜粉加入重氮盐的氢卤酸溶液中进行反应，用铜粉催化重氮盐置换卤素的反应叫加特曼(Gatter man)反应。

$$\text{(2-}CH_3\text{-}C_6H_4\text{-}NH_2) \xrightarrow{NaNO_2/HBr} \text{(2-}CH_3\text{-}C_6H_4\text{-}N_2Br) \xrightarrow{Cu/HBr} \text{(2-}CH_3\text{-}C_6H_4\text{-}Br)$$

Sandmeyer 反应制备的粗产品可先用浓硫酸洗涤，脱去有色的偶氮苯副产品，然后用稀碱液洗涤，除去酚类杂质，再进行纯化，可得到较纯的产品。

2)置换成氰化物

重氮盐与氰化亚铜的配离子反应可制得苯腈。而苯腈是一个很有用的中间体，由于本反应是在亚铜盐催化下进行的，亦称 Sandmeyer 反应。

$$CuCl + 2NaCN \longrightarrow NaCu(CN)_2 + NaCl$$

$$NaCu(CN)_2 + ArN_2Cl \longrightarrow ArCN + CuCN + NaCl + N_2$$

上述催化剂也可采用 $Na[Cu(CN)_4NH_3]$ 和 $Ni(CN)_2$ 的复盐。

例如：

$$\text{2,6-二硝基苯胺 (}NO_2, NH_2, NO_2\text{)} \xrightarrow{NaNO_2/HCl} \text{2,6-二硝基苯重氮盐 (}N_2Cl\text{)} \xrightarrow[Ni(CN)_2]{Na_2[Cu(CN)_4(NH_3)]} \text{2,6-二硝基苯腈 (}CN\text{)}$$

$$\text{对氨基苯甲酸 (}NH_2, COOH\text{)} \xrightarrow[0\sim5℃]{NaNO_2/HCl} \text{(}N_2Cl, COOH\text{)} \xrightarrow[78\sim80℃]{NaCN/NiSO_4} \text{对氰基苯甲酸 (}CN, COOH\text{)}$$

某些重氮盐置换成腈类的反应中，可能生成的 ArN_2CN 迅速重排成稳定的偶氮腈化物(Ar–N=N–CN)而降低收率。

在制备腈化合物时，重氮盐溶液应先中和到中性，然后加到氰化亚铜的配盐溶液中，以防溢出氰化氢，反应后的废液应妥善处理。

3)置换成碘化物

重氮盐置换成芳香碘化合物，将碘化钾(一般为 1.2 ~ 2 当量)加入重氮盐溶液中，经分解即得。

例如：

$$C_6H_5NH_2 \xrightarrow[0\sim5℃]{NaNO_2/HCl} C_6H_5N_2Cl \xrightarrow[100℃]{KI} C_6H_5I \quad 74\%\sim76\%$$

上述反应机理一般认为兼有游离基和亲核取代。I^- 易失去电子而被氧化，因此首先是重氮盐与 I^- 间的电子转移而形成芳香游离基和碘游离基，然后再形成产物：

$$ArN_2^+ + I^- \longrightarrow Ar\cdot + I\cdot + N_2$$

$$2I\cdot \longrightarrow I_2 \xrightarrow{I^-} I_3^-$$

$$C_6H_5N_2^+ + I_3^- \longrightarrow C_6H_5I + N_2 + I_2$$

本反应的主要副产物为偶氮苯和联苯等，说明反应过程中有苯游离基存在，曾分离得到重氮盐的过碘化物(ArN_2I_3)，说明为亲核取代。

用于碘置换的重氮盐的制备，一般在稀硫酸中进行，若用盐酸，则其产品中有少量氯化物杂质。

2-萘胺 $\xrightarrow[NaNO_2/H_2SO_4]{0℃}$ 2-萘重氮硫酸氢盐（$N_2^{\oplus}HSO_4^{\ominus}$） $\xrightarrow[\text{静止数小时，加热}]{KI}$ 2-碘萘

3-溴-2-萘胺 $\xrightarrow{HONO}$ 3-溴-2-萘重氮盐（$N_2^{\oplus}$） $\xrightarrow{KI}$ 2-碘-3-溴萘

对于一些反应速度很小的反应，可加铜粉催化。

例如：

对氨基苯酚（OH，NH_2） $\xrightarrow{NaNO_2/H_2SO_4}$ 对羟基苯重氮硫酸氢盐（OH，N_2HSO_4） $\xrightarrow[75\sim80℃]{KI/Cu}$ 对碘苯酚（OH，I） 69%~72%

2-氨基-4'-氯联苯（NH_2，Cl） $\xrightarrow{NaNO_2/H_2SO_4}$ 4'-氯联苯-2-重氮盐（$N_2^{\oplus}$，Cl） $\xrightarrow{Cu + KI}$ 2-碘-4'-氯联苯（I，Cl）

某些α–氨基吡啶衍生物采用Sandmeyer反应制备相应的溴化物，收率甚低。但当将溴化氢溶液加入重氮盐中，形成溴化重氮盐，再加热分解，可得收率较好的溴化吡啶。本法亦适用于某些噻吩、苯并噻唑溴化物的制备。

例如：

2-氨基吡啶（NH_2） $\xrightarrow[HBr]{NaNO_2/Br_2}$ 吡啶-2-重氮溴化物（N_2Br） $\xrightarrow{5\sim10℃}$ 2-溴吡啶（Br）

4)席曼(Schiemann)反应

重氮盐溶液中加入氟硼酸或其盐类，形成水不溶的重氮氟硼酸盐，干燥后，加热分离，可制得相应的芳香氟化物，这是在苯核上引入氟原子的有效方法。

$$ArN_2X \xrightarrow{BF_4^{\ominus}} ArN_2^{\oplus}BF_4^{\ominus} \xrightarrow{\triangle} ArF + N_2 + BF_3$$

上述反应的机理，有人认为属于 S_N1 类型的反应，也有人认为属于游离基反应。

本反应的收率与苯核上取代基的性质和位置有关。一般在重氮基的邻位有取代基团，形成的复盐水溶性大，则产品的收率低；而在对位有取代基者，其复盐溶解度小，则收率较高；间位取代基影响较小。至于取代基的性质，具有羟基、羧基等水溶性较大的基团，则复盐溶解度大，收率也低。在这种情况下，常先制成相应的醚或酯，以减少其水溶解度。影响收率的另一因素为重氮基的氟硼酸盐的分解，分解必须在无水条件下，否则产品可分解成酚类和树脂状物。

$$ArN_2BF_4 + H_2O \xrightarrow{\triangle} ArOH + HF + BF_3 + N_2 + \text{树脂物}$$

某些氟化物的合成亦可采用六氟合磷(V)酸法，收率可达 73%～75%，而用 Schiemann 反应，收率仅为 37%。

例如：

$$\text{2-溴苯胺 (Br, }NH_2\text{)} \xrightarrow[2.\ HPF_6]{1.\ HONO} \text{2-溴苯基 }N_2^{\oplus}PF_6^{\ominus} \xrightarrow{165℃} \text{邻溴氟苯 (Br, F)}$$

重氮基氟硼酸盐的制备也可采取一步法，即重氮盐的制备在氟硼酸中进行，出现 $ArN_2^{\oplus}BF_4^{\ominus}$ 沉淀。

例如：

$$\text{对甲氧基苯胺 (}NH_2\text{, }OCH_3\text{)} \xrightarrow[10℃]{NaNO_2/HBF_4} \text{对位 }N_2^{\oplus}BF_4^{\ominus}\text{, }OCH_3 \xrightarrow{\triangle} \text{对氟苯甲醚 (F, }OCH_3\text{)} \quad 52\%$$

$$\text{对氨基苯甲酸乙酯 (}NH_2\text{, }COOC_2H_5\text{)} \xrightarrow[0\sim5℃]{NaNO_2/HCl} \text{对位 }N_2Cl\text{, }COOC_2H_5 \xrightarrow{HBF_4} \text{对位 }N_2^{\oplus}BF_4^{\ominus}\text{, }COOC_2H_5 \xrightarrow{\triangle} \text{对氟苯甲酸 (F, COOH)}$$

5)置换成含硫基团

重氮盐和一些含硫化合物反应，可以在苯核上引入含硫基团，得到相应的硫酚、硫醚等化合物。

$$ArN_2^+ + HS^- \longrightarrow ArSH + N_2$$

$$2\,ArN_2^+ + S^{2-} \longrightarrow ArSAr + 2\,N_2$$

$$ArN_2^+ + RSH \longrightarrow ArSR + N_2$$

若重氮盐与黄原酸钾酯作用，生成的中间体经加热分解或水解即得硫酚，本反应又称 Leukar 反应。

$$ArN_2^{\oplus} + ROCSSK \xrightarrow[40\sim70℃]{Cu^{2+}} ArN_2SCSOR \longrightarrow$$

$$ArSCSOR \longrightarrow \begin{cases} \xrightarrow{\triangle} ArSR + COS \\ \xrightarrow{KOH} ROCOSK + ArSK \xrightarrow{H^{\oplus}} ArSH \end{cases}$$

例如间甲苯硫酚和间溴苯硫酚的制备：

$$\text{间甲苯胺} \xrightarrow[0\sim5℃]{NaNO_2+HCl} \text{3-}CH_3C_6H_4N_2^{\oplus} \xrightarrow[40\sim45℃]{C_2H_5OCSSK} \text{3-}CH_3C_6H_4\text{S-CSOC}_2H_5$$

$$\xrightarrow{KOH} \text{3-}CH_3C_6H_4SK \xrightarrow{H^+} \text{3-}CH_3C_6H_4SH$$

$$\text{3-}BrC_6H_4NH_2 \xrightarrow{NaNO_2/HCl} \text{3-}BrC_6H_4N_2^{\oplus} \xrightarrow[40\sim45℃]{C_2H_5OCSSK} \text{3-}BrC_6H_4SH$$

重氮盐与二氧化硫在铜粉催化下反应，可生成苯亚磺酸，苯亚磺酸用氯气氧化，则转化为苯磺酰氯。

$$ArN_2^{\oplus} + SO_2 + Cu \longrightarrow ArSO_2^{\ominus} + N_2 + Cu^{2+}$$

$$ArSO_2^{\ominus} + Cl_2 + SO_2 \xrightarrow{CuCl} ArSO_2Cl + N_2$$

糖精的中间体邻羧基苯磺酰氯，即利用本反应先引入亚磺酸基，再经氯氧化而得：

$$\text{(邻氨基苯甲酸, COOH, }NH_2) \xrightarrow{HONO} \text{(COOH, }N_2^{\oplus}) \xrightarrow{SO_2/Cu_2^{+}} \text{(COOH, }SO_2H) \xrightarrow{Cl_2} \text{(COOH, }SO_2Cl)$$

6)置换成酚羟基的反应——重氮盐的水解反应

利用重氮盐水解变成羟基是在苯核上引进酚羟基的一种较理想的方法，与由磺酸基碱熔法比较，具有副反应少、反应条件温和之优点。

$$ArN_2Cl \xrightarrow{H_2O} ArOH + HCl + N_2$$

重氮盐水解反应属于 S_N1 机理，即重氮盐首先分解成芳基阳碳离子，然后受水的亲核进攻而得酚。

$$ArN_2X \xrightarrow{慢} Ar^{+} + X^{-} + N_2$$

$$Ar^{+} + H_2O \xrightarrow{快} ArO^{+}H_2 \longrightarrow ArOH + H^{+}$$

重氮盐水解反应的影响因素：

(1)芳基阳碳离子很活泼，可与反应液中的亲核试剂反应。例如重氮盐反应液中加入乙醇，则在水解产物中可伴有苯乙醚等杂质生成。

$$Ar^{+} + CH_3CH_2OH \longrightarrow ArOCH_2CH_3 + H^{+}$$

当反应液中有大量 Cl^{-}时，则可生成氯代副产物。所以由重氮盐置换成酚羟基时，多用硫酸制备重氮盐，以避免副反应，同时可提高分解温度，以增加酚的收率。

(2)由于重氮盐水解生成的酚与未分解的重氮盐可发生偶联反应。为此，一般水解时，都是将重氮盐慢慢注入近沸腾的水解液中，可避免偶联反应而提高水解反应的收率。

$$ArN_2^{+}HSO_4^{-} + C_6H_5\text{–}OH \longrightarrow Ar\text{–}N{=}N\text{–}C_6H_4\text{–}OH \xrightarrow{继续耦合} 树脂状物$$

重氮盐能否迅速分解，决定于分解温度及重氮盐本身的稳定性。邻–甲氧基苯胺的重氮盐较稳定，当在 100 ℃分解时，所得邻–甲氧基苯酚的收率很低，树脂状物很多，并可分离出相当量的副产物。

例如邻甲氧基偶氮苯与邻甲氧基苯酚的偶联反应，若将重氮盐溶液滴入 135～145 ℃的稀硫酸和硫酸钠的溶液中，并将生成的酚用水蒸汽蒸馏分离，收率可提高 65%～70%。由于铜离子有催化分解之作用，若用硫酸铜代替硫酸钠，即使分解温度降至 102～105 ℃，收率却增至 90%左右。

OCH_3, NH_2 $\xrightarrow[NaNO_2/H_2SO_4]{<5℃}$ OCH_3, N_2HSO_4 $\xrightarrow[102\sim105℃]{CuSO_4/H_2SO_4}$ OCH_3, OH

(3)重氮基的氟硼酸盐在醋酸溶液中也可分解，先生成醋酸酯，再经水解生成酚，所得酚的纯度很高。

$$ArN_2BF_4 \xrightarrow{CH_3COOH} ArOCOCH_3 \xrightarrow{H_2O} ArOH$$

磺胺增效剂甲氧苄胺嘧啶的中间体——3，4，5–三甲氧苯甲醛，可用对氨基苯甲醛为原料，经重氮化水解，生成对羟基苯甲醛，再经溴代、醚化而得到。

NH_2, CHO $\xrightarrow{NaNO_2/H_2SO_4}$ N_2HSO_4, CHO $\xrightarrow[\triangle]{H_2O}$ OH, CHO $\xrightarrow[2.\ CH_3ONa]{1.\ Br_2}$

H_3CO, OH, OCH_3, CHO $\xrightarrow{(CH_3)_2SO_4}$ H_3CO, OCH_3, OCH_3, CHO

5.3.1.2 芳基化反应

1)麦尔外因(Meerwein)芳基化反应

在铜离子催化下，具有吸电子基的活性烯烃与芳香重氮盐作用，芳基取代烯烃的氢原子在双键上进行加成，并同时放出氮气生成芳基取代的脂烃衍生物的反应称为 Meerwein 芳基化反应。

$$ArN_2^+Cl^- + \underset{\beta}{\overset{R_1}{C}}=\underset{\alpha}{\overset{R_2}{C}}-Z \xrightarrow{Cu^{2+}} Ar-\overset{R_1}{C}=\overset{R_2}{C}-Z \text{ 或 } Ar-\underset{H}{\overset{R_1}{C}}-\underset{Cl}{\overset{R_2}{C}}-Z$$

Z= $-NO_2$、$-CO-$、$-COOH$、$-CN$、$-COOR$ 等。

利用本反应可将芳环上的氨基置换成含有两个碳原子以上的侧链，收率虽低，但在有机合成上仍是一个有价值的反应。

例如：

$$Cl-C_6H_4-N_2Cl + CH_2=CH-CH=CH_2 \xrightarrow{Cu^{2+}/HAc} Cl-C_6H_4-CH_2CH=CHCH_2Cl$$

$$O_2N-C_6H_4-N_2Cl + \text{(香豆素)} \xrightarrow{Cu^{2+}/HAc} \text{3-}(4\text{-}NO_2C_6H_4)\text{-二氢香豆素}$$

α，β–不饱和酸的芳烃化，其取代位置与不饱和酸的结构有关，羧基的β位无取代基或有脂肪烃基时，则取代在β碳原子上；若β位有乙烯基、芳香基或羰基时，则在α位上芳烃化。

例如：

$$O_2N-C_6H_4-N_2Cl + C_6H_5-CH=CHCOOH \longrightarrow C_6H_5-CH=C(C_6H_4NO_2)COOH$$

$$\xrightarrow{-CO_2} C_6H_5-CH=CH-C_6H_4-NO_2$$

$$Cl-C_6H_4-N_2Cl + CH_2=CHCN \longrightarrow Cl-C_6H_4-CH_2CHClCN$$

$$CH_3CO-C_6H_4-N_2Cl + \text{(对苯醌)} \xrightarrow{Cu^{2+}} CH_3CO-C_6H_4-\text{(对苯醌基)}$$

2)巴赫曼(Bachmann)反应

重氮盐在碱性溶液中可放出氮气，而剩余的芳环部分与其他芳香化合物连接在一起，生成联苯或联苯衍生物。实际上是重氮盐中的芳基取代了另一芳香化合物芳核上的氢。

例如：

N_2Cl + NaOH + → + N_2 + NaCl

N_2Cl, CH_3, CH_3 + NaOH + → H_3C, H_3C + N_2 + NaCl

其机理如下：

N_2Cl + NaOH → N=N–OH + NaClH

N=N–OH $\xrightarrow{\Delta}$ · + N_2 + ·OH

\+ · → H → (·OH) + H_2O

上述反应因重氮盐易发生其他反应，因而产率一般较低，多数不超过 40%。

上述反应也可在中性有机溶剂中进行。

例如：

$PhN_2^+BF_4^-$ + NO_2 $\xrightarrow[DMSO]{NaNO_2}$ Ph, NO_2 (67.8%) + NO_2, Ph (5.4%) + NO_2, Ph (26.8%)

$PhN_2^+BF_4^-$ + NO_2, NO_2 $\xrightarrow[DMSO]{NaNO_2}$ NO_2, Ph, NO_2 (47%) + Ph, NO_2, NO_2 (23%)

氟硼酸苯重氮盐在二甲亚砜中与亚硝酸钠作用可使芳香化合物芳基化，是比巴赫曼反应制备取代联苯更好的方法。这个反应条件温和、产率高、应用范围广，固体化合物同样可以反应。

3)普朔尔(Pschorr)反应

重氮盐分子内进行的芳基化反应，这是合成多环化合物的重要方法。

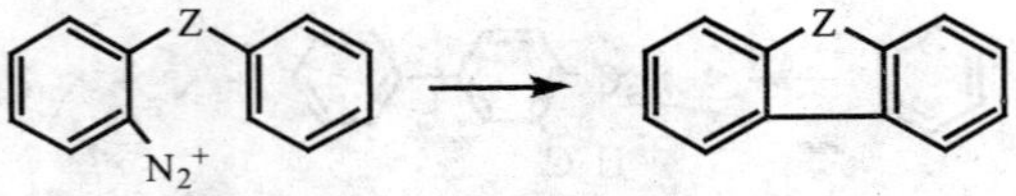

Z= CH=CH，CH_2-CH_2，NH，CO，CH_2等

Pschorr 反应在合成菲的衍生物中占有重要的地位，与合成生物碱有密切关系。例如在研究吗啡的结构过程中，通过降解得知吗啡是菲的衍生物，从而促使寻求合成菲环的新方法，以后扩展到用于合成其他多环化合物。

菲及其衍生物的合成：

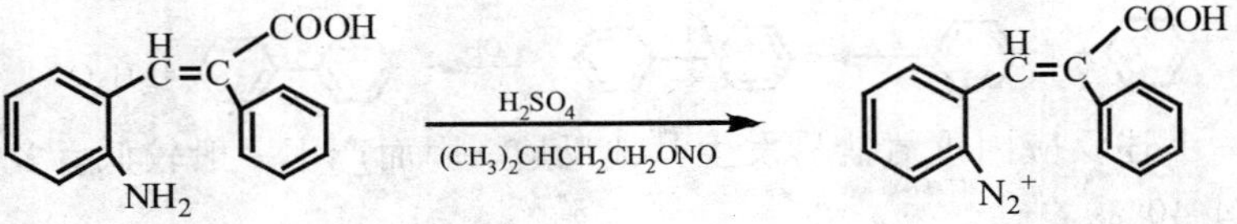

H_2SO_4

$(CH_3)_2CHCH_2CH_2ONO$

邻氨基－α－苯基肉桂酸

$-N_2$

△

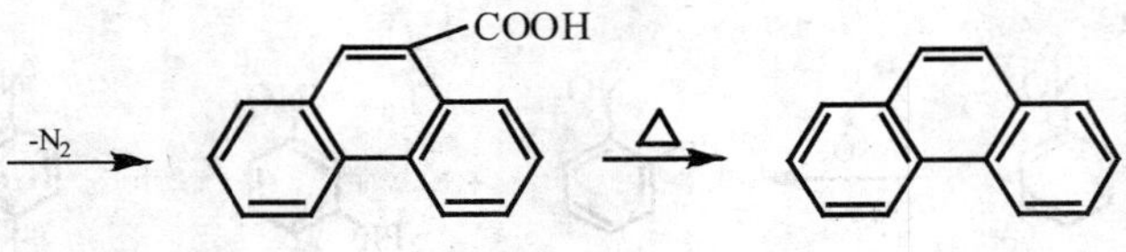

9—菲羧酸，熔点252℃　　　菲，熔点101℃

此反应可在碱性溶液或稀酸水溶液中加热进行，但产率一般较低(约 60%)。如果在稀酸水溶液中(10%HBF_4)加入铜粉，则会使反应速率加快，产率升高(93%)。

5.3.2 还原反应

5.3.2.1 还原为氢

本反应是重氮基被氢原子所取代，在合成上的应用是利用氨基的定位效应，引进需要的基团后，经重氮化而将氨基间接除去，从而制备不能直接用取代法制备的取代芳香化合物。

例如：

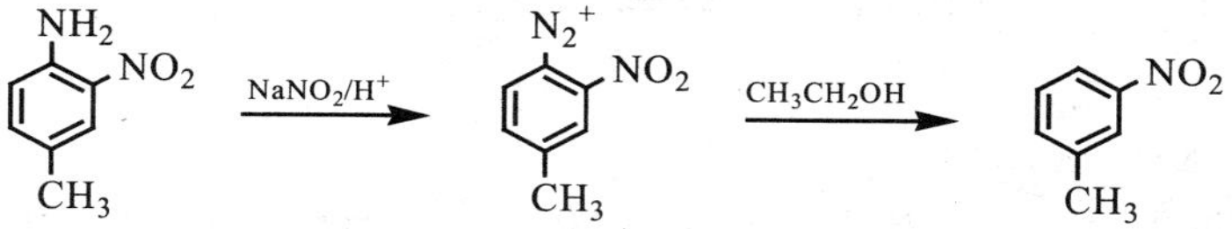

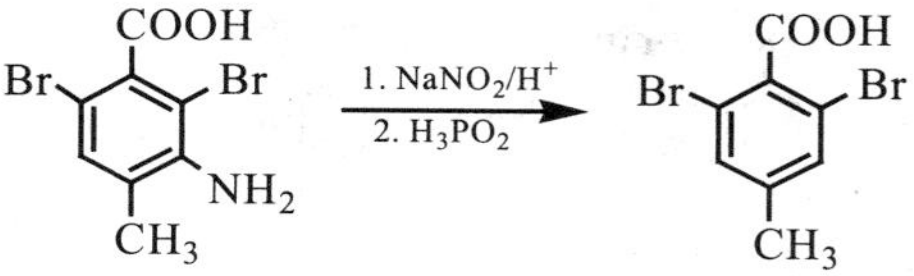

这种反应在合成上很有用。例如，希望制备两个邻、对位定位基互为间位的二元取代苯，用一般取代反应难以实现，用此法则较容易。例如合成间溴正丙苯：

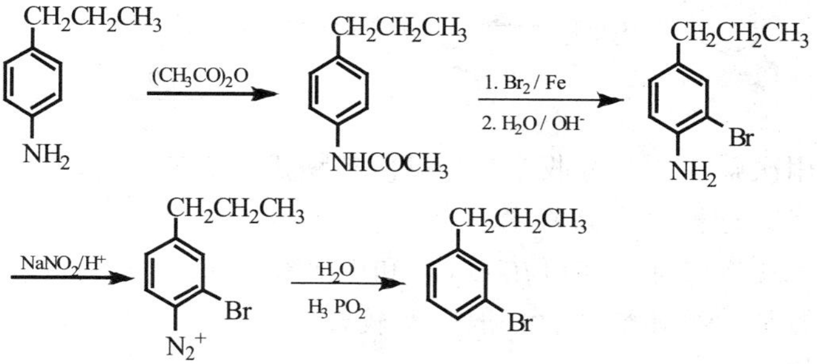

又如 1，3，5–三溴苯的合成，用苯直接溴代的办法无法制得，但用苯胺做原料，经溴化、重氮化、去氨化反应，则易得到。

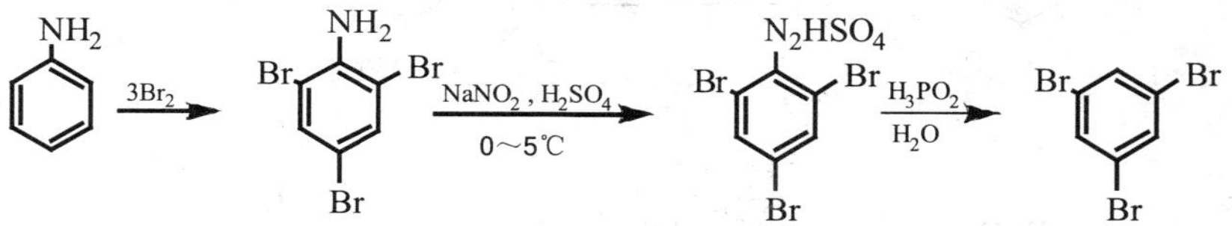

重氮基置换成氢原子的还原剂很多，有醇类、次磷酸、碱性甲醛、亚锡酸钠和硼氢化钠等。在这些还原剂中，常用的是乙醇及次磷酸。

上反应机理一般认为如下：

(1) $C_6H_5N_2^+ + CH_3CH_3OH \rightleftharpoons C_6H_5N{=}N{-}OCH_2CH_3 + H^+$

$C_6H_5N{=}N{-}OCH_2CH_3 \longrightarrow C_6H_5\cdot + N_2 + CH_3CH_2O\cdot \longrightarrow C_6H_6 + CH_3CHO$

(2) $C_6H_5N_2^+ + H_3PO_2 \rightleftharpoons C_6H_5N{=}N{-}OPO \longrightarrow C_6H_5\cdot + N_2 + H_2P\dot{O}_2$

$C_6H_5\cdot + H_3PO_2 \longrightarrow C_6H_6 + H_2\dot{P}HO_2$

$C_6H_5N_2^+ + H_2P\dot{O}_2 \longrightarrow C_6H_6 + N_2 + H_2PO_2^+ \xrightarrow{-H_2O} H_3PO_2 + H^+$

一般采用次磷法比乙醇收率好。以次磷酸进行还原，实际用量要比理论量甚多，这样可提高收率。

除上述方法外，亦可在 DMF 和甲醇等非水溶剂中，以硼氢化钠还原重氮基的氟硼酸盐，一般收率较好。

例如：

$2,5-(OCH_3)_2C_6H_3N_2BF_4 \xrightarrow{NaBH_4/DMF/CH_3OH} 1,4-(OCH_3)_2C_6H_4$

$2,4-(NO_2)_2C_6H_3N_2BF_4 \xrightarrow{NaBH_4/DMF/CH_3OH} 1,3-(NO_2)_2C_6H_4$

有些芳胺的去氨基反应，可用 THF 作溶剂，用亚硝酸酯重氮化可得较好效果。

例如：

$$\text{2-}NH_2\text{-}C_6H_4\text{-}SO_2\text{-}C_6H_4\text{-}Cl\text{-}4 \xrightarrow[\triangle]{C_5H_{11}ONO\ /\ THF} C_6H_5\text{-}SO_2\text{-}C_6H_4\text{-}Cl\text{-}4$$

$$\text{2,6-}Br_2C_6H_3NH_2 \xrightarrow[\triangle]{C_5H_{11}ONO\ /\ THF} \text{1,3-}Br_2C_6H_4$$

5.3.2.2 还原成苯肼类化合物

重氮盐上的两个氮原子进行还原是制备苯肼类化合物的主要方法。常用的还原剂有氯化亚锡、锌粉以及亚硫酸盐等。

例如：

$$C_6H_5N_2Cl \xrightarrow[-NaCl]{NaHSO_3} C_6H_5\overset{\oplus}{N}\equiv N\text{H}\overset{\ominus}{SO_3} \longrightarrow C_6H_5N{=}NSO_3Na$$

$$\xrightarrow{2H} C_6H_5NHNHSO_3Na \xrightarrow[H_2O]{HCl} C_6H_5NHNH_2\cdot HCl + NaHSO_3$$

$$\xrightarrow{NaOH} C_6H_5NHNH_2 + NaCl$$

在碱性介质中，用硫代硫酸钠作还原剂，一步可得到苯肼。

例如：

$$C_6H_5N_2Cl + Na_2S_2O_3 \xrightarrow[0℃]{NaOH,2H_2O} C_6H_5NHNH_2$$

苯核上具有卤素、醚基、羧基和硝基等的重氮盐也可被还原为苯肼衍生物。

例如：

$$\text{2-}NH_2C_6H_4COONa \xrightarrow[25℃]{NaNO_2/H^{\oplus}} \text{2-}\overset{\oplus}{N_2}C_6H_4COONa \xrightarrow[2.\ HCl/H_2O]{1.\ SO_3^{2-}/HSO_3^-} \text{2-}(NHN\cdot H)C_6H_4COONa\ \cdot HCl$$

5.3.3 苯炔

邻氨基苯甲酸经重氮化反应生成重氮盐，然后受热分解成二氧化碳、氮气和苯炔。同理也可合成苯炔的衍生物。

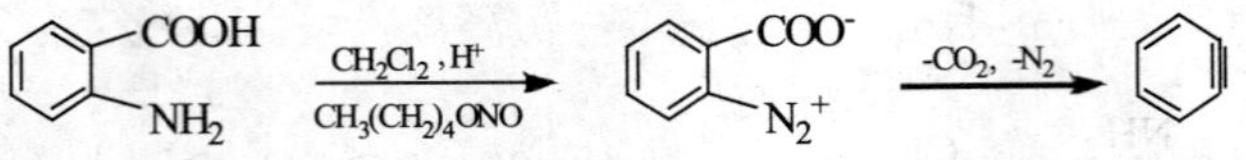

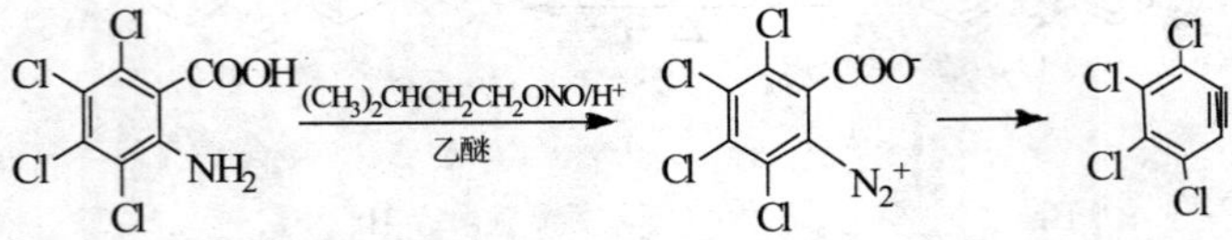

苯炔也可用邻二卤代苯与锂或镁反应制得：

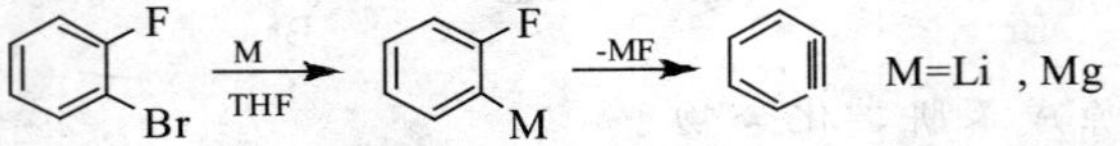

苯炔及其衍生物非常活泼，至今不能把它作为游离体分离出来，若无其他化合物与它反应，苯炔自身则聚合成二聚体。

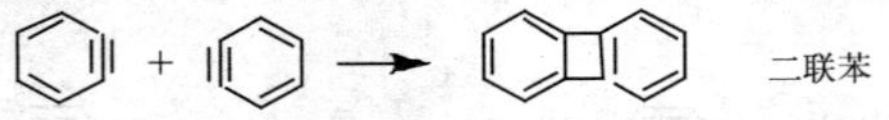

二联苯

苯炔典型的反应是双烯合成以及类似炔烃的加成反应：

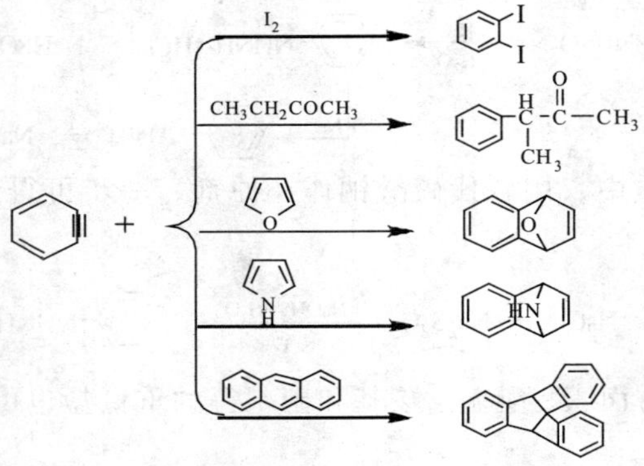

5.3.4 重氮盐相转移催化反应

重氮盐的反应主要是在水或醇溶液中进行。由于干燥的芳香重氮盐酸盐、硝酸盐以及硫酸盐经碰撞或受热会发生爆炸，故人们常把这种盐称做有潜在危险的化合物。通常是在水溶液中制备，并立刻在反应液中直接使用。但芳香重氮盐的四氟硼酸或六氟合磷(V)酸盐干燥后无爆炸性，可是在水中溶解度小，在非极性有机溶剂中根本不溶，后来发现，冠醚可与重氮盐络合。

重氮盐正离子"隐蔽"在冠醚的空腔中，形成油溶性正离子，负离子随着进入有机溶剂中。由于这种溶解现象使得重氮盐的一些反应能在非极性溶剂中进行，反应条件特别温和。

例如：

$$Cl-C_6H_4-N_2BF_4 + (CH_3)_4N^+Cl^- \underset{CCl_4}{\overset{冠醚}{\rightleftharpoons}} Cl-C_6H_4-N_2Cl + (CH_3)_4NBF_4$$

$$Cl-C_6H_4-N_2Cl + C_6H_5-N(CH_3)_2 \xrightarrow[CCl_4]{冠醚} Cl-C_6H_4-N=N-C_6H_4-N(CH_3)_2$$

此外，四氟硼酸芳香重氮盐还能于非极性溶剂中进行还原。例如，四氟硼酸对甲氧基苯重氮盐于氯仿中，在少量 Cu_2O 存在下，用 H_3PO_2 还原，产率 67%，但在反应液中加入少量冠醚 18-冠-6，则可使产率提高到 88%。

$$p\text{-}CH_3O-C_6H_4-N_2BF_4 \xrightarrow[Cu_2O,\ 18\text{-}C\text{-}6]{CHCl_3,\ H_3PO_2} C_6H_5-OCH_3$$

5.4 偶氮染料

芳香族偶氮化合物的通式为 $Ar_1-N=N-Ar_2$，它们大多都具有颜色，性质稳定，被广泛用做染料。其中有些偶氮化合物由于颜色不稳定，可作分析化学中的指示剂。

例如：

$$O_2N-C_6H_4-N=N-(2\text{-}HO\text{-}1\text{-萘基})$$

对位红（染料）

$$O_2N-C_6H_3(Cl)-N=N-C_6H_3(N=CHOC_2H_5)-N(CH_2CH_2OCOCH_3)_2$$

分散红玉ZGFL（染料）

$$NaO_3S(NH_2)C_{10}H_5-N=N-C_6H_4-C_6H_4-N=N-C_{10}H_5(NH_2)SO_3Na$$

刚果红（染料、指示剂）

偶氮染料的分子中都具有偶氮基(—N=N—)，这类化合物所以具有颜色，与偶氮基结构有关。已知与化合物的发色有密切关系的结构，除偶氮基外，还有亚硝基(—NO)、硝基(—NO_2)、羰基(C=O)、氧化偶氮基($\underset{\displaystyle O}{\overset{—N=N—}{\downarrow}}$)、硫代羰基(C=S)等。很久以来，都把这些基团叫做生色基或发色基。其主要原理是它们与苯环或其他共轭体系相结合，使分子的激发能降低(主要是缩小了电子由非键轨道或 π 成键轨道跃迁至 π^*反键轨道，即 n–π^*，π–π^*的能量)，化合物的吸收光波向长波(即可见光)方向转移，因此使化合物发色或颜色加深。近年来，一般认为苯环结构、醌型结构和多乙烯的共轭结构也都是重要的生色基团，而且认为化合物的发色，主要由于分子结构中有了两个或两个以上生色基的结果。

某些具有未共用电子对的原子团，如—NR_2、—NHR、—NH_2、—OH 等。它们本身不是生色基，但若将它们引入具有生色基的共轭体系中之后，由于 n-π 共轭效应而使分子的激发能降低，导致生成或加深颜色，这种基团叫助色基团。

偶氮染料是合成燃料中品种最多的一种，其合成方法主要靠偶联反应，在第二节已讨论过，这里不再赘述。偶氮染料约占全部染料的一半，包括酸性、媒染、分散、中性、阳离子等偶氮染料。颜色从黄到黑，而以黄、橙、红最多，色调最为鲜艳。广泛应用于棉、毛、丝、麻织品，以及塑料、印刷、食品、皮革、橡胶等产品的染色。

5.5　脂肪族及脂环伯胺的重氮化反应——扩环与缩环反应

脂肪族伯胺与亚硝酸反应，生成的重氮盐极不稳定，易分解放出氮气而形成阳碳离子。此阳碳离子易发生亲核取代、重排和消除等反应，而形成多种产品，无合成价值。

但苄基伯胺类化合物与亚硝酸反应得到的阳碳离子不能发生重排等副反应，可进行正常的亲核取代反应而得苄醇衍生物。

例如：

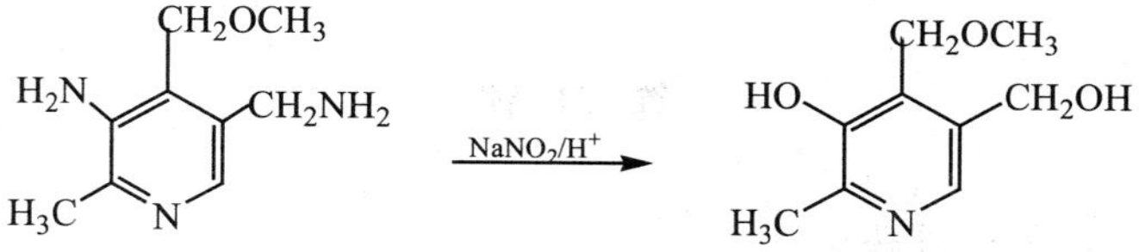

维生素B_6中间体

脂环伯胺经重氮化而形成的阳碳离子可进行重排而得到扩环或环合产品。

扩环反应：如高血压药胍乙啶的中间体环庚酮的制备。

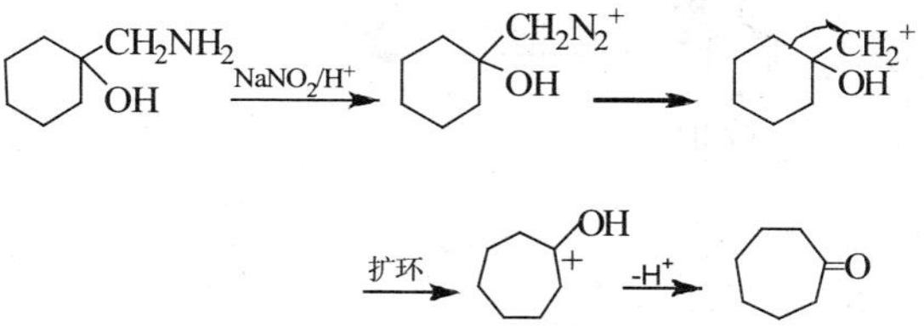

扩环

$-H^+$

缩环反应：如由环己胺制备环戊基甲醇。

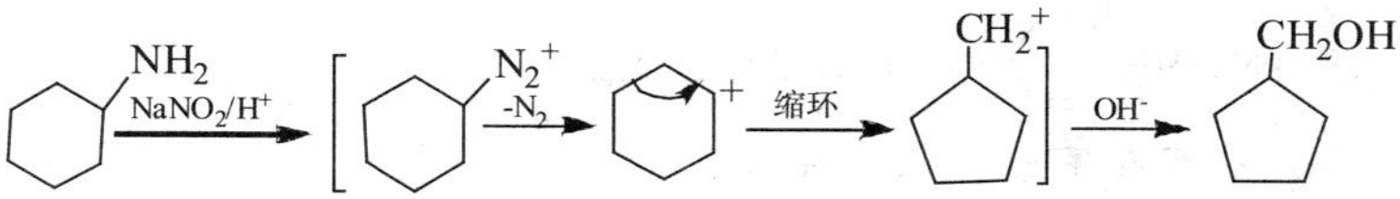

$NaNO_2/H^+$ $-N_2$ 缩环 OH^-

环合反应：

$NaNO_2/H^+$ $-H^+$

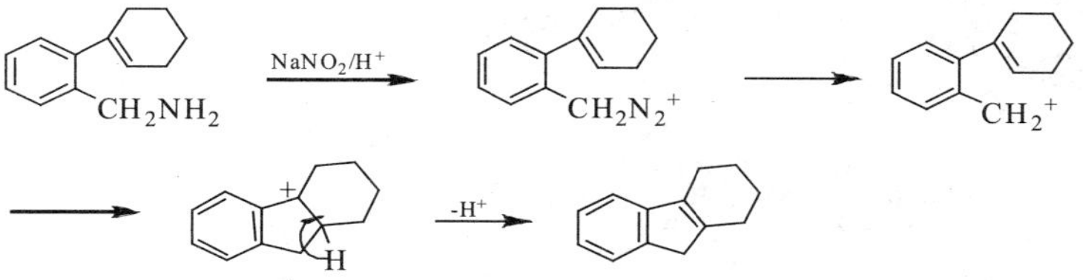

从上述例子中可以看出，利用脂肪伯胺的重氮盐可以达到扩环、缩环、环合的目的，这在有机合成中是非常重要的。

练 习 题

一、完成下列转变：

1. $PhN_2Cl + HBF_4 \longrightarrow$

2. $PhN_2HSO_4 + C_2H_5OH \longrightarrow$

3. $PhN_2Cl + PhOH \longrightarrow$

4. $PhN_2Cl +$ 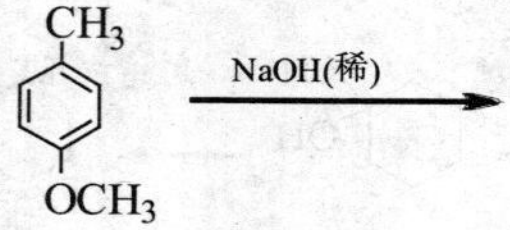
CH3
OCH3
NaOH(稀)

5. 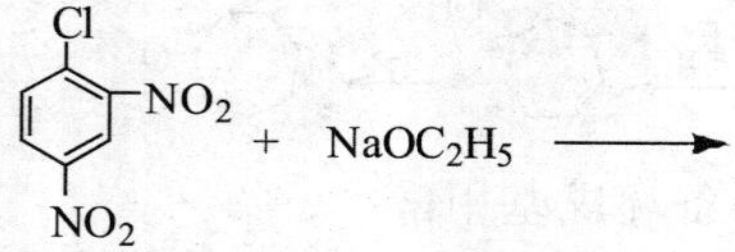
Cl
NO2
NO2
+ NaOC2H5

6. 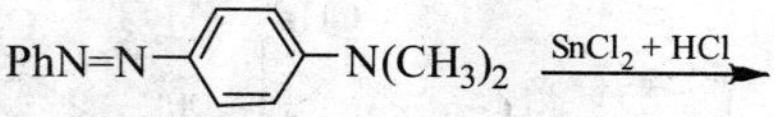
PhN=N
N(CH3)2
SnCl2 + HCl

二、以苯或甲苯为原料合成：

1. 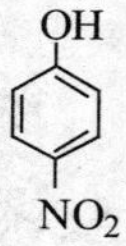
OH
NO2

2. 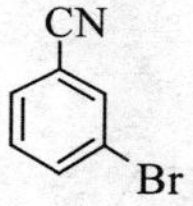
CN
Br

3. 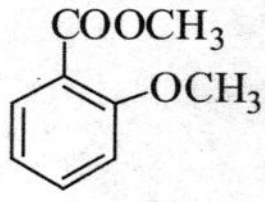
COOCH3
OCH3

4. 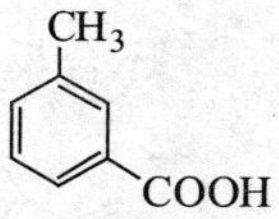
CH3
COOH

5. 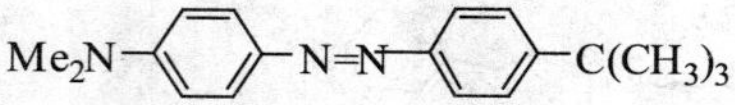
Me2N
N=N
C(CH3)3

第6章 烃基化反应

6.1 概 述

用烃基取代分子中的某些功能基上的氢原子或进行加成而得到烃基化产物的反应称为烃基化反应。引入的烃基包括饱和的、不饱和的、脂肪的、芳香的以及各种取代的烃基。其中以引入烷基最为重要，尤其甲基化、乙基化、异丙基化为最普遍。

广义的烃基化还包括有机化合物分子中的C、N、O原子上引入氯甲基、羟甲基、羧甲基、氰乙基等基团的反应。

芳环上的氢为烷基取代的反应称为Friedel-Crafts烷基化反应，是一类最重要的烷基化反应。

由于合成的需要，还可使烃基化发生于分子内部，即分子内烷基化，它是实现环化的手段之一。

烃基化的产物种类繁多，遍及各种工业部门。高辛烷值燃料的异辛烷，抗震剂四乙基铝，金属有机化合物Grignard试剂，制取苯乙烯和氯霉素原料的乙苯，制备苯酚和丙酮的异丙苯，定向聚合催化剂的三乙基铝，合成洗涤剂十二烷基苯磺酸钠原料的十二烷基苯等都是烃基化反应的产物。许多烃基化产物还广泛用于麻醉剂、退热药、催眠剂、防腐剂、染料、炸药、香料、照相材料、离子交换树脂等的合成。

药物合成中烃基化反应具有特殊的价值，药物分子中的 NH_2 或OH烃基化后，可提高其脂溶性和对人体的渗透性，对增进药效具有重要的意义。例如，抗精神病药奋乃静的合成，是以六水哌嗪、环氧乙烷和2–氯吩噻嗪为原料，经三步烃基化反应而得，合成路线如下：

$$\mathrm{HN\langle\ \rangle NH \cdot 6H_2O} + \underset{\mathrm{O}}{\triangle} \longrightarrow \mathrm{HN\langle\ \rangle N{-}CH_2CH_2OH} \xrightarrow{\mathrm{Cl(CH_2)_3Br}}$$

$$\mathrm{Cl(CH_2)_3{-}N\langle\ \rangle N{-}CH_2CH_2OH} \xrightarrow{\text{2–氯吩噻嗪}} \text{(2-氯吩噻嗪环, S, N, Cl)}\ \mathrm{N{-}CH_2\,CH_2CH_2{-}{-}N\langle\ \rangle N{-}CH_2CH_2OH}$$

能进行烃基化反应的试剂很多，常用的有卤代烃、硫酸酯、芳磺酸酯和其他酯类、醇类、醚类、烯烃类、重氮甲烷等。其中以卤代烃类、硫酸酯类使用比较广泛。烃基化试剂的选择需综合考虑烃基化反应的难易，活泼性大小、制取的难易、成本的高低、毒性的大小以及产生副反应的多少等情况。

就烃基化反应的机理而言，除在芳核上引入烃基属于亲电取代反应外，其他大多属于亲核取代反应(S_N1 或 S_N2)，即底物的负离子向烃基化试剂分子中电子云密度较小处的亲核反应。因此，烃基化反应的难易，不但取决于被烃基化物质结构的亲核活性，同时也取决于烃基化剂中离去基团的性质。

毋庸置疑，洞悉有机化学中有关取代反应的一般规律，包括取代反应的进程和动力学特征，与取代反应相竞争的反应(消除反应)，烷基化试剂中烷基的结构与离去基团的性质，溶剂的影响，以及取代反应中的立体化学变化等，对有效地实现烃基化反应具有重要的实际意义。

6.2 卤代烃类烃基化剂

卤代烃作为烃基化剂，其结构对烃基化反应的活性有较大的影响。当卤代烃中的烃基相同时，不同卤素影响 C—X 键之间的极化度，极化度越大，反应速度越快。一般卤原子的原子半径越大，所成键的极化度越大。因此，不同卤代烃的活性次序为 RF＜RCI＜RBr＜RI。RF 的活性很小，且本身不易制得，故在烃基化反应中应用很少；RI 尽管活性最大，但其不如 RCl、RBr 易得，价格较贵，稳定性差，应用时易发生消除、还原等副反应，所以应用的也很少(碘甲烷除外)。在烃基化反应中应用较多的卤代烃是 RBr 和 RCl。这一方面是由于它们的活性可以达到反应的要求；另一方面，它们很容易制备。一般分子量小的卤代烃的反应活性比分子量大的卤代烃更强些，因此在引入分子量较大的长链烃基时，选用活性较大的 RBr 好些。另外，当所用卤代烃的活性不够大时，可加入适量的碘化钾，使卤代烃中卤原子被置换成碘，而有利于烃基化反应的进行。

如果卤原子相同，则伯卤代烃的反应最好，仲卤代烃次之，而叔卤代烃常会发生严重的消除反应，生成大量的烯烃，因此不宜直接采用叔卤代烃进行烃基化反应。

由于卤代烃类烃基化剂的烃基可以取代多种功能基上的氢原子，因此广泛用于氧、氮、碳原子等的烃基化反应，在有机合成上应用广泛，是主要的烃基化剂之一。

6.2.1 羟基氧原子上的烃基化反应

用卤代烷类烃基化剂对羟基氧原子进行烃基化反应，合成的产物都是混合醚。根据混合醚的结构不同，主要分为二烷基混合醚，烷–芳基混合醚等。

6.2.1.1 二烷基混合醚

卤烷烃和醇羟基之间进行烃基化反应可得二烷基混合醚。反应机理属于亲核取代反应。

$$\mathrm{RONa} + \mathrm{R'X} \xrightarrow{\text{- NaX}} \mathrm{ROR'}$$

不同的卤素影响 C—X 键之间的极化度，极化度越大，反应速度越快。因此，同类卤烷中，其活性次序是 RI>RBr>RCl。

对于被烃基化物醇来说，因为 $R—O^-$的活性远大于 ROH 的活性，所以要在反应中加入金属钠、氢氧化钠或氢氧化钾等强碱性物质，以形成 $R—O^-$负离子。质子溶剂有利于 R’—X 的解离，但易与 $R—O^-$发生溶剂化作用，明显地降低了 $R—O^-$的亲核活性。因此，非质子极性溶剂对反应常产生有利的影响。

6.2.1.2 烷基—芳基混合醚

(1)卤烷烃与酚羟基之间进行烃基化反应可得烷基–芳基混合醚。

其反应通式如下：

$$\text{R'-}C_6H_4\text{-OH} + R\text{-}X \xrightarrow{HO^-} \text{R'-}C_6H_4\text{-OR}$$

酚羟基具有一定的酸性，一般采用氢氧化钠形成芳氧阴离子，或用碳酸钠(钾)作去酸剂，不必使用金属钠或醇钠。反应时，可用水、醇类、丙酮、DMF、DMSO、苯和二甲苯为溶剂。待反应液接近中性时，反应即基本完成。

$$C_6H_5OH \xrightarrow[79\sim83^{o}C]{EtOH/C_6H_6/NaOH} C_6H_5ONa \xrightarrow[\text{回流6h}]{CH_3CH_2CH_2CH_2Br} C_6H_5OCH_2CH_2CH_2CH_3 \quad 80\%$$

(2)芳卤代烃与醇羟基之间进行的烃基化反应亦可得到烷基—芳基混合醚。其通式如下：

$$\text{R-}C_6H_4\text{-X} + HOCH_2R \xrightarrow{HO^-} \text{R-}C_6H_4\text{-}OCH_2R$$

由于芳卤代烃上的卤原子与芳核发生共轭效应，其活性较卤代烷小；若芳核上卤原子的邻位或对位有强吸电子基存在时，则可增强卤原子的活性，并能与羟基顺利地进行亲核取代反应得到烃基化产物。卤原子活性增强的顺序是 F＞Cl＞Br＞I。因为氟原子的电负性大，其核电荷对价电子层的电子吸引力大，使未共用的电子对不易与芳核发生共轭效应，所以活性较大。若芳卤代烃的芳核上无取代基存在时，则卤原子的活性顺序基本上与卤烷烃相同，即 I＞Br＞Cl＞F。

非那西汀中间体对–硝基苯乙醚的合成是芳卤代烃与醇羟基之间进行烃基化反应比较典型的例证。它是用对–硝基氯苯为原料，在氢氧化钠乙醇溶液中进行烃基化反应制得。该反应是亲核取代反应，由于反应液中存在 EtO^-和 OH^-两种负离子，故可发生水解副反应而得到一定数量的对–硝基苯酚。

$$\text{4-ClC}_6\text{H}_4\text{NO}_2 \xrightarrow{\text{EtOH/NaOH}} \text{4-(OCH}_2\text{CH}_3\text{)C}_6\text{H}_4\text{NO}_2 + \text{4-(OH)C}_6\text{H}_4\text{NO}_2$$

6.2.2 氮原子上的烃基化反应

卤代烃与氨或氨衍生物之间进行的烃基化反应是胺类化合物合成的主要方法之一，氨基具有碱性，亲核能力较强，因此它们比羟基较易进行烃基化反应。酰胺尤其酰亚胺 N 上的氢具有一定的酸性，在氢氧化钾或碳酸钠等碱作用下，可进行烃基化反应。

6.2.2.1 卤代烃与氨的烃基化反应

卤代烃与氨的烃基化反应又称氨烃基化反应。由于氨有三个氢原子都可被烃基取代，反应产物多为伯胺、仲胺和叔胺的混合物。其反应机理如下：

$$RX+NH_3 \longrightarrow R^+NH_3X^- \underset{}{\overset{NH_3}{\rightleftharpoons}} RNH_2+NH_4^+X^-$$

$$RNH_2+RX \longrightarrow R_2N^+H_2X^- \underset{}{\overset{NH_3}{\rightleftharpoons}} R_2NH+NH_4^+X^-$$

$$R_2NH+RX \longrightarrow R_3N^+HX^-$$

在氨的烃基化反应中，由于原料配比、反应溶剂、添加的盐类以及卤代烃的结构不同，都可以影响反应速率或产物的生成。若氨过量，烃基化产物中伯胺比例增高，若氨的配比不足，则仲胺和叔胺的比例增高；若以水作溶剂其反应速率一般比用乙醇作溶剂为快；但用高级卤代烃进行烃基化时，以乙醚作溶剂为好，因是均相反应；反应中加入氯化铵、硝酸铵或醋酸铵等盐类，因增加了铵离子，使氨的浓度增高，有利于反应进行。

$$\text{2,4-(NO}_2)_2\text{C}_6\text{H}_3\text{Cl} \xrightarrow[170℃，6h]{AcONH_4} \text{2,4-(NO}_2)_2\text{C}_6\text{H}_3\text{NH}_2$$

6.2.2.2 卤代烃与伯胺、仲胺的烃基化反应

这类反应在药物合成上应用广泛，其影响因素与氨的烃基化过程

基本相同。反应物的结构对产物的影响，一般说来，卤代烃的活性较大，伯胺的碱性较强，两者均无立体位阻，大都得到混合胺的产物，至于比例如何，决定于反应条件。

$$n\text{-BuCl} + \text{MeNH}_2 \xrightarrow[100℃,\ 6h]{\text{AlC}} \underset{\sim 21\%}{\text{MeNHBu-n}} + \underset{69\%}{\text{MeN(Bu-n)}_2}$$

若卤代烃的活性较大，伯胺碱性较强，两者之一具有立体位阻，或卤代烃的活性较大，伯胺的碱性较弱，两者均无立体位阻时，在进行烃基化过程中，大都得到单一的产物。

$$(CH_3)_2CHBr + CH_3NH_2 \xrightarrow{110℃,\ 18h} \underset{70\%}{CH_3NHCH(CH_3)_2} + \underset{少}{CH_3N[CH(CH_3)_2]_2}$$

$$\text{(菲胺)-}NH_2 \xrightarrow[45℃,\ 3\sim4h]{CH_3I} \text{(菲胺)-}NHCH_3 \quad 定量反应$$

芳卤代烃活性不大，同时又存在立体位阻，不易与芳伯胺反应。若加入铜盐催化，将芳伯胺与芳卤代烃在无水碳酸钾中共热，可得二苯胺及其同系物，这个反应称为乌尔曼(Ullmann)反应

$$\text{2,4-二氯苯甲酸} + H_2N\text{-}C_6H_4\text{-}OCH_3 \xrightarrow{Cu,\ K_2CO_3} \text{4-氯-2-(4-甲氧基苯氨基)苯甲酸}$$

例如抗炎镇痛药氯灭酸和氟灭酸的合成：

$$\text{2-氯苯甲酸} + H_2N\text{-}C_6H_4\text{-}Cl(m) \xrightarrow[\triangle]{Cu,\ NaOH} \underset{\substack{56.2\% \\ 氯灭酸}}{\text{2-(3-氯苯氨基)苯甲酸}}$$

$$\text{3-}CF_3\text{-}C_6H_4\text{-}NH_2 + \text{2-氯苯甲酸} \xrightarrow[105\sim110℃]{Cu,\ K_2CO_3} \xrightarrow[pH=4]{HCl} \underset{\substack{73\% \\ 氟灭酸}}{\text{2-(3-三氟甲基苯氨基)苯甲酸}}$$

对于碱性很弱的胺，烃基化反应可在 $NaNH_2$ 的甲苯溶液中进行，

先制成钠盐再进行反应。例如抗组胺药(Pyribenzamine)的合成：

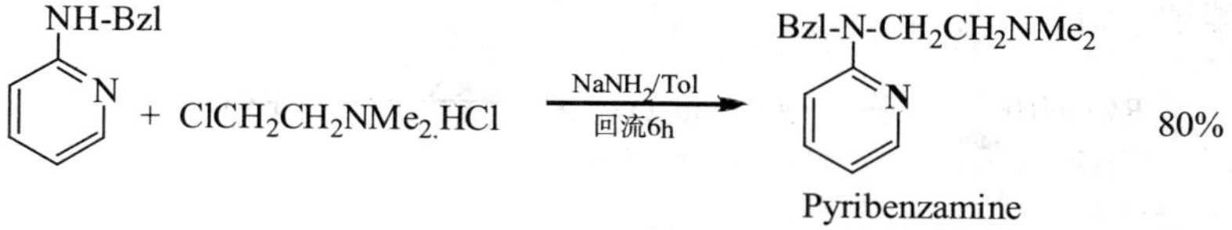

NH-Bzl（2-位取代吡啶） + $ClCH_2CH_2NMe_2.HCl$ —NaNH$_2$/Tol，回流6h→ Bzl-N-$CH_2CH_2NMe_2$（2-位取代吡啶） 80%

Pyribenzamine

6.2.2.3　酰亚胺和酰胺的 N–烃基化反应

1)邻苯二甲酰亚胺的 N–烃基化反应

由于氨分子中有三个氢原子都可被烃基取代，因而得到的产物常是混合物，如将其中的两个氢原子被酰基取代，则氨分子中仅余一个氢原子可被烃基取代，烃基化后生成 N–烃基化的酰亚胺，避免了仲胺和叔胺的生成，这种反应称为 Gabriel 合成法。N—烃基酰亚胺水解后，即得高纯度的伯胺化合物。

邻苯二甲酰亚胺氮原子上连接的氢具有足够的酸性(pH8.3)，能与氢氧化钾或碳酸钠等作用生成钾盐或钠盐，再和卤代烃进行反应生成 N–烃基邻苯二甲酰亚胺，将其水解，可得伯胺。但水解很困难，一般须在剧烈条件下进行，收率较低，操作不方便。如用水合肼进行肼解，则反应条件温和而迅速，不需加压，操作简单，收率也较高。

Gabriel 合成法中使用的卤代烃除活性较差的芳卤代烃外，包括烃基上带有各种取代基的卤代烃都可使用，因此应用范围很广。

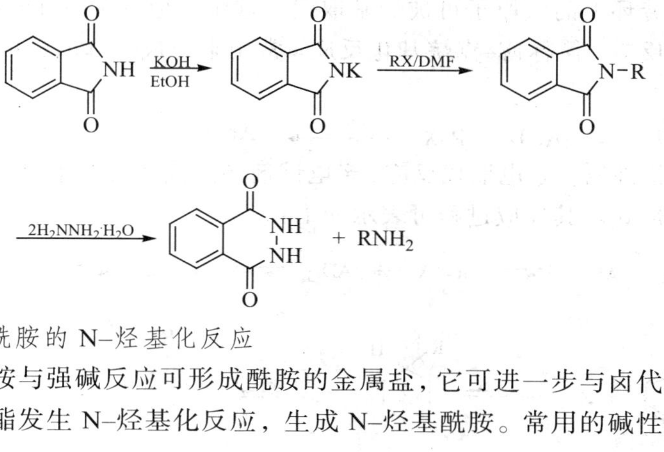

邻苯二甲酰亚胺(NH) —KOH/EtOH→ 邻苯二甲酰亚胺钾(NK) —RX/DMF→ N–R 邻苯二甲酰亚胺

—$2H_2NNH_2{\cdot}H_2O$→ 邻苯二甲酰肼(NH, NH) + RNH_2

2)酰胺的 N–烃基化反应

酰胺与强碱反应可形成酰胺的金属盐，它可进一步与卤代烃或硫酸二烃酯发生 N–烃基化反应，生成 N–烃基酰胺。常用的碱性试剂为氨基钠–液氨、氢化钠在二甲基亚砜或二甲基甲酰胺，叔丁醇钾–乙醚、乙醇钠–乙醇。

$$RCONHR^1 \xrightarrow{NaH} RCON^-R^1\ Na^+ \xrightarrow{R^2X} RCONR^1R^2$$

$$p\text{-}CH_3OC_6H_4NHCOCH_3 + NaH \xrightarrow[\triangle]{\text{二甲苯}} p\text{-}CH_3OC_6H_4N^-(Na^+)COCH_3 \xrightarrow{CH_3I} p\text{-}CH_3OC_6H_4N(CH_3)COCH_3\quad 80\%$$

在相转移催化剂氯化三乙基苄基铵(TEBA)的存在下，氢氧化钠水溶液作碱性试剂，能使N–芳基酰胺顺利进行相转移催化N–烃基化，在温和的条件下，高收率地生成N，N–二取代酰胺。

$$CH_3CONHC_6H_5 + CH_3CH_2CH_2Br \xrightarrow[C_6H_6\,/\,H_2O]{C_6H_5CH_2N^+Et_3Cl^-\,/\,NaOH} CH_3CON(C_6H_5)CH_2CH_2CH_3\quad 80\%$$

6.2.3 碳原子上的烃基化反应

6.2.3.1 芳环上碳原子的烃基化反应

在三氯化铝或其他路易斯酸催化下，芳香族化合物与卤代烃反应时，芳环上的氢原子可被烃基取代，这个反应称为 Friedel-Crafts 烷基化反应，简称傅–克烷基化反应。常用来合成烷基取代的芳香衍生物。

$$Ar\text{-}H + R\text{-}X \xrightarrow{AlCl_3} Ar\text{-}R + HX$$

其机理属于亲电取代反应，亲电试剂是卤代烃与催化剂形成的各种活性形式。其反应过程可表示如下：

$$(1)\quad R\text{-}X + AlX_3 \rightleftharpoons R\text{---}X\text{---}\!\!\rightarrow AlX_3 \rightleftharpoons R^+AlX_4^- \rightleftharpoons R^+ + AlX_4^-$$

$$(2)\quad C_6H_6 + R^+ \rightleftharpoons [C_6H_6R]^+ \xrightleftharpoons{+AlX_4^-} C_6H_5R + HX + AlX_3$$

傅–克(Friedel-Crafts)烃基化反应相关内容已在基础有机化学中讨论过，在此不再详述。

6.2.3.2　活泼次甲基碳原子的烃基化反应

次甲基上连接有吸电子功能基，使次甲基上的氢原子具有一定的活性，因而可被烃基取代而得到碳原子上的烃基化产物。吸电子功能基一般是按下列顺序使氢原子的活性增高

$$\mathrm{Ph—<RSO—<—COOR<—C{\equiv}N<—SO_2R<—COR<—NO_2}$$

反之，活泼次甲基上具有供电子功能基时，则应按下列次序使氢原子的活性减弱。烃基的位阻增大，烃基化的活性也相应下降。

$$\mathrm{Me\text{-}<Et\text{-}<n\text{-}Pr<n\text{-}C_{10}H_{21}\text{-}<n\text{-}C_{16}H_{33}\text{-}<}\ \text{(环己基)}\ \mathrm{<i\text{-}Pr}$$

最常见的具有活泼次甲基化合物有丙二酸酯、氰乙酸酯、乙酰乙酸酯、丙二酸酯、苄脂、β–双酮、腈以及脂肪硝基衍生物等。活泼次甲基碳原子的烃基化反应是双分子亲核取代反应。在碱(B^-)的催化下，活泼次甲基首先失去氢形成碳负离子，并与邻位的吸电子功能基发生共轭效应，其负电荷得到分散，从而增加了碳负离子的稳定性，碳负离子随后与卤代烃发生双分子亲核取代反应。

$$\mathrm{(i\text{-}Pr)(H)CH(CN)(COOEt) + i\text{-}PrI \xrightarrow[75℃]{EtONa} (i\text{-}Pr)_2C(CN)(COOEt)}$$

$$\mathrm{C_6H_5CH_2CN \xrightarrow[\text{回流，4h}]{C_2H_5Br,\ NaNH_2} C_6H_5CH(CN)C_2H_5}\quad 90.5\%$$

合成苯巴比妥中间体2–乙基–2–苯基丙二酸二乙酯时，不能采用丙二酸二乙酯为原料进行乙基化和苯基化。因为卤代苯的活性很低，很难进行苯基化。所以，使用苯乙酸乙酯进行合成。

$$\text{C}_6\text{H}_5\text{CH}_2\text{COOEt} + (\text{COOEt})_2 \xrightarrow[55\sim60℃]{\text{EtONa}} \text{C}_6\text{H}_5\text{CH(COOEt)COCOOEt} \quad 98\%$$

$$\xrightarrow[160\sim180℃，8h]{-\text{CO}} \text{C}_6\text{H}_5\text{CH(COOEt)}_2 \xrightarrow[60\sim72℃，11h]{\text{EtBr/EtONa}} \text{C}_6\text{H}_5\text{C(Et)(COOEt)}_2 \quad 89.5\%$$

6.2.4 相转移催化烃基化反应

上述各种烃基化反应，除 Friedel–Crafts 反应外，机理均为亲核取代反应。所以，首先要求亲核试剂(NuH)中的活性氢原子与碱性试剂作用形成相应的阴离子(Nu^-)，然后向烃基化剂作亲核进攻。因此，大多数反应需在无水条件下进行，以免发生酸碱平衡，使 Nu^-浓度降低或消失。但当采用无水的质子极性溶剂时，溶剂能与 Nu^-发生溶剂化，使 Nu^-的亲核活性降低，若采用非质子极性溶剂，虽能克服溶剂化而使 Nu^-的活性不降低，但这些溶剂具有价格较贵、回收不易和后处理麻烦等缺点。因此设想，如能将在碱液中形成的 Nu^-转移入非极性(或极性较小)的溶剂相中，既可克服溶剂化效应，又不需要无水操作，又可取得如同采用非质子极性溶剂的效果。这就是相转移催化剂及其反应的依据。

一般亲核试剂 Nu^-都是以钠盐(如 Na^+Nu^-)或钾盐(如 K^+Nu^-)存在，而这些盐类不溶或难溶于极性很小的非质子溶剂中，为了增大 Nu^-在这些溶剂中的溶解度，可将 Na^+或 K^+换成有机阳离子(Q^+)，使 Nu^-与 Q^+形成离子对(Q^+Nu^-)而达到由水相溶入非质子溶剂相中的目的。加入的 Q^+X^-试剂称为相转移催化剂(简称 PTC)，应用相转移催化剂进行的反应称为相转移催化反应，若将该反应应用于烃基化中则称相转移烃基化反应。

相转移催化剂的结构中必须具备阳离子部分，便于与 Nu^-结合形成有机离子对，同时，在 Q^+的结构中必须有足够的碳原子数，使形成的有机离子对具有较大的亲有机溶剂能力。相转移催化剂的类型主要有季铵盐、季磷盐和冠醚等，其中以季铵盐应用较为广泛，常用的季铵盐和冠醚类相转移催化剂如下：

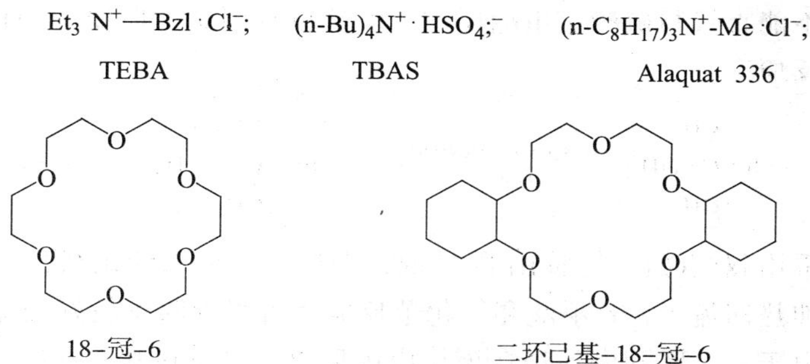

冠醚类结构中虽无阳离子，但有六个氧原子，可利用其未共用电子对与 Na^+或 K^+相络合而具有有机阳离子的性质，并能溶于有机相中，相应的 Nu^-由于无溶剂化效应，而称为“裸”离子，其活性增大。

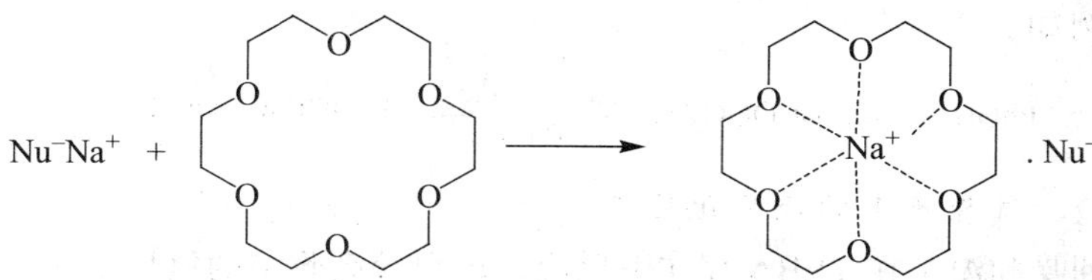

相转移催化反应中常用的溶剂有：二氯甲烷、二氯乙烷、苯、甲苯、乙腈、氯仿、乙酸乙酯、四氢呋喃和二甲亚砜等。若价格便宜，亦可采用过量的卤代烃烃基化试剂作溶剂。

近年来，由于相转移反应具有不需要无水操作、可使用氢氧化钠和碳酸钾等来代替其他价格昂贵的强碱、反应条件温和、副反应少以及收率和产品纯度均较高等优点，在有机合成领域得到了广泛应用。

下面仅举例说明相转移催化在氧、氮、碳和硫烃基化反应中的应用。

6.2.4.1　氧烃基化反应

正丁醇用氯苄在碱性溶液中烃基化，用或不用 PTC，收率相差很大。

$$\text{n-BuOH} + \text{PhCH}_2\text{Cl} \xrightarrow[45℃,\ 6\text{h}]{50\%\text{NaOH}} \text{n-BuOCH}_2\text{Ph} \qquad 4\%$$

$$\text{n-BuOH} + \text{PhCH}_2\text{Cl} \xrightarrow[35℃,\ 1.5\text{h}]{50\%\text{NaOH, TEBA}} \text{n-BuOCH}_2\text{Ph} \qquad 92\%$$

醇不能直接与硫酸二甲酯反应，醇盐也较困难，但加入 PTC 可以顺利反应。

$$Ph-\underset{CH_3}{\overset{CH_3}{C}}-OH \xrightarrow[TEBA]{(CH_3)_2SO_4,50\%NaOH} Ph-\underset{CH_3}{\overset{CH_3}{C}}-OCH_3 \quad 85\%$$

若采用叔胺(如三乙胺)作除酸剂，即使不另加入催化剂，在较长时间的加热回流下，苯甲酸和氯化苄反应亦可得到收率较好的酯。这可能是由于三乙胺和卤代烃在该反应中形成少量季铵盐催化的缘故。

$$PhCOOH \xrightarrow[148\sim167℃，4h]{BzlCl/Et_3N/Xyl} PhCOOBzl \quad 90\%$$

相转移烃基化反应也可用于酚羟基的烃基化。

例如：

$$PhOH + BrCH_2COOC_2H_5 \xrightarrow[TEBA]{NaOH,CH_2Cl_2} PhOCH_2COOC_2H_5$$

6.2.4.2 氮原子上的烃基化反应

吲哚和溴苄在 TEBA 存在下反应，可得较高收率的氮烃基化产物。

$$\text{吲哚(N-H)} + BzlBr \xrightarrow[33℃，18h]{50\%NaOH/(n-Bu)_4N^+SO_4^-/C_6H_6} \text{N-Bzl 吲哚} \quad 93\%$$

抗精神病药氯丙嗪的合成亦可采用 PTC 方法。

$$\text{吩噻嗪(N-H)} \xrightarrow[C_6H_6,\ TBAB]{ClCH_2CH_2CH_2N(CH_3)_2,\ NaOH} \text{吩噻嗪-N-}CH_2CH_2CH_2N(CH_3)_2$$

6.2.4.3 碳原子上的烃基化反应

活性亚甲基的烃基化，由于其在合成上的重要性，是相转移催化中研究最多的一类反应，其应用也较多。

例如：

$$PhCH_2COCH_3 \xrightarrow[(n-Bu)_4N^+HSO_4^-]{CH_3I/NaOH/CH_2Cl_2} Ph\underset{CH_3}{CH}COCH_3 \quad 92\%$$

抗癫痫药丙戊酸钠的合成中采用了 TBAB 相转移催化。

$$\text{(H)}_2\text{-Meldrum's acid (2,2-dimethyl-1,3-dioxane-4,6-dione)} \xrightarrow[\text{TBAB}]{n\text{-}C_3H_7Br,K_2CO_3} (n\text{-}C_3H_7)_2\text{-Meldrum's acid}$$

$$\xrightarrow{NaOH} (n\text{-}C_3H_7)_2CH\text{-}COONa$$

苯乙腈类化合物在碱存在下的相转移催化烃基化反应研究的最多。例如：

$$CH_3CH_2CH(Ph)CN \xrightarrow[75℃，3h]{EtBr/50\%NaOH\ /\ Bzl(Et)_3N^+Cl^-} CH_3CH_2C(Et)(Ph)CN \quad 70\%$$

$$Ph_2CHCN + ClCH_2CH_2N(Et)_2 \xrightarrow[50℃，4h]{50\%NaOH\ /\ BzlN(Et)_3Cl} Ph_2C(CN)CH_2CH_2N(Et)_2 \quad 85\%$$

$$PhCH(CN)N(Me)_2 + ClCH_2CH{=}CH_2 \xrightarrow[70℃，4h]{50\%NaOH\ /\ BzlN(Et)_3Cl} PhC(CN)(CH_2CH{=}CH_2)N(Me)_2 \quad 75\%$$

6.2.4.4　硫烃基化

$$PhSH \xrightarrow[室温，15min]{EtBr/NaOH液/Me(n\text{-}C_8H_{17})_3\ N^+Cl^-/C_6H_6} PhSEt \quad 93\%$$

$$2\ i\text{-}BuSH \xrightarrow[室温，15min]{CH_2Cl_2/NaOH液/Me(n\text{-}C_8H_{17})_3N^+Cl^-} i\text{-}BuS\text{-}CH_2\text{-}SBu\text{-}i \quad 95\%$$

6.3　硫酸酯和芳磺酸酯烃基化剂

硫酸酯和芳磺酸酯烃基化剂的活性大于卤代烃的活性，而硫酸酯又大于芳磺酸酯的活性，它们之间的活性大小如下：

$$ROSO_2OR > Me-C_6H_4-SO_2R \quad C_6H_5-SO_2R > RX$$

硫酸酯和芳磺酸酯烃基化剂对羟基、氨基、活泼次甲基和巯基的烃基化反应机理与卤代烷烃相同，由于磺酸酯基离去及吸电子能力比氯原子强，因此 α–碳原子带正电荷，易受被烃基化的阴离子的亲核进攻，活性比卤代烃大。一般说来，反应条件较卤代烃温和。本节主要介绍它们的特点和在有机合成中的应用。

6.3.1 硫酸酯类烃基化剂

使用硫酸酯烃基化剂进行烃基化反应时，归纳起来，大致有如下的一些特点：

(1)硫酸二酯是中性化合物，在水中的溶解度小，易于水解，生成醇和硫酸氢酯而失效。使用硫酸二酯一般是在碱性水溶液中或在无水条件下直接加热进行烃基化，该酯虽有两个烷基，但只有一个烷基参加反应。

$$ROSO_2OR \xrightarrow{H_2O} ROH + ROSO_3H$$

(2)常用的硫酸二酯类是二甲酯或二乙酯，所以只能用于甲基化或乙基化反应，故应用范围比卤代烃小。硫酸二酯类的沸点比相应的卤代烃高，因而能在高温下反应不需加压，其用量亦不需过量很多。硫酸二酯中应用最多的是硫酸二甲酯，它的毒性极大，能通过呼吸道及皮肤接触使人体中毒。因此，反应废液需经氨水或碱液分解，使用时必须小心，注意劳动防护。

(3)硫酸二酯类对活性较大的醇羟基(如苄醇、丙烯醇和 β–氰基醇等)，在氢氧化钠水溶液中，60 ℃以下，也能发生烃基化反应。要使活性小的醇羟基能进行反应，首先必须在无水条件下先制成钠盐，然后在较高温度下与硫酸二酯类反应，方可得到烃基化产物。

$$(CH_3)_2CHCH_2OH \xrightarrow[\text{120°C, 回流3h}]{Na} (CH_3)_2CHCH_2ONa$$

$$\xrightarrow[\text{105~115°C, 2h}]{Et_2SO_4} (CH_3)_2CHCH_2OEt$$

(4)酚羟基易被硫酸二酯烃基化，若为多羟酚基，控制反应液的 pH 值和选用适当的溶剂，可进行选择性烃基化。

例如：

$$\text{C}_6\text{H}_4(\text{OH})_2\ (o\text{-}) \xrightarrow[40^{\circ}\text{C}]{\text{Me}_2\text{SO}_4/20\%\text{NaOH(过量)}} \text{C}_6\text{H}_4(\text{OMe})_2\ (o\text{-}) \qquad 83\%$$

$$\text{C}_6\text{H}_4(\text{OH})_2\ (o\text{-}) \xrightarrow[\text{pH}8\sim9,40^{\circ}\text{C}]{\text{Me}_2\text{SO}_4/20\%\text{NaOH/PhNO}_2} o\text{-MeO-C}_6\text{H}_4\text{-OH} \qquad 90\%$$

分子结构中同时具有酚羟基和醇羟基，用硫酸二甲酯烃基化时，由于酚羟基易成钠盐而先被烃基化。

$$\text{HO-C}_6\text{H}_4\text{-CH}_2\text{OH} \xrightarrow{\text{Me}_2\text{SO}_4/\text{NaOH/H}_2\text{O}} \text{MeO-C}_6\text{H}_4\text{-CH}_2\text{OH}$$

如只需醇羟基烃基化，则应先保护酚羟基，待烃基化后再脱保护基。

$$\text{HO-C}_6\text{H}_4\text{-CH}_2\text{OH} \xrightarrow{\text{ClCH}_2\text{OMe}} \text{MeOCH}_2\text{O-C}_6\text{H}_4\text{-CH}_2\text{OH} \xrightarrow{\text{Me}_2\text{SO}_4\ /\ \text{NaOH}}$$

$$\text{MeOCH}_2\text{O-C}_6\text{H}_4\text{-CH}_2\text{OMe} \longrightarrow \text{HO-C}_6\text{H}_4\text{-CH}_2\text{OMe}$$

如结构中同时存在氨基和醇羟基，只要控制反应液的 pH 值或选用适当溶剂，也可选择性地烃基化氨基而保留酚羟基。

$$\text{HO-C}_6\text{H}_4\text{-NH}_2 \xrightarrow[\text{pH}6\sim7]{\text{Me}_2\text{SO}_4/20\%\text{NaOH}} \text{HO-C}_6\text{H}_4\text{-NHMe}$$

$$m\text{-H}_2\text{N-C}_6\text{H}_4\text{-OH} \xrightarrow[75\sim80^{\circ}\text{C},3\text{h}]{\text{Me}_2\text{SO}_4/\text{C}_6\text{H}_6/\ \text{pH}6\sim7} m\text{-Me}_2\text{N-C}_6\text{H}_4\text{-OH}$$

如只需酚羟基烃基化，则应先保护氨基，待烃基化后去除保护基即得。

$$\text{HO-C}_6\text{H}_4\text{-NH}_2 \xrightarrow{\text{PhCH=O}} \text{HO-C}_6\text{H}_4\text{-N=CHPh} \xrightarrow{\text{Me}_2\text{SO}_4/\text{NaOH}}$$

$$\text{MeO-C}_6\text{H}_4\text{-N=CHPh} \xrightarrow{\text{H}_2\text{O}} \text{MeO-C}_6\text{H}_4\text{-NH}_2$$

(5)分子结构中具有数个氮原子，用硫酸二酯类进行烃基化反应时，可根据氮原子的碱性不同而进行选择性烃基化。例如黄嘌呤结构中含有三个可被烃基化的氮原子，其中 N^7 和 N^3 的碱性强，在近中性条件下可被烃基化，因 N^1 具有酸性不易被烃基化，只能在碱性条件下被烃基化。因此，控制反应液的 pH 可进行选择性烃基化，分别得到咖啡因和可可碱，收率分别为 90%和 68%。

$$\text{黄嘌呤} \xrightarrow[\text{pH9\sim10, 35°C}]{Me_2SO_4/NaOH/H_2O} \text{1,7-二甲基黄嘌呤 (MeN, NMe)}$$

$$\text{黄嘌呤} \xrightarrow[\text{pH4\sim8}]{Me_2SO_4/NaOH/H_2O} \text{3,7-二甲基黄嘌呤 (NMe, N-Me)}$$

6.3.2 芳磺酸酯烃基化剂

芳磺酸酯的烃基，可以是简单的，也可带有取代基，是一类强烃基化剂，应用范围比硫酸酯广泛，常用于引入分子量较大的烃基。

$$CH_2(COOC_2H_5)_2 \xrightarrow[EtONa]{TsOCH_2CH_2OPh} PhOCH_2CH_2CH(COOC_2H_5)_2$$

$$CH_2OH-CHOH-CH_2OH \xrightarrow{CH_3COCH_3,\ HCl} CH_2OH-CH(O)-CH_2O\text{(C(CH}_3)_2\text{)} \xrightarrow[KOH]{\text{对甲苯磺酸十八醇酯}}$$

$$CH_2OC_{18}H_{37}-CH(O)-CH_2O\text{(C(CH}_3)_2\text{)} \xrightarrow{C_2H_5OH,HCl} CH_2OC_{18}H_{37}-CHOH-CH_2OH \quad 66.4\%$$

某些难于烃基化的羟基，用 TsOR 类烃基化剂在剧烈条件下可顺利地进行反应，也和采用硫酸酯烃基化剂一样，得到高收率的烃基化产物。

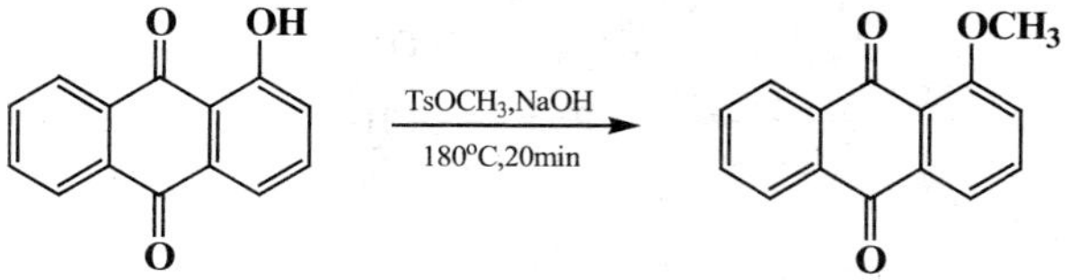

O OH → $\xrightarrow[180^{\circ}C,20min]{TsOCH_3,NaOH}$ O OCH_3 定量反应

芳磺酸酯对氨基上的氮原子进行烃基化反应时，应采用游离胺而不能使用胺盐；否则，得到的是卤烷烃和胺的芳磺酸盐。

$$PhSO_2OR + R'NH_2 \cdot HX \longrightarrow RX + R'^{+}NH_3 \cdot PhSO_3^{-}$$

一般而言，芳磺酸酯烃基化脂肪胺时，反应温度较低(25～110℃)，而烃基化芳胺时，则反应温度较高。

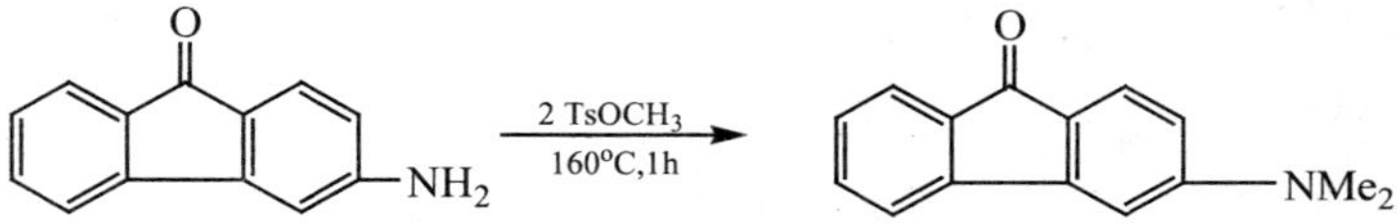

O NH_2 $\xrightarrow[160^{\circ}C,1h]{2\ TsOCH_3}$ O NMe_2

6.4 醇类、环氧乙烷、烯烃类和其他烃基化剂

6.4.1 醇类烃基化剂

简单醇类的活性很低，一般不用于碳原子的烃基化。若应用于氧原子或氮原子的烃基化，也必须使用催化剂，并在适当的高温下反应方能进行。所以，醇类烃基化剂只能制备醚类或胺类化合物。

6.4.1.1 醇类对羟基氧原子的烃基化反应

本反应是制备醚类化合物的一种方法。可以采用液相或气相两种反应方法。液相烃基化是以醇为原料，在硫酸或对甲苯磺酸催化下加热即可。

$$ROH \xrightarrow{H_2SO_4} ROSO_3H \xrightarrow[\triangle]{R'OH} ROR' + H_2SO_4$$

选择反应温度甚为重要，若温度过高则易形成副产物烯烃。硫酸用量取决于醇的性质，对分子量相同的醇类，伯醇用量较大，仲醇用量较少。某些活性较大的醇类(如苄醇、丙烯醇和 α–羟基酮等)作为烃基化剂时，反应条件比较温和，使用少量的催化剂即可进行烃基化反应。

$$\text{Ph—}\underset{}{\overset{\text{OH}}{|}}\text{COCHPh} \xrightarrow[\text{室温}]{\text{MeOH/HCl（气）}} \text{Ph—}\overset{\text{OMe}}{|}\text{COCHPh} \quad \text{定量收率}$$

$$Ph_2CHOH \xrightarrow[\text{75~78℃，36h}]{HOCH_2CH_2Cl/H_2SO_4} Ph_2CHCH_2CH_2Cl \quad 84\%$$

采用 Mitsunobu 反应，以偶氮二甲酸二乙酯和三苯膦为缩合剂，可直接用醇羟基与酚等酸性较强的羟基衍生物缩合成醚键。本法不但适用于取代芳核、杂环、甾体等羟基衍生物的醚化，即使一般方法不能醚化的叔丁醇也可在很温和的条件下进行反应并获得较好的收率。

例如：

$$O_2N\text{—}C_6H_4\text{—}OH + HOC(CH_3)_3 \xrightarrow[\text{0~5~20℃}]{C_2H_5OOC\text{—}N{=}N\text{—}COOC_2H_5} O_2N\text{—}C_6H_4\text{—}O\text{—}C(CH_3)_3 \quad 52\%$$

6.4.1.2 醇类对氨基氮原子的烃基化反应

本反应是制备有机胺的工业方法，也有液相和气相两类反应。液相烃基化是用醇与氨或伯胺在酸性催化剂存在下，高温加压脱水，得到相应的胺类产物。

$$\begin{array}{l}CH_2CH_2OH\\ |\\ CH_2CH_2OH\end{array} \xrightarrow[\text{150~180℃}]{NH_4Cl} \text{吡咯烷}\cdot HCl$$

$$2\,HCl\cdot H_2NCH_2CH_2OH \xrightarrow[\text{275℃，20h}]{NH_4Cl} HCl\cdot HN\langle\text{哌嗪环}\rangle NH\cdot HCl$$

某些苄醇和烯丙醇与仲胺、伯胺化合物在加入适量钯黑，共热脱水时可制得相应的仲胺和叔胺，此法与醛酮的还原胺化相比，收率好而且操作简单。

$$\begin{matrix}R^1\\R^2\end{matrix}\!\!>\!CHOH + HN\!\!<\!\!\begin{matrix}R^3\\R^4\end{matrix} \xrightarrow[80\sim120^{\circ}C]{Pd} \begin{matrix}R^1\\R^2\end{matrix}\!\!>\!CH{-}N\!\!<\!\!\begin{matrix}R^3\\R^4\end{matrix}$$

R^1 = H, CH_3； $R^2 = C_6H_5, CH_2{=}CH{-}$

R^3 = H，烷基，芳香基；R^4 = 烷基，芳香基

6.4.2 环氧乙烷烃基化剂

环氧乙烷由于其三元环结构，其张力较大，容易开环，能和分子中含有活泼氢的化合物(如水、醇、胺、活性亚甲基、芳环)加成形成羟乙基产物，所以又称羟乙基化反应，是一类活性较强的烃基化剂。

$$\underset{\text{O}}{H_2C\!-\!CH_2} + H_2O \xrightarrow{H^+} HOCH_2CH_2OH$$

$$\underset{\text{O}}{H_2C\!-\!CH_2} + EtOH \xrightarrow{HO^-} EtOCH_2CH_2OH$$

$$\underset{\text{O}}{H_2C\!-\!CH_2} + PhOH \xrightarrow{HO^-} PhOCH_2CH_2OH$$

6.4.2.1 环氧乙烷对氧原子的羟乙基化反应

本反应是制备醚类的方法之一，需酸或碱催化，反应条件比较温和，反应速率快。酸催化层单分子亲核取代反应，而碱催化属双分子亲核取代反应。在酸催化下，若用取代的环氧乙烷衍生物与羟基氧原子进行羟乙基化反应，由于氧环的开裂方式不同，可分两种情况：

$$\underset{\text{O}}{R\text{-}CH\!-\!CH_2} \xrightarrow{H^+} \underset{\overset{+}{\text{O}}\text{H}}{R\text{-}CH\!-\!CH_2} \begin{cases} \xrightarrow{a} R\text{-}\overset{+}{C}HCH_2OH \xrightarrow[-H^+]{R'OH} R\text{-}\underset{OR'}{CH}CH_2OH \\ \xrightarrow{b} R\text{-}\underset{OH}{CH}CH_2^+ \xrightarrow[-H^+]{+R'OH} R\text{-}\underset{OH}{CH}CH_2OR' \end{cases}$$

上式中，生成的鎓盐，其碳—氧键是按 a 方式断裂还是按 b 方式断裂，这与取代的 R 基性质有关。若 R 为给电子功能基，有利于形成稳定的碳正离子，以 a 键断裂为主，生成以伯醇为主的产物；若 R 为吸电子功能基，则形成的另一种稳定的碳正离子较稳定，因此以 b

方式断裂为主，与醇类作用则生成以仲醇为主的产物。

环氧乙烷衍生物在碱催化下进行双分子亲核取代反应，醇或酚首先与碱作用生成烷(苯)氧负离子，然后亲核试剂从位阻小的一侧向环氧乙烷衍生物亲核进攻，发生 S_N2 反应，也生成仲醇产物。反应过程如下：

$$\underset{\diagdown O \diagup}{R\text{-}CH\!-\!CH_2} \xrightarrow{R'O^-} \underset{\diagdown O \diagup}{R\text{-}CH\!-\!CH_2\text{-}OR'} \longrightarrow \underset{O^-}{R\text{-}CH\text{-}CH_2OR'} \xrightarrow[-R'O^-]{+R'OH} \underset{OH}{R\text{-}CH\text{-}CH_2OR'}$$

例如，苯乙烯环氧化物在酸催化下与甲醇反应，主要得伯醇，而以甲醇钠催化，主要产物为仲醇。

$$Ph\text{-}\underset{\diagdown O \diagup}{\overset{H}{C}\!-\!CH_2} + CH_3OH \xrightarrow[\text{回流5h}]{H_2SO_4} \underset{(90\%)}{Ph\text{-}\overset{OCH_3}{C}HCH_2OH} + \underset{(10\%)}{Ph\text{-}\overset{OH}{C}HCH_2OCH_3}$$

$$\xrightarrow{CH_3ONa} \underset{(25\%)}{Ph\text{-}\overset{OCH_3}{C}HCH_2OH} + \underset{(75\%)}{Ph\text{-}\overset{OH}{C}HCH_2OCH_3}$$

6.4.2.2　环氧乙烷对氮原子的羟乙基化反应

反应的难易程度，取决于氮原子的碱性强弱。碱性愈强，其亲核能力愈强，反应愈容易进行。反之，则较难。环氧乙烷与氮原子的反应是工业上制备乙醇胺的重要方法。羟乙基化在氮原子上的取代数目与原料的摩尔配比有关，若氨过量较多，主要产物为乙醇胺，而且在产物的氧原子上一般不发生羟乙基化反应。这是由于氨过量存在时，氮原子比氧原子易于发生亲核取代反应。

例如：

$$\underset{\diagdown O \diagup}{H_2C\!-\!CH_2} + NH_3 \xrightarrow[150kPa]{30\sim40^\circ C} \underset{75\%}{NH_2CH_2CH_2OH} + NH(CH_2CH_2OH)_2 + N(CH_2CH_2OH)_3$$

氮原子上的羟乙基化反应在药物合成中应用较多，如抗寄生虫药、消炎药–甲硝唑的合成。

$$\text{2-甲基-5-硝基咪唑 } (H_3C, NO_2, NH) \xrightarrow[30\sim40^\circ C]{\text{环氧乙烷，甲酸}} \text{1-}(CH_2CH_2OH)\text{-2-}H_3C\text{-5-}NO_2\text{-咪唑} \quad 68.3\%$$

环氧乙烷与伯胺反应是制备烃基双–(β–羟乙基)胺的方法之一。在药物合成上常用以制备氮芥类抗癌药物的中间体。

例如：

$$\text{2,4-二羟基-5-嘧啶氧基-}C_6H_4\text{-}NH_2 \xrightarrow[5\sim6^{o}C,\ 0.5h]{\text{环氧乙烷}} \text{2,4-二羟基-5-嘧啶氧基-}C_6H_4\text{-}N(CH_2CH_2OH)_2$$

$$C_6H_5NH_2 \xrightarrow[<15^{o}C]{\text{环氧乙烷,HAc}} C_6H_5N(CH_2CH_2OH)_2 \xrightarrow[10\sim30^{o}C]{POCl_3,DMF} OHC\text{-}C_6H_4\text{-}N(CH_2CH_2OH)_2$$

6.4.2.3　环氧乙烷对碳原子的羟乙基化反应

芳香族化合物与环氧乙烷在无水三氯化铝存在下在芳核碳原子上能进行羟乙基化反应，合成芳醇类化合物。

$$C_6H_5\text{-}H \xrightarrow[6^{o}C]{\text{环氧乙烷}/AlCl_3} C_6H_5\text{-}CH_2CH_2OH \quad 60\%$$

活泼次甲基化合物与环氧乙烷在碱催化下，其碳原子能进行羟乙基化反应。许多具有酯基的活泼次甲基化合物与环氧乙烷及其衍生物反应，得到γ–羟基酯，该酯经分子内醇解关环而合成γ–内酯。例如丙二酸二乙酯在乙醇钠催化下与环氧乙烷反应，得到γ–内酯–α–羧酸乙酯

$$CH_2(COOC_2H_5)_2 \xrightarrow[EtOH]{\text{环氧乙烷}/EtONa} \underset{CH_2CH_2OH}{\overset{|}{CH(COOC_2H_5)_2}} \longrightarrow \text{α-COOEt-γ-丁内酯}$$

70%

6.4.3　烯烃类烃基化剂

烯烃类烃基化剂进行烃基化反应与前述的烃基化剂不同，它是通过双键的加成反应来实现的。烯烃结构中若无活性功能基存在，则烃基化反应较难，一般使用酸或碱催化并在较高的温度下进行。这类烃基化剂对羟基、氨基和活泼次甲基都能进行烃基化反应，主要用于醚

和胺等化合物的合成。

若烯烃的α位有羰基、氰基、羧基和酯基等吸电子取代基时，即为α，β不饱和的酮、腈、羧酸和酯类化合物，此时，烯键的活性增大，容易与具有活性氢原子的化合物进行加成，得到相应的烃基化产物。丙烯腈的烯键活性很高，加成后在分子结构中引进氰乙基，所以，该反应又称为氰乙基化反应。

6.4.3.1　羟基氧原子的氰乙基化反应

伯醇类和仲醇在碱催化下能与丙烯腈发生加成，生成氰乙基醚类，而叔醇类则难于发生反应。

$$ROH \underset{}{\overset{HO^-}{\rightleftharpoons}} RO^- \underset{}{\overset{CH_2=CHCN}{\rightleftharpoons}} ROCH_2\bar{C}H\text{-}CN \underset{-RO^-}{\overset{+ROH}{\rightleftharpoons}} ROCH_2CH_2CN$$

醇类的氰乙基化反应是可逆反应，以伯醇收率为最高，由于是平衡反应，所以在反应结束回收过量的醇之前，要用酸中和，否则易进行逆反应而降低收率。常用的碱性催化剂有醇钠、氢氧化钠(或钾)或季铵碱等。

酚烃基与丙烯腈进行加成反应比醇羟基难，在碱性催化剂(如金属钠、醇钠、氢氧化苯基三甲基铵等)存在下，在 120 ~ 140 ℃方能进行反应。

$$PhOH \xrightarrow{Na(1\%)} PhO^- \xrightarrow[140^oC,4\sim6h]{CH_2=CHCN} PhOCH_2\bar{C}H\text{-}CN \xrightarrow[-PhO^-]{+PhOH} PhOCH_2CH_2CN$$

在芳核上具有吸电子取代基的酚类衍生物，使得酚羟基氧原子的亲核能力降低，难于与丙烯腈进行亲核加成。例如对–硝基苯酚和水杨酸甲酯不能与丙烯腈反应。同样，6–溴–β–萘酚虽能反应，但收率仅 10%，而β–萘酚却可达 79%的收率。

$$\text{6-Br-2-萘酚(Br, OH)} \xrightarrow{CH_2=CHCN/BzlNMe_3OH} \text{Br-萘-}OCH_2CH_2CN \quad 10\%$$

$$\text{2-萘酚(OH)} \xrightarrow{CH_2=CHCN/BzlNMe_3OH} \text{萘-}OCH_2CH_2CN \quad 79\%$$

除丙烯腈外，其他的α，β–不饱和羰基衍生物，虽能与羟基进行加成，但活性较差，一般应采用相应的醇钠催化。

6.4.3.2　氮原子上的氰乙基化反应

氨与丙烯腈反应得到一、二、三氰乙基胺的混合物，三种产物的收率取决于反应物料配比和反应温度。例如：

$$\mathrm{EtNH_2} \xrightarrow[<30℃]{\mathrm{H_2C{=}CHCN}} \mathrm{EtNHCH_2CH_2CN} \qquad 90\%$$

$$\mathrm{EtNH_2} \xrightarrow[\triangle]{\mathrm{2H_2C{=}CHCN}} \mathrm{EtN(CH_2CH_2CN)_2} \qquad 60\%$$

仲胺与丙烯腈的加成反应随烃基的位阻大小不同，其加成难易和反应速率都有所不同，因而得到的产物及其收率也不同。

$$\mathrm{(n\text{-}Pr)_2NH} \xrightarrow{\mathrm{H_2C{=}CHCN}} \mathrm{(n\text{-}Pr)_2NCH_2CH_2CN} \qquad 90\%$$

$$\mathrm{(i\text{-}Pr)_2NH} \xrightarrow{\mathrm{H_2C{=}CHCN}} \mathrm{(i\text{-}Pr)_2NCH_2CH_2CN} \qquad 12\%$$

丙烯腈和脂肪仲胺进行加成反应，一般不用催化剂。但与一些芳胺或杂环胺加成时，则需用醇钠、氢氧化苄基三甲基铵等进行催化。

6.4.4　其他烃基化剂

6.4.4.1　重氮甲烷烃基化剂

重氮甲烷是很活泼的甲基化试剂，特别适用于在酚和羧酸羟基的氧原子上进行烃基化反应。一般使用乙醚、甲醇和氯仿等溶剂，反应过程是在室温或低于室温下进行，特别是反应过程中除放出氮气外，并无其他副产物生成。因此，简化了后处理，产品纯度好，收率高，是一种很适合实验室使用的甲基化试剂。其反应过程可能是羟基离解的质子首先转移到活泼次甲基上而形成重氮盐，经分解放出氮气而形成甲醚或甲酯。

$$\mathrm{CH_2{=}N^+{=}N^-} + \mathrm{HOR} \longrightarrow \mathrm{CH_3N^+{\equiv}N\cdot O^-R} \xrightarrow{-\mathrm{N_2}} \mathrm{CH_3OR}$$

式中，R＝Ar，RCO—。

由此可见，羧基的酸性愈强，则质子愈容易发生转移，反应也越易进行，因此，羧酸比酚类更易进行该反应。又如在多元酚中，由于酚羟基所处位置不同，各羟基酸性不同，使用一定量的重氮甲烷，可进行选择性甲基化反应。例如，3，4–二羟基苯甲酸与过量的重氮甲烷反应，生成二甲醚羧酸酯，但用定量的重氮甲烷时，因对位羟基的酸性较间位羟基强，所以在对位上能选择性地甲基化，生成一甲醚羧酸酯。

例如：

3,4-(OMe)₂-C₆H₃-COOMe ← 过量CH_2N_2 — 3,4-(OH)₂-C₆H₃-COOH — 2molCH_2N_2 → 4-OMe-3-OH-C₆H₃-COOMe

6.4.4.2　还原烃基化反应

醛或酮在还原剂存在下，与氨或伯胺、仲胺反应，使氮原子上引进烃基的反应称为还原烃基化反应。反应的主要特点是操作简便，不产生季铵碱副反应。使用的还原方法有催化氢化、金属钠和乙醇、钠汞齐和乙醇、锌粉、硼氢化物和甲酸等，其中以催化氢化和甲酸最常采用。

还原烃基化反应机理如下所示。

$$NH_3 \xrightleftharpoons{RCHO} RCH(OH)NH_2 \longrightarrow RCH{=}NH \xrightarrow{H_2} RCH_2NH_2$$

$$RCH{=}NH + RCH_2NH_2 \rightleftharpoons RCH(NH_2)NHCH_2R \xrightarrow{H_2} (RCH_2)_2NH + NH_3$$

$$(RCH_2)_2NH \xrightleftharpoons{RCHO} (RCH_2)_2NCH(OH)R \xrightarrow{H_2} (RCH_2)_3N + H_2O$$

$$RCH{=}NH + (RCH_2)_2NH \rightleftharpoons (RCH_2)_2NCH(OH)R \xrightarrow{H_2} (RCH_2)_3N + NH_3$$

若用甲酸及其铵盐作还原剂，又称 Leuckart 反应。其反应过程如下：

$$R^1NH_2 \underset{}{\overset{RCHO}{\rightleftharpoons}} RCH{=}NR^1 \xrightarrow{HCOOH} R^+CHNHR^1 \cdot HCOO^-$$

$$\xrightarrow[\triangle]{} RCH_2NHR^1 + CO_2$$

或 $R_2NH \xrightarrow{R_2CO} R_2C(OH)NR_2 \xrightarrow{HCOOH} R_2C(OH_2^+)NR_2 \cdot HCOO^-$

$$\xrightarrow[-H_2O]{} R_2C^+NR_2 \cdot HCOO^- \xrightarrow[\triangle]{} R_2CHNR_2 + CO_2$$

1)伯胺的制备

用低级的脂肪醛类(碳原子数为 4 或 4 以下)与氨在雷尼镍催化下进行还原烃基化，其烃基化产物为混合物。用含 4 个碳以上的脂肪醛类与氨在雷尼镍催化下加氢反应，其还原烃基化产物主要是伯胺类，而仲胺类很少。芳香醛和过量氨在雷尼镍催化下加氢反应，其还原烃基化产物主要是伯胺类。

$$NH_3 \xrightarrow{PhCHO/H_2/Raney\text{-}Ni/C} \underset{90\%}{BzlNH_2} + \underset{7\%}{(Bzl)_2NH}$$

脂肪酮类与氨在雷尼镍催化下氢化还原，其烃基化产物收率的高低，与酮类的立体位阻大小有关。

$$NH_3 \xrightarrow{(Me)(n\text{-}Pr)CO/H_2/Raney\text{-}Ni} (Me)(n\text{-}Pr)CHNH_2$$

$$NH_3 \xrightarrow{i\text{-}PrCOCH_3/H_2/Raney\text{-}Ni} (Me)(i\text{-}Pr)CHNH_2 \quad 65\%$$

$$NH_3 \xrightarrow{i\text{-}Pr_2CO/H_2/Raney\text{-}Ni} (i\text{-}Pr)_2CHNH_2 \quad 48\%$$

2)仲胺类的制备

脂肪醛酮与氨用 Raney 镍催化氢化还原后所得烃基化产物是一

混合物，仲胺收率低，增加醛类或酮类的用量，其收率也不高。当芳香醛与氨的摩尔比为 2∶1，以 Raney 镍催化加氢还原后，其烃基化产物的收率以仲胺为主。

$$2\ \text{(2-Me-C}_6\text{H}_4\text{CHO)} + NH_3 \xrightarrow{H_2/\text{Raney-Ni}} [\text{2-Me-C}_6\text{H}_4CH_2]_2NH\ (85\%) + \text{2-Me-C}_6\text{H}_4CH_2NH_2\ (4\%)$$

伯胺类与羰基化合物缩合生成 Schiff 碱，经 Raney 镍或铂催化氢化亦可得到仲胺，比较稳定的 Schiff 碱，可分离后再还原。该法得到仲胺的收率一般较高。

$$\text{1-C}_{10}\text{H}_7NH_2 \xrightarrow{CH_3CHO} \text{1-C}_{10}\text{H}_7N{=}CHCH_3 \xrightarrow{H_2/\text{Raney-Ni}} \text{1-C}_{10}\text{H}_7NHCH_2CH_3\quad 88\%$$

$$\text{2-HO-C}_6\text{H}_4NH_2 \xrightarrow{Et_2CHCHO} \text{2-HO-C}_6\text{H}_4N{=}CHCHEt_2 \xrightarrow{H_2/\text{Raney-Ni}} \text{2-HO-C}_6\text{H}_4NHCH_2CHEt_2\quad 91\%$$

3)叔胺的制备

由氨、伯胺和仲胺与羰基化合物经还原烃基化可得叔胺，反应的难易和收率主要取决于羰基和氨基化合物的位阻，由于甲醛的位阻最小，活性大，因此它对许多胺类(伯胺和仲胺)进行还原甲基化反应，反应较易，收率较好。

例如：

$$HOCH_2CH_2NH_2 \xrightarrow{CH_2O/H_2O/Ni/H_2} HOCH_2CH_2N(CH_3)_2\quad 85\%$$

$$H_2NCO\text{-}\langle\text{piperidin-4-yl}\rangle NH \xrightarrow[\text{室温，4h}]{CH_2O/CH_3OH/Ni/H_2} H_2NCO\text{-}\langle\text{piperidin-4-yl}\rangle N\text{-}CH_3\quad 88\%$$

如作用物结构中存在有可被催化氢化的基团，则宜采用甲酸或其他还原剂。

例如：

$$\text{3-甲基-2-环己烯-1-胺} \xrightarrow{CH_2O/H_2O/HCOOH} \text{3-甲基-2-环己烯-1-}N(CH_3)_2 \quad 81\%$$

除采用醛或酮类羰基化合物进行还原烃基化外，在金属氢化物的存在下，可用羧酸或酯为羰基化合物进行还原烃基化。例如，吲哚、喹啉或异喹啉等含氮杂环加入无水羧酸和硼氢化钠在室温反应，可直接制得 N–烃基化杂环衍生物，不必采用相应的四氢喹啉或异喹啉为起始原料。本法不但方法简单，而且收率高，反应过程可能是硼氢化钠还原这些碱性杂环的 N–羧酸盐。

$$\text{喹啉} \xrightarrow[50^{\circ}C,1h]{N_2/NaBH_4/HAc} \text{N-Et-四氢喹啉} \quad 65\%$$

$$\text{异喹啉} \xrightarrow[50^{\circ}C,1h]{NaBH_4/HAc} \text{N-Et-四氢异喹啉} \quad 79\%$$

以羧酸酯为羰基物，在四氢呋喃中，用氢化铝锂为还原剂与胺类进行还原烃基化，操作方便和条件温和，即使取代的烃基位阻较大，亦可得较好的收率。

例如：

$$C_6H_5N\langle\;\rangle NH + CH_3CH_2COOEt \xrightarrow{LiAlH_4/THF} C_6H_5N\langle\;\rangle NCH_2CH_2CH_3 \quad 61\%$$

练 习 题

一、解释下列名词并举例说明：

1. 烃基化反应　　2. 氨基化反应
3. 盖布瑞尔(Gabriel)反应　　4. 活性亚甲基
5. 羟乙基化反应　　6. 氰乙基化反应

7. 相转移烃基化反应　　　　　8. 还原烃基化反应

二、相转移催化反应的原理是什么？相转移催化烃基化反应比一般的烃基化反应有什么优点？

三、有机镁和有机锂化合物是怎样制备的？它们在制备和使用时应注意什么？举例说明它们在碳—烃基化反应中的应用。

四、完成下列反应或写出主要产物：

1. (　　　) + (　　　) $\xrightarrow{(\quad)}$ $CH_3CH_2OC(CH_3)_3$

2. $H_3C-C_6H_4-CH_3$ + (　　　) ⟶ $H_3C-C_6H_3(CH_3)-COCH(CH_3)_2$

3. 2-羟基苯甲酸（COOH, OH） $\xrightarrow{CH_3I\ /\ NaOH}$

4. 4-羟基苯甲醇（CH_2OH, OH） $\xrightarrow{(CH_3)_2SO_4\ /\ NaOH}$

5. $CH_2(CO_2CH_2CH_3)_2$ + $H_3C-C_6H_4-SO_2CH_2CH_2OC_6H_5$ $\xrightarrow{CH_3CH_2ONa}$

6. $H_2N-\overset{O}{\overset{\|}{C}}-$（哌啶-4-基，NH） $\xrightarrow{HCHO,\ CH_3OH,\ H_2,\ Ni}$

7. $C_6H_5-\overset{H}{C}-CH_2$（环氧，O） + CH_3OH —— $\xrightarrow[\text{回流 5h}]{H_2SO_4}$ ；$\xrightarrow[\text{回流 5h}]{CH_3ONa}$

五、按指定的原料合成：

1. 由甲苯、环氧乙烷、二乙胺和适当的试剂和条件合成：

p-$NH_2C_6H_4CO_2CH_2CH_2N(C_2H_5)_2 \cdot HCl$

2. 以乙苯为原料，在适当的试剂和条件下合成：

p-$NO_2C_6H_4CO_2CH_2NH_2 \cdot HCl$

第 7 章　缩合反应

7.1　概　述

7.1.1　缩合反应的概念

凡两个或两个以上有机化合物分子之间反应形成一个新键，同时放出简单分子；或两个有机化合物分子通过加成反应而形成较大分子的反应均称为缩合反应(Condensation Reacion)。放出的简单分子可以是水、醇、氨、卤化氢等。

就键的形成而言，缩合反应包括碳—碳键和碳—杂键的形成反应。从反应类型来看，与烃化、酰化和环合等反应的界限难以区别。

本章涉及的内容仅限于碳—碳键的形成反应。按作用物的结构类型分为醛、酮化合物之间的缩合，醛、酮与羧酸及其衍生物之间的缩合，酯缩合以及其他类型的缩合。

7.1.2　缩合反应的催化剂

缩合反应一般需催化，醛、酮本身的反应活性强，一般可在氢氧化钠(钾)等碱性催化剂作用下，在水溶液中就可发生缩合。醛、酮与活性较大的羧酸或其衍生物反应时，可用弱碱催化；而与活性较小的羧酸衍生物缩合，一般需用醇钠等强碱在无水条件下反应。酯缩合反应中，因酯的活性不如醛、酮，同时又易水解，也需要用强碱催化，在无水条件下进行。总之，缩合反应多用碱性催化剂；有些反应(如曼尼希反应)也用酸性催化剂。

7.2　醛、酮之间的缩合

醛或酮在一定条件下可以发生缩合反应。缩合反应分两种情况：一种是相同的醛或酮分子间的缩合，称为自身缩合；另一种是不同的醛或酮分子间的缩合，称为交错缩合。

7.2.1 自身缩合

7.2.1.1 含活泼氢的醛或酮的自身缩合

含活泼氢的醛或酮在酸或碱的催化下反应生成 β–羟基醛或酮，或经脱水生成 α，β–不饱和醛或酮的反应，称为羟醛缩合反应(A1do1 Condensation)，其通式如下：

$$2\,RCH_2COR' \xrightleftharpoons{HA\ or\ B^-} RCH_2\text{-}\underset{R'}{\overset{OH}{C}}\text{-}\underset{R}{C}HCOR' \xrightarrow{-H_2O} RCH_2\text{-}\underset{R'}{C}=\underset{R}{C}COR'$$

R'= R, H

1)反应机理

羟醛缩合反应可被酸或碱催化，其中应用碱催化较多。碱的作用是夺取活泼氢形成碳负离子，提高试剂的亲核活性，以利于和另一分子醛或酮的羰基进行加成，得到的加成物在碱的存在下可进行脱水反应，生成α，β–不饱和醛或酮类化合物。

$$RCH_2COR' + B^- \rightleftharpoons RCH^-COR' + HB$$

$$RCH_2\overset{O}{\overset{\|}{C}}R' + RCH^-COR' \longrightarrow RCH_2\underset{R'}{\overset{O^-}{C}}\text{---}\underset{R}{C}HCOR' \xrightarrow{HB} RCH_2\underset{R'}{\overset{OH}{C}}\text{---}\underset{R}{C}HCOR' + B^-$$

$$RCH_2\underset{R'}{\overset{OH}{C}}\text{---}\underset{R}{C}HCOR' + B^- \rightleftharpoons RCH_2\underset{R'}{\overset{OH}{C}}\text{---}\underset{R}{C^-}COR' + HB$$

$$RCH_2\underset{R'}{\overset{OH}{C}}\text{---}\underset{R}{C^-}COR' + HB \rightleftharpoons RCH_2\underset{R'}{C}=\underset{R}{C}COR' + H_2O + B^-$$

在羟醛缩合中，转变成碳负离子的醛或酮称为亚甲基组分；提供羰基的称为羰基组分。

在酸催化下的羟醛缩合反应首先羰基的质子化生成鉾盐，一方面提高了羰基碳原子的亲电活性；另一方面，鉾盐进一步转化成烯醇结构，也增加了羰基化合物的亲核活性，从而使反应易于进行。

$$RCH_2\overset{O}{\overset{\|}{C}}R' + HA \underset{}{\overset{-A^-}{\rightleftharpoons}} RCH_2\overset{O^+H}{\overset{\|}{C}}R' \longleftrightarrow RCH_2\overset{OH}{\overset{|}{C^+}}R'$$

$$RCH_2\overset{O}{\overset{\|}{C}}R' + HA \overset{-A^-}{\rightleftharpoons} RCH_2\overset{O^+H}{\overset{\|}{C}}R' \underset{-HA}{\overset{+A^-}{\rightleftharpoons}} RCH{=}\overset{OH}{\overset{|}{C}}R'$$

$$RCH_2\overset{OH}{\overset{|}{C^+}}R' + RCH{=}\overset{OH}{\overset{|}{C}}R' \longrightarrow RCH_2\underset{R'}{\underset{|}{\overset{OH}{\overset{|}{C}}}}{-}{-}{-}\underset{R}{\underset{|}{C}}H\overset{O^+H}{\overset{\|}{C}}R' \overset{-H^+}{\rightleftharpoons} RCH_2\underset{R'}{\underset{|}{\overset{OH}{\overset{|}{C}}}}{-}{-}{-}\underset{R}{\underset{|}{C}}H\overset{O}{\overset{\|}{C}}R'$$

$$RCH_2\underset{R'}{\underset{|}{\overset{OH}{\overset{|}{C}}}}{-}{-}{-}\underset{R}{\underset{|}{C}}H\overset{O}{\overset{\|}{C}}R' \overset{+H^+}{\rightleftharpoons} RCH_2\underset{R'}{\underset{|}{\overset{O^+H_2}{\overset{|}{C}}}}{-}{-}{-}\underset{R}{\underset{|}{C}}H\overset{O}{\overset{\|}{C}}R' \overset{+A^-}{\longrightarrow} RCH_2\underset{R'}{\underset{|}{C}}{=}\underset{R}{\underset{|}{C}}COR' + H_2O + HA$$

由此可见，酸或碱催化下的羟醛缩合反应在加成阶段都是可逆的，反应包括一系列的平衡过程，欲获得高收率的某些较稳定的加成产物，需设法打破平衡。

2)主要影响因素

(1)催化剂：

催化剂对羟醛缩合反应影响较大，使用的碱催化剂可以是弱碱，如 Na_3PO_4、NaAc、K_2CO_3、Na_2CO_3、$KHCO_3$ 等，也可以是强碱，如 NaOH、KOH、EtONa、$A1(t\text{-}BuO)_3$ 等，以至碱性更强的 NaH 和 $NaNH_2$ 等。NaH 等强碱一般用于活性差、位阻大的反应物之间的缩合，如酮—酮缩合，并在非质子溶剂中进行；羟醛缩合反应常用的酸催化剂有盐酸、硫酸、对甲苯磺酸、阳离子交换树脂、路易斯酸如三氟化硼等，但不如碱催化剂应用广泛。

(2)反应物醛或酮的结构：

含一个 α–活泼氢的醛的自身缩合，得到单一的 β–羟醛加成产物。含两个或三个活泼氢的醛自身缩合时，若在稀碱溶液和较低温度下反应，可得到 β–羟基醛；温度较高或用酸催化反应时，均得 α，β–不饱和醛。在多数情况下，加成和脱水反应同时进行，由于加成产物不稳定且难以分离，最终得到的是其脱水产物 α，β–不饱和醛。

例如：

$$2\,(CH_3)_2CHCHO \xrightarrow{KOH} (CH_3)_2CH\underset{\displaystyle OH}{CH}\text{---}\underset{CH_3}{\overset{CH_3}{C}}CHO \quad 85\%$$

$$2CH_2CH_2CHO \xrightarrow[25\,℃]{NaOH} CH_3CH_2\overset{OH}{CH}\underset{CH_3}{CH}CHO \quad 75\%$$

$$2CH_2CH_2CHO \xrightarrow[\text{or } H_2SO_4]{NaOH,\ 80\,℃,\ 1h} CH_3CH_2CH{=}\underset{CH_3}{C}CH_2OH \quad 65\%\sim85\%$$

含 α–活泼氢的脂肪酮自身缩合速度比醛慢。这是由于酮碳基的活性比醛低，其加成产物更加拥挤，稳定性差。要设法打破平衡或用碱性较强的催化剂(如醇钠)，才可以提高 β–羟基酮或其脱水产物的收率。如丙酮的缩合反应就是在装有不溶性催化剂氢氧化钡的索氏提取器套筒内进行的。加热使提取器下方烧瓶中的丙酮成为蒸气，并在提取器内重新冷凝成液体与氢氧化钡接触而发生缩合，含有少量产物的反应液经虹吸管流入下方的烧瓶。由于丙酮的沸点比产物低，蒸出的几乎为纯丙酮，这样在继续加热回流时，每次都保证用新鲜的纯丙酮反应，生成的 4–羟基–4–甲基–2–戊酮，收率可达 71%。加碘(也是一种路易斯酸)或磷酸蒸馏，可得其脱水产物。而环己酮的缩合反应需叔丁醇铝催化。

$$2\,CH_3COCH_3 \xrightarrow{Ba(OH)_2} CH_3\underset{CH_3}{\overset{OH}{C}}\text{–}CH_2COCH_3 \xrightarrow[\text{蒸馏}]{I_2 \text{ or } H_3PO_4} CH_3\underset{CH_3}{C}{=}CHCOCH_3$$

$$2\ \text{环己酮} \xrightarrow{Al(t\text{-}BuO)_3} \text{2-(1-羟基环己基)环己酮} \xrightarrow{-H_2O} \text{2-亚环己基环己酮} \quad 50\%$$

不对称酮的自身缩合，不论是酸催化还是碱催化，总是取代基较少(位阻小)的 α–碳进攻羰基，加成产物进一步消除一分子水，生成 α，β–不饱和酮。

例如：

$$2\ (CH_3)_2CHCOCH_3 \xrightarrow{Al(t\text{-}BuO)_3} (CH_3)_2CH\underset{CH_3}{\overset{OH}{C}}CH_2COCH(CH_3)_2$$

$$\longrightarrow (CH_3)_2CH\underset{CH_3}{C}{=}CHCOCH(CH_3)_2$$

$$2\ PhCOCH_3 \xrightarrow{EtONa} Ph\underset{CH_3}{C}{=}CHCOPh$$

7.2.1.2 芳醛的自身缩合

芳醛不含 α–活泼氢，不能像含 α–活泼氢的醛、酮那样在酸或碱催化下缩合。但是，芳醛在含水乙醇中，以氰化钠或氰化钾为催化剂，加热后可以发生自身缩合生成 α–羟酮。该反应称为安息香缩合反应。

$$2\ ArCHO \xrightarrow{NaCN\ or\ KCN} Ar\text{--}\overset{O}{\overset{\|}{C}}\text{--}\overset{OH}{CH}\text{-}Ar$$

1)反应机理

首先是氰根离子对羰基进行亲核加成，形成氰醇负离子，由于氰基不仅是良好的亲核试剂和易于脱离的基团，而且具有很强的吸电子能力。所以，连有氰基的碳原子上的氢酸性很强，在碱性介质中立即形成氰醇碳负离子，它被氰基和芳基组成的共轭体系所稳定。其次是氰醇碳负离子向另一分子的芳醛进行亲核加成，加成产物经质子迁移后再脱去氰基，生成 α–羟基酮即安息香。

$$Ar\text{--}\overset{O}{\overset{\|}{C}}\text{–}H + CN^- \rightleftharpoons Ar\text{--}\underset{CN}{\overset{O^-}{C}}\text{--}H \rightleftharpoons Ar\text{--}\underset{CN}{\overset{OH}{C^-}}$$

$$Ar\text{--}\underset{CN}{\overset{OH}{C^-}} + Ar\text{--}\overset{O}{\overset{\|}{C}}\text{--}H \longrightarrow Ar\text{--}\underset{CN}{\overset{OH}{C}}\text{--}\overset{O^-}{CH}\text{--}Ar \rightleftharpoons$$

$$Ar\text{--}\underset{CN}{\overset{O^-}{C}}\text{--}\overset{OH}{CH}\text{--}Ar \longrightarrow Ar\text{--}\overset{O}{\overset{\|}{C}}\text{--}\overset{OH}{CH}\text{--}Ar$$

该反应为氰醇碳负离子向另一分子芳醛进行亲核加成反应一步。

2)主要影响因素

(1)催化剂。本反应所用的催化剂除碱金属氰化物以外，镁、汞、钡的氰化物也可使用。近年来采用维生素 B_1 代替剧毒的氰化物，在碱性条件下对该反应进行催化，催化剂易得且操作安全，收率高。应用相转移催化剂进行安息香缩合，反应时间短，收率非常好。

(2)作用物的结构。苯甲醛能发生安息香缩合，产物为抗癫痫药苯妥英和抗胆碱药那秦的中间体，其他不含 α–活泼氢的醛也可以发生类似的缩合反应。

例如：

$$2\,PhCHO \xrightarrow[\text{回流1.5h}]{NaCN/EtOH} Ph\text{--}\overset{O}{\overset{\|}{C}}\text{--}\overset{OH}{\overset{|}{C}}H\text{-}Ph$$

$$2\,CH_3\text{--}\overset{O}{\overset{\|}{C}}\text{--}\overset{O}{\overset{\|}{C}}H \xrightarrow{VB_1/HO^-} CH_3\text{--}\overset{O}{\overset{\|}{C}}\text{--}\overset{OH}{\overset{|}{C}}H\text{--}\overset{O}{\overset{\|}{C}}\text{--}\overset{O}{\overset{\|}{C}}\text{--}CH_3$$

$$2\,(C_4H_3O)\text{-}CHO \xrightarrow{VB_1/HO^-} (C_4H_3O)\text{-}\underset{OH}{\underset{|}{C}H}\text{--}\underset{O}{\underset{\|}{C}}\text{--}(C_4H_3O)$$

7.2.2 交叉缩合

7.2.2.1 含有活泼氢醛酮的交叉缩合

含 α–氢的醛、酮交错缩合的机理与自身缩合类似，当两个不同的含 α–氢的醛之间缩合时，若活性差异较小，除生成两种交错缩合产物外，还能生成两种自身缩合产物，产物复杂，无实用价值；若活性差别较大，可以得到一种主要产物。如乙醛和丙醛在碱催化下的缩合，乙醛作为羰基组分，α–碳上含较多取代基的丙醛作为亚甲基组分，产物以 2–甲基–2–丁烯醛为主。

$$CH_3CHO + CH_3CH_2CHO \xrightarrow{KOH} CH_3\overset{OH}{\overset{|}{C}H}\underset{CH_3}{\underset{|}{C}H}CHO \xrightarrow{-H_2O} CH_3CH{=}\underset{CH_3}{\underset{|}{C}}CHO \quad 53\%$$

含 α–氢的醛与含 α–氢的酮在碱性条件下缩合时，醛作为羰基组分，酮作为亚甲基组分，产物主要为 β–羟基酮或其脱水产物。如异戊醛与丙酮缩合，采用将醛慢滴到含有催化剂的酮中的加料方式，则可以使醛的自身缩合减少到最低限度。

酮为不对称甲基酮时，无论酸催化还是碱催化，主要得到 3–位缩合产物。

$$(CH_3)_2CHCH_2CHO + CH_3COCH_3 \xrightarrow{KOH} (CH_3)_2CHCH_2\overset{OH}{\overset{|}{C}}HCH_2COCH_3$$

$$\xrightarrow{-H_2O} (CH_3)_2CHCH_2CH{=}CHCOCH_3 \quad 60\%$$

$$CH_3(CH_2)_4CHO + CH_3CH_2COCH_3 \xrightarrow{\text{酸或碱}} CH_3(CH_2)_4CH{=}\underset{CH_3}{\underset{|}{C}}COCH_3$$

二元醛酮分子内可进行羟醛缩合反应，形成环状的 α，β–不饱和醛或酮。成环的难易为：六元环＞五元环＞七元环>四元环。

$$CH_3CO(CH_2)_4CHO \xrightarrow[-H_2O]{KOH} \text{(1-乙酰基环戊烯)}\ COCH_3 \quad 73\%$$

$$OHC(CH_2)_4CHO \xrightarrow[-H_2O]{KOH} \text{(环戊烯-1-甲醛)}\ CHO \quad 60\%$$

$$\text{2-(3-氧代丁基)环己酮} \xrightarrow[-H_2O]{TsOH} \text{八氢萘-2-酮（烯酮）} \quad 90\%$$

7.2.2.2　甲醛与含 α–活泼氢的醛、酮的缩合

甲醛本身无 α–活泼氢，不能发生自身羟醛缩合，但它可以作为羰基组分与含 α–活泼氢的醛、酮缩合，生成羟甲基化或其脱水产物。

在 NaOH、$Ca(OH)_2$、K_2CO_3 等碱的催化下，在醛、酮 α–碳上引入羟甲基的反应，称为羟甲基化反应。

例如：

$$CH_2O + (CH_3)_2CHCHO \xrightarrow[14\sim20^\circ C]{K_2CO_3} (CH_3)_2C(CH_2OH)CHO \quad 50\%$$

$$\text{2,3-二氯-4-丁酰基苯氧乙酸}\ (\text{苯环上 } OCH_2COOH,\ Cl,\ Cl,\ COCH_2CH_2CH_3) + CH_2O \xrightarrow[(2)\ HCl/H_2O]{(1)\ K_2CO_3} \text{苯环上 } OCH_2COOH,\ Cl,\ Cl,\ COC(=CH_2)CH_2CH_3 \quad 55\%$$

若碱的浓度过大，会发生康尼查罗副反应。有时可以利用这一点，使缩合反应与康尼查罗反应相继发生，缩短反应步骤，这是制备多羟基化合物的有效方法。如季戊四醇的合成：

$$3\,CH_2O + CH_3CHO \xrightarrow[15\sim16^\circ C]{25\%Ca(OH)_2} (HOCH_2)_3CCHO \xrightarrow[55\sim60^\circ C]{CH_2O,Ca(OH)_2} C(CH_2OH)_4 \quad 57\%$$

7.2.2.3　芳醛与具 α–氢的醛、酮缩合

芳醛不含 α–氢，在碱性条件下不能发生自身缩合。但它可以作为羰基组分与含 α–氢的醛、酮(亚甲基组分)反应，主要生成交叉缩合产物。

芳醛与含 α–氢的醛或酮在少量氢氧化钠等碱性催化剂存在下进行羟醛缩合，失去一分子水，最后生成 α，β–不饱和醛或酮。该反应又称克莱森—施米特(Claisen-Schmidt)缩合反应。芳醛与含 α–氢的脂肪醛易发生缩合。如苯甲醛与乙醛反应，先生成不稳定的 β–羟基苯丙醛，然后立即脱水，生成稳定的苯丙烯醛。乙醛虽在此反应条件下可以发生自身缩合副反应，但速度很慢。

$$PhCHO + CH_3CHO \xrightarrow{NaOH} \left[PhCH(OH)CH_2CHO \xrightarrow{-H_2O} \right] PhCH{=}CHCHO$$

$$CH_3CHO \xrightarrow{NaOH} CH_3CH(OH)CH_2CHO$$

芳醛与含 α–氢的对称酮反应，若采用过量的酮，主要得单缩合产物；芳醛过量时，主要得到双缩合产物。

例如：

$$PhCHO + CH_3COCH_3(过量) \xrightarrow[25\sim31^{\circ}C]{10\%NaOH} PhCH{=}CHCOCH_3 \quad 78\%$$

$$PhCHO(过量) + CH_3COCH_3 \xrightarrow[20\sim25^{\circ}C]{NaOH/EtOH} PhCH{=}CHCOCH{=}CHPh \quad 94\%$$

芳醛与不对称的酮缩合时，若酮仅一个 α–碳原子上有氢原子，酸或碱催化，产品都比较单纯；若两个 α–碳原子上均有氢，酸或碱催化其缩合产物不同。如苯甲醛与甲基脂肪酮的缩合，一般碱催化得 1 位缩合产物；酸催化得 3 位缩合产物。

例如：

$$p\text{--}NO_2ArCHO + CH_3COPh \xrightarrow{NaOH/EtOH} p\text{--}NO_2ArCH{=}CHCOPh \quad 99\%$$

$$PhCHO + CH_3CH_2CH_2COCH_3 \xrightarrow{NaOH/EtOH} PhCH{=}CHCOCH_2CH_2CH_3 \quad 100\%$$

$$PhCHO + CH_3CH_2CH_2COCH_3 \xrightarrow{HCl\ (c)} PhCH{=}C(CH_2CH_3)COCH_3 \quad 90\%$$

芳醛与脂环酮缩合时，催化剂不同，产物不同。如苯甲醛与过量的 2–甲基环己酮的缩合，碱催化得正常的苄叉产物；酸催化得双键位于脂环内的产物。

例如：

PhCHO + 2-甲基环己酮 —NaOH/EtOH→ PhHC= (2-亚苄基-6-甲基环己酮) 63%

PhCHO + 2-甲基环己酮 —HCl (c)→ PhH_2C–(环内双键)–CH_3 环己烯酮 70%

此外，芳二醛和不含 α–氢的芳酮以及杂环芳醛也可作为羰基组分，在一定条件下与亚甲基组分缩合。

例如：

$$PhCOCOPh + PhCH_2COCH_2Ph \xrightarrow{EtONa/EtOH} \text{(Ph)}_4\text{-环戊二烯酮} \quad 95\%$$

$$C_6H_4(CHO)_2 + CH_3CH_2COCH_2CH_3 \xrightarrow{EtONa} \text{二甲基苯并环庚三烯酮}(CH_3, =O, CH_3) \quad 60\%$$

$$\text{(呋喃基)}CHO + CH_3CHO \xrightarrow{EtONa} \text{(呋喃基)}CH{=}CHCHO \quad 69\%$$

7.3 醛、酮与羧酸及其衍生物之间的缩合

7.3.1 克脑文格(Knoevenagel)缩合

醛或酮与含有活性亚甲基的化合物在氨、胺或它们的羧酸盐催化下，发生类似羟醛缩合反应，脱水而形成α，β–不饱和化合物的反应称为克脑文格缩合。

$$\begin{matrix}R\\R\end{matrix}\!\!>C{=}O + H_2C\!<\!\!\begin{matrix}X\\Y\end{matrix} \longrightarrow \begin{matrix}R\\R\end{matrix}\!\!>C{=}C\!<\!\!\begin{matrix}X\\Y\end{matrix} + H_2O$$

式中，R为H、烃基；X，Y为硝基、氰基、酯基、酮基等。

7.3.1.1 反应机理

本反应的机理解释较多，主要有以下两种。

1)类似羟醛缩合反应机理

具有活泼亚甲基的化合物在碱性催化剂(B)存在下，首先形成碳负离子，然后向醛、酮羰基进行亲核加成，加成物消除水分子，形成不饱和化合物。

$$H_2C(X)(Y) + B \rightleftharpoons {}^{-}HC(X)(Y) + BH^+$$

$$R_2C{=}O + {}^{-}HC(X)(Y) \longrightarrow R_2C(O^-)-HC(X)(Y) \xrightarrow{+BH^+} R_2C(OH)-HC(X)(Y)$$

$$R_2C(OH)-HC(X)(Y) + B \underset{}{\overset{-BH^+}{\rightleftharpoons}} R_2C(OH)-C^{-}(X)(Y) \xrightarrow{-HO^-} R_2C{=}C(X)(Y)$$

2)亚胺过渡态机理

在铵盐、伯胺、仲胺催化下，醛或酮形成亚胺过渡态后，再与活泼亚甲基的碳负离子加成，加成物在酸的作用下消除氨分子，得不饱和化合物。

$$H_2C(X)(Y) \rightleftharpoons {}^{-}HC(X)(Y) + H^+$$

$$R_2C{=}O + NH_4^+ \rightleftharpoons R_2C(OH)(NH_3^+) \xrightarrow{-H_2O} R_2C{=}NH_2^+$$

$$R_2C{=}NH_2^+ + {}^{-}HC(X)(Y) \longrightarrow R_2C(NH_2)-HC(X)(Y) \xrightarrow{+NH_4^+}$$

$$R_2C(NH_3^+)-HC(X)(Y) \xrightarrow{-NH_4^+} R_2C{=}C(X)(Y)$$

7.3.1.2 主要影响因素

1)活性亚甲基组分

克脑文格缩合中，含活性亚甲基的化合物一般有两个吸电子基，以保证能形成稳定的碳负离子亲核试剂。常见的活性亚甲基化合物有：丙二酸及其酯类、乙酰乙酸及其酯类、氰乙酰胺类、丙二腈、丙二酰胺类、苄酮类、脂肪硝基化合物等。

2)催化剂

本反应常用的催化剂有氨–乙醇、丁胺、醋酸铵、吡啶、哌啶、甘氨酸、β–氨基丙酸、碱性阴离子交换树脂、氢氧化钠、碳酸钠等。活性较大的反应物也可以不用催化剂。

3)溶剂

该反应常用苯、甲苯等有机溶剂共沸脱水，促使反应进行完全；同时，又可以防止含活性亚甲基的酯类等化合物的水解。当用吡啶作溶剂和催化剂(有时加入少量哌啶)缩合时，往往会发生脱羧反应，生成α，β–不饱和酸或其衍生物。

例如：

$$HO-C_6H_4-CHO + CH_2(COOC_2H_5)_2 \xrightarrow{\text{哌啶}} HO-C_6H_4-CH{=}CHCOOC_2H_5$$

4)羰基组分的结构

芳醛和脂肪醛均可顺利进行反应，其中芳醛的反应效果较好。

例如：

$$PhCHO + CH_2(COOC_2H_5)_2 \xrightarrow{\text{哌啶，苯甲酸}} PhCH{=}C(COOC_2H_5)_2 \quad 91\%$$

$$\text{(2-呋喃基)}-CHO + CNCH_2COOH \xrightarrow{Py,\ NH_4Ac} \text{(2-呋喃基)}-CH{=}\ C(COOH)CN$$

位阻较小的酮(如丙酮、甲乙酮、脂环酮等)与活性较高的亚甲基化合物(如丙二腈、氰乙酸、脂肪硝基化合物等)可顺利进行克脑文格缩合，收率也较高，但与丙二酸酯、β–酮酸酯以及 β–二酮的缩合收率不高。位阻大的酮反应较困难，收率也较低。

$$CH_3COCH_3 + CH_2(CN)_2 \xrightarrow[\text{苯回流带水}]{NH_2CH_2CH_2COOH} (CH_3)_2C{=}C(CN)_2 \quad 92\%$$

$$\text{环己酮}{=}O + CNCH_2COOH \xrightarrow[\text{苯回流带水}]{NH_4Ac} \text{环己叉}{=}C(CN)(COOH) \quad 76\%$$

$$PhCOCH_3 + CNCH_2COOC_2H_5 \xrightarrow[\text{苯回流带水}]{NH_4Ac,HAc} PhC(CH_3){=}C(CN)COOC_2H_5 \quad 58\%$$

$$(CH_3)_3CCOCH_3 + CH_2(CN)_2 \xrightarrow[\text{苯回流带水}]{NH_2CH_2CH_2COOH} (CH_3)_3CC(CH_3){=}\ C(CN)_2 \quad 48\%$$

7.3.1.3 应用

克脑文格缩合反应在有机合成中应用甚多，主要用于制备α，β–不饱和羧酸及其衍生物、α，β–不饱和腈和硝基化合物等，其构型一般为E型。

例如：

$$(C_2H_5)(H_3C)C{=}O + NC{-}CH_2{-}COOC_2H_5 \xrightarrow{NH_4Ac,\ HAc} (C_2H_5)(H_3C)C{=}C(CN)(COOC_2H_5)$$

$$CH_3CH{=}CHCHO + CH_2(COOH)_2 \xrightarrow{Py} CH_3CH{=}CHCH{=}CHCOOH$$

$$m\text{-}NO_2C_6H_4CHO + CH_3CH_2COOCH_2CH_2OCH_3 \xrightarrow[HAc]{Py} m\text{-}NO_2C_6H_4CH{=}C(CH_3)COOCH_2CH_2OCH_3$$

$$3\text{-}CH_3O\text{-}4\text{-}HO\text{-}C_6H_3CHO + CH_3NO_2 \xrightarrow{HCOONH_2CH_3} 3\text{-}CH_3O\text{-}4\text{-}HO\text{-}C_6H_3CH{=}CHNO_2$$

此外，在醇钠等强碱性催化剂作用下，芳醛与含有一个吸电子基的羧酸衍生物也可发生类似的克脑文格缩合反应。

$$C_6H_5CHO + CH_3COOC_2H_5 \xrightarrow{NaOEt} C_6H_5CH{=}CHCOOC_2H_5$$

$$3,4,5\text{-}(CH_3O)_3C_6H_2CHO + NC{-}CH_2{-}CH_2OCH_3 \xrightarrow{NaOCH_3\text{-}HOCH_3} 3,4,5\text{-}(CH_3O)_3C_6H_2CH{=}C(CN)CH_2OCH_3$$

7.3.2 柏琴(Perkin)反应

芳香醛和脂肪酸酐在相应的脂肪酸碱金属盐的催化下缩合，生成β–芳基丙烯酸类化合物的反应称为柏琴反应。

$$ArCHO + (RCH_2CO)_2O \xrightarrow{RCH_2COOK(Na)} ArCH{=}\underset{\displaystyle R}{\underset{|}{C}}COOH + RCH_2COOH$$

7.3.2.1　反应机理

柏琴反应的实质是醛与酸酐的亚甲基进行的类似羟醛缩合反应。

$$(CH_3CO)_2O + CH_3COO^- \underset{}{\overset{-CH_3COOH}{\rightleftharpoons}} \left[{}^-H_2C{-}CO{-}O{-}COCH_3 \longleftrightarrow H_2C{=}C(O^-){-}O{-}COCH_3 \right] \xrightarrow{ArCHO}$$

$$ArCH(O^-){-}H_2C{-}CO{-}O{-}COCH_3 \longrightarrow ArCH(OCOCH_3)CH_2COO^- \xrightarrow[-CH_3COOH]{(CH_3CO)_2O} ArCH(OCOCH_3)CH_2COOCOCH_3 \xrightarrow[-CH_3COOH]{CH_3COO^-}$$

$$ArCH(OCOCH_3)CH^-COOCOCH_3 \xrightarrow{-CH_3COO^-} ArCH{=}CHCOOCOCH_3 \xrightarrow[-CH_3COOH]{H_2O} ArCH{=}CHCOOH$$

7.3.2.2　主要影响因素

1)催化剂

柏琴反应所用的催化剂为相应酸酐的羧酸钾盐或钠盐，无水羧酸钾盐的效果比钠盐好，反应速率快，收率较高。

2)温度

柏琴反应的温度一般要求较高(150～200℃)，这是由于羧酸酐是活性较弱的亚甲基化合物，而催化剂羧酸盐的碱性又较弱的缘故。反应中如温度过高，将会发生脱羧消除而生成烯烃副产物。

$$ArCH{=}CHCOOH \xrightarrow{-CO_2} ArCH{=}CH_2$$

3)芳醛的结构

柏琴反应的收率与芳香醛上的取代基的性质有关，环上带有吸电子基团时，则反应易于进行，收率较高。反之，苯环上有供电子基团时，则反应较难，收率较低，甚至不能发生反应。

$$\text{R-C}_6\text{H}_4\text{-CHO} + \text{Ac}_2\text{O} \xrightarrow[180^\circ\text{C, 8h}]{\text{AcONa}} \text{R-C}_6\text{H}_4\text{-CH=CHCOOH}$$

R =	H,	2-Me,	4-Me,	2-OCH$_3$,	4-OCH$_3$,	4-OH,	4-N(CH$_3$)$_2$,	4-Cl,	4-NO$_2$
收率（%）	45~50,	18,	33,	35,	36,	62,	0 ,	52,	82

另外，柏琴反应需在无水条件下进行。如苯甲醛与酸酐反应时，苯甲醛需重新蒸馏，醋酸盐要焙烧并研细再用。

7.3.2.3 应用

柏琴反应常用于制备 β–芳基丙烯酸类化合物。例如：

$$\text{3-NO}_2\text{C}_6\text{H}_4\text{CHO} + (\text{CH}_3\text{CH}_2\text{CH}_2\text{CO})_2\text{O} \xrightarrow[\text{135\textasciitilde140°C, 7h; (2) H}_3\text{O}^+]{\text{(1) n-C}_3\text{H}_7\text{COONa}} \text{3-NO}_2\text{C}_6\text{H}_4\text{CH=C(CH}_2\text{CH}_3\text{)COOH} \quad 75\%$$

$$\text{(3,4-亚甲二氧基苯基)CHO} \xrightarrow[\text{140°C, 12h}]{\text{Ac}_2\text{O, KOAc}} \text{(3,4-亚甲二氧基苯基)CH=CHCOOH} \quad 48\%$$

$$\text{(2-呋喃基)CHO} + (\text{CH}_3\text{CO})_2\text{O} \xrightarrow[\text{(2) H}_3\text{O}^+]{\text{(1) KOAc, 140°C}} \text{(2-呋喃基)CH=CHCOOH} \quad 76\%$$

7.3.3 达参(Darzens)反应

醛或酮与 α–卤代酸酯在碱催化下缩合，生成 α ，β–环氧酸酯的反应称为缩水甘油酸酯缩合反应，又称达参(Darzens)反应。其通式如下：

$$\text{R}^1\text{R}^2\text{C=O} + \text{R}^3\text{CH(X)COOR} \xrightarrow{\text{RONa}} \text{R}^1\text{R}^2\text{C}\overset{\text{O}}{—}\text{C(R}^3\text{)COOR} + \text{NaX} + \text{ROH}$$

7.3.3.1 反应机理

在醇钠的作用下，α–卤代酸酯首先形成碳负离子，它向醛或酮的羰基进行亲核加成，加成物再以分子内亲核置换的方式把卤素负离子置换下来，生成 α，β–环氧酸酯。

$$R^3\underset{\underset{X}{|}}{C}HCOOR \xrightarrow{RO^-} R^3\underset{\underset{X}{|}}{C^-}COOR$$

$$\begin{matrix}R^1\\R^2\end{matrix}\!\!>C{=}O + R^3\underset{\underset{X}{|}}{C^-}COOR \longrightarrow R^1R^2C(O^-)\text{—}C(X)(R^3)COOR \longrightarrow R^1R^2C\overset{O}{\text{—}}C(R^3)COOR$$

7.3.3.2 主要影响因素

1)催化剂

达参反应常用的催化剂有醇钠、氨基钠、叔丁醇钾等。前者最常用，后者效果最好，所得产物的收率也比用其他催化剂为高。对于活性低的反应物，用叔丁醇钾和氨基钠比较合适。

2)α–卤代酸酯

参加达参反应的 α–卤代酸酯中，一般以 α–氯代酸酯最合适，α–溴代或碘代酸酯虽然活性较大，因易发生烃基化副反应而很少采用。由于 α–卤代酸酯和催化剂均易水解，达参缩合反应需无水条件，反应温度较低。

3)羰基化合物的结构

参加达参反应的羰基化合物，除脂肪醛收率不高外，脂肪酮、二芳基酮、芳脂酮、脂环酮、不饱和酮及芳香醛均可得到较好收率。

例如：

$$(CH_3O)_2CHCH_2COCH_3 + ClCH_2COOCH_3 \longrightarrow (CH_3O)CHCH_2(H_3C)C\overset{O}{\text{—}}CH\text{—}COOCH_3 \quad 80\%$$

$$PhCOCH_3 + ClCH_2COOC_2H_5 \xrightarrow[15\sim20^\circ C,4h]{NaNH_2} Ph(H_3C)C\overset{O}{\text{—}}CH\text{—}COOC_2H_5 \quad 64\%$$

$$\text{环己酮}{=}O + ClCH_2COOC_2H_5 \xrightarrow[10\sim150^\circ C,3h]{t\text{-}BuOH/t\text{-}BuOK} \text{环己烷螺}\overset{O}{\text{—}}CHCOOC_2H_5 \quad 95\%$$

7.3.3.3 应用

通过达参反应可合成 α，β–环氧酸酯，其构型有顺、反两种，一般以酯基与相邻碳原子上的大基团处于反式的异构体占优势。达参反应还可以通过其缩合产物的水解、脱羧等反应转化成比原反应物醛或酮至少多一个碳原子的醛或酮。通常将α，β–环氧酸酯用碱水解后，继续加热脱羧，也可以将碱水解产物用酸中和，然后再加热脱羧制得醛或酮。

$$R_1R_2C(O)CR_3COOR \xrightarrow{H_2O/HO^-} R_1R_2C(O)CR_3COO^- \xrightarrow{H^+} R_1R_2C(O)CR_3COOH$$

$$R_1R_2C(O)CR_3COO^- \xrightarrow[\triangle]{-CO_2} R_1R_2C{=}CR_3O^- \xrightarrow{H^+} R_1R_2C{=}CR_3OH \rightleftharpoons R_1R_2CH{-}C(=O)R_3$$

$$R_1R_2C(O)CR_3COOH \xrightarrow[\triangle]{-CO_2} R_1R_2C{=}CR_3OH$$

例如非甾体消炎药布洛芬的合成：

$$\text{t-Bu-}C_6H_5 \xrightarrow[30^oC,3.5h]{CH_3COCl} \text{t-Bu-}C_6H_4\text{-}COCH_3 \xrightarrow[(CH_3)_2CHONa,35^oC,1h]{ClCH_2COOCH(CH_3)_2}$$

$$\text{t-Bu-}C_6H_4\text{-}C(CH_3)(O)CH\text{-}COOCH(CH_3)_2 \xrightarrow[20^oC,\ 3h]{NaOH,H_2O} \text{t-Bu-}C_6H_4\text{-}C(CH_3)(O)CH\text{-}COONa$$

$$\xrightarrow[\text{回流}]{HCl} \text{t-Bu-}C_6H_4\text{-}CH(CH_3)\text{-}CHO \xrightarrow[H_2SO_4,H_2O]{Na_2Cr_2O_7} \text{t-Bu-}C_6H_4\text{-}CH(CH_3)\text{-}COOH \quad >90\%$$

7.3.4 雷富马茨基(Reformatsky)反应

醛或酮与α–卤代酸酯在金属锌的存在下缩合生成β–羟基酸酯或α，β–不饱和酸酯的反应称为Reformatsky反应。

$$R^1R^2C{=}O + R^3CH(X)COOR \xrightarrow{(1)\ Zn,(2)\ H_3O^+} R^1R^2C(OH)\text{-}CHR^3\text{-}COOR \xrightarrow{-H_2O} R^1R^2C{=}CR^3\text{-}COOR$$

7.3.4.1 反应的机理

α–卤代酸酯与锌首先形成有机锌化合物，然后向醛、酮的羰基作亲核加成而形成 β–羟基羧酸酯的卤化锌盐，最后经酸水解而得 β–羟基酸酯。如果 β–羟基酸酯 α–碳原子上具有氢原子，则在温度较高或在脱水剂(如酸酐，质子酸)存在下可脱水而得 α，β–不饱和酸酯。

$$\underset{\displaystyle X}{RCHCOOC_2H_5} + Zn \longrightarrow \underset{\displaystyle ZnX}{RCHCOOC_2H_5} \longrightarrow$$

$$R_1R_2C{=}O + \underset{\displaystyle ZnX}{RCHCOOC_2H_5} \longrightarrow R_1R_2C(OZnX){-}CH(R){-}COOC_2H_5$$

$$\xrightarrow{H_3O^+} R_1R_2C(OH){-}CH(R){-}COOC_2H_5 \xrightarrow{-H_2O} R_1R_2C{=}C(R){-}COOC_2H_5$$

7.3.4.2 主要影响因素

1)羰基化合物

羰基化合物可以是各种醛酮，醛的活性一般比酮大，但活性大的脂肪醛在反应条件下易发生自身缩合副反应。

2)α–卤代酸酯

α–卤代酸酯中，α–碘代酸酯的活性最大，但不稳定；α–氯代酸酯活性小，与锌的反应速度慢，甚至不反应；一般以 α–溴代酸酯使用最多。当卤原子和酯的结构一定时，α 位取代基越多，活性越高。

3)催化剂

本反应所用的催化剂主要是金属锌镁、铝等也可。锌粉可以市购，也可以自制。市购锌粉必须进行活化，活化方法是用 20%的盐酸处理，再用丙酮、乙醚洗涤，真空干燥即得。用金属钾与无水氯化锌在四氢呋喃溶剂中直接反应生成锌粉，该锌粉活性很高，可以使该反应在室温下进行，收率较好。

该反应的缩合产物 β–羟基酸酯脱水时常用的脱水剂有：乙酸酐，乙酰氯，无水甲酸，氯化亚砜，五氯化磷，三氯氧磷等。

4)溶剂

本反应需无水操作，常在经钠处理的无水而纯粹的非质子溶剂中进行反应。常用的溶剂有乙醚、苯、二甲苯、四氢呋喃、二甲氧基甲(乙)烷、二甲基亚砜等。若用四氢呋喃和硼酸三甲酯混合溶剂，由于生成的碱性氢氧化锌卤化物可被硼酸三甲酯中和，使反应在中性条件下进行，抑制了活性脂肪醛的自身缩合副反应，从而显著提高了反应的收率。

$$CH_3CHO + BrCH_2COOC_2H_5 \xrightarrow[rt.]{Zn/THF/(CH_3O)_3B} CH_3\underset{\displaystyle OH}{\underset{|}{C}}HCH_2COOC_2H_5 \quad 95\%$$

$$PhCH_2CHO + BrCH_2COOC_2H_5 \xrightarrow[rt.]{Zn/THF/(CH_3O)_3B} PhCH_2\underset{\displaystyle OH}{\underset{|}{C}}HCH_2COOC_2H_5 \quad 90\%$$

5)温度

本反应最适宜的温度为 90 ~ 105 ℃，一般在回流条件下进行，可一步完成，也可以分两步进行，先将 α–卤代酸酯与锌粉作用，形成锌试剂后再与羰基化合物反应，这样可以避免羰基化合物被锌粉还原的副反应，收率较高。

$$Zn + BrCH_2COOC_2H_5 \xrightarrow[\text{回流}]{(CH_3O)_2CH_2} BrZnCH_2COOC_2H_5 \quad 100\%$$

$$\text{(2-呋喃基)}-CHO + BrZnCH_2COOC_2H_5 \xrightarrow[0^oC]{(CH_3O)_2CH_2} \text{(2-呋喃基)}-\underset{\displaystyle OH}{\underset{|}{C}}HCH_2COOC_2H_5 \quad 50\%$$

7.3.4.3　主要副反应

雷福尔马茨基反应的主要副反应如下：

(1)α–卤代酸酯自身缩合生成 β–酮酸酯：

$$BrZnCH_2COOC_2H_5 + BrCH_2COOC_2H_5 \longrightarrow BrCH_2\overset{\displaystyle OZnBr}{\overset{|}{\underset{\displaystyle OC_2H_5}{\underset{|}{C}}}}--CH_2COOC_2H_5$$

$$\longrightarrow BrCH_2COCH_2COOC_2H_5 + C_2H_5OZnBr$$

(2)锌存在下 α–卤代酸酯发生伍慈反应，生成丁二酸酯：

$$2\,BrCH_2COOC_2H_5 + Zn \longrightarrow \begin{array}{l} CH_2COOC_2H_5 \\ | \\ CH_2COOC_2H_5 \end{array} + ZnBr_2$$

(3)羰基化合物的羟醛缩合反应：

$$2\ \text{环己酮} \xrightarrow{C_2H_5OZnBr} \text{2-亚环己基环己酮}$$

(4)有机锌化合物的水解：

$$BrZnCH_2COOC_2H_5 + H_2O \longrightarrow CH_3COOC_2H_5 + BrZnOH$$

7.3.4.4 应用

本反应在有机合成上的应用是制备 β–羟基酸酯和 α, β–不饱和酸酯，可在醛或酮的羰基碳原子上引入一个含取代基的二碳侧链。如醛或酮与 α–溴代乙酸乙酯的缩合产物脱水后，再经还原和部分氧化，可制得比原来的醛或酮多两个碳原子的醛。在工业生产中，利用 β–紫罗兰酮合成维生素 A 两次利用本反应。

$$\beta\text{-紫罗兰酮} \xrightarrow[(2)\ H^+]{(1)\ Zn/BrCH_2COOC_2H_5} \text{(…)}COOC_2H_5 \xrightarrow[(2)\ CrO_3,\ Py]{(1)\ LiAlH_4}$$

$$\text{(…)}CHO \xrightarrow{CH_3COCH_3} \text{(…)}=O \quad 99\%$$

$$\xrightarrow[(2)\ H^+]{(1)\ Zn/BrCH_2COOC_2H_5} \text{(…)}COOC_2H_5 \quad 96\%$$

$$\xrightarrow{LiAlH_4} \text{(…)}CH_2OH \quad 75\%$$

维生素A

7.4 酯缩合反应

酯与具有活性亚甲基的化合物在适宜的碱催化下缩合生成 β–羰基化合物的反应称为酯缩合反应，又称克莱森(Claisen)缩合反应。活性亚甲基的化合物可以是酯、酮、腈、硝基化合物等，其中以酯与酯的缩合反应较为重要，应用也较广泛。

7.4.1 酯—酯缩合

酯—酯缩合反应大致可以分为三种类型：一种是相同的酯分子间的缩合称为同酯缩合反应，另一种是不同酯的分子间的缩合称为异酯缩合，还有一种是二元羧酸酯分子内进行的缩合，又称为狄克曼(Dieckmann)缩合反应。

7.4.1.1 同酯缩合

酯分子中的 α–氢的酸性不如醛、酮大，酯羰基碳上的正电荷也比醛、酮小，加上酯易发生水解反应，故在一般羟醛缩合反应条件(氢氧化钠的稀水溶液，低温等)下，酯不能发生类似的缩合反应。然而，在无水条件下，使用更强的碱(NaOR、$NaNH_2$ 等)作催化剂，两分子酯就会通过消除一分子醇而发生缩合反应。

$$2\ RCH_2COOC_2H_5 \xrightarrow[(2)H^+]{(1)EtONa} RCH_2CO\underset{\displaystyle R}{\underset{|}{C}}HCOOC_2H_5 + C_2H_5OH$$

1)反应机理

在乙醇钠的作用下，酯先形成碳负离子，然后向另一酯分子的羰基碳原子进行亲核进攻，加成物消除烷氧基负离子，生成 β–酮酸酯。由于同时受羰基和酯基的影响，β–酮酸酯中活性亚甲基上的氢酸性较强，容易与反应体系中的乙醇钠作用，生成较稳定 β–酮酸酯钠盐，最后经酸中和而得 β–酮酸酯。

$$RCH_2COOC_2H_5 + C_2H_5ONa \xrightleftharpoons{-C_2H_5OH} \left[R^{-}CH\overset{O}{\overset{\|}{C}}-OC_2H_5 \longleftrightarrow RCH=\overset{O^-}{\overset{|}{C}}-OC_2H_5 \right] Na^+$$

$$RCH_2COOC_2H_5 + R^{-}CH\overset{O}{\overset{\|}{C}}-OC_2H_5 \longrightarrow RCH_2\underset{O^-}{\overset{OC_2H_5}{C}}-\underset{R}{CH}COOC_2H_5 \xrightarrow{-C_2H_5O^-}$$

$$\left(RCH_2\underset{O}{\underset{\|}{C}}-\underset{R}{CH}COOC_2H_5 \right) \xrightarrow[-C_2H_5OH]{+C_2H_5O^-} \left[RCH_2\underset{O}{\underset{\|}{C}}-C-\underset{R}{C}OOC_2H_5 \longleftrightarrow RCH_2\underset{O^-}{C}=\underset{R}{C}COOC_2H_5 \right]$$

$$\xrightarrow{H^+} RCH_2\underset{O}{\underset{\|}{C}}-\underset{R}{CH}COOC_2H_5$$

2)主要影响因素

(1)催化剂。酯缩合反应需用强碱作催化剂，催化剂的碱性越强，越有利于酯形成碳负离子，使平衡向生成物方向移动。常用的碱有醇钠、氨基钠、氢化钠和三苯甲基钠等。催化剂的选择和用量由酯的 α–氢的酸度大小而定。

(2)酯。参加缩合反应的酯必须具有 α–氢，具有两个或三个 α–氢的酯缩合时，产物 β–酮酸酯的酸性比醇大得多，在碱性足够的醇钠等催化剂作用下，几乎全部转化成稳定的 β–酮酸酯钠，从而使可逆反应的平衡移向生成物方向，此时，催化剂的用量是反应成功的关键，一般情况下生成一摩尔 β–酮酸酯需用一摩尔以上的醇钠催化。含一个 α–氢的酯，因其缩合产物不能与醇钠等碱性催化剂成盐而使平衡有利，因此必须使用比醇钠更强的碱(如 $NaNH_2$、NaH、Ph_3CNa 等)使反应的第一步就完全形成酯的烯醇式负离子，使反应顺利进行。如乙酸乙酯在乙醇钠催化下缩合，可得较好收率的乙酰乙酸乙酯；异丁酸乙酯用乙醇钠催化不能缩合，用三苯甲基钠(Ph_3CNa)催化缩合，收率可达 60%。

$$2\ CH_3COOC_2H_5 \xrightarrow[(2)\ 33\%\ AcOH/H_2O]{(1)\ EtONa,\ 78^oC,8h} CH_3COCH_2COOC_2H_5 \qquad 76\%$$

$$Me_2CHCOOC_2H_5 \xrightarrow{Ph_3CNa} Me_2C=\overset{ONa}{\overset{|}{C}}CMe_2COOC_2H_5 \qquad 60\%$$

(3)醇。在醇钠催化下的酯缩合是一系列平衡反应，为了提高上述平衡反应的产率，常采用蒸馏或分馏的方法，除去生成的低沸点醇。

(4)溶剂及其他。酯缩合反应在非质子溶剂中进行的比较顺利。常用的溶剂有乙醚、四氢呋喃、乙二醇二甲醚、苯及其同系物、二甲基砜、二甲基甲酰胺等，有些反应也可以不用溶剂。酯缩合反应需在无水条件下完成，这是由于催化剂遇水容易分解并有氢氧化钠(又称游离碱)生成，后者可以使酯皂化，从而影响反应的正常进行。为此，常根据醇钠中游离碱的含量，加入定量的乙酸乙酯或草酸二乙酯将游离碱消除，然后再催化酯缩合反应。

7.4.1.2　异酯缩合

异酯缩合的反应机理和主要影响因素等与同酯缩合反应类似。若参加反应的两种酯均含 α–氢且活性差别较小，除发生异酯缩合外，也可以发生同酯缩合，结果得到四种不同的产物，而主产物收率较低，难于纯化，没有实用价值。如果两种含 α–氢的酯活性差别较大，可设法尽量避免同酯缩合副反应的发生。生产上往往先将两种酯混合均匀后，迅速投入碱性催化剂中，立即使之发生异酯缩合。这时，α–氢活性较大的酯首先与碱作用，形成碳负离子，再与另一种酯缩合，减少同酯缩合的机会，提高了主反应的收率。

例如：

$$CH_3COOC_2H_5 + \underset{\displaystyle C_6H_5}{\underset{|}{CH_2}}COOC_2H_5 \xrightarrow[\text{(2) } H^+]{\text{(1) } NaNH_2} \underset{\displaystyle C_6H_5}{\underset{|}{CH_2}}COCH_2COOC_2H_5$$

异酯缩合中应用较多的是含 α–氢的酯与不含 α–氢的酯在碱催化下的缩合生成 β–酮酸酯，收率较高。常见的不含 α–氢的酯有甲酸乙酯、草酸二乙酯、碳酸二乙酯、芳香羧酸酯等。

例如：

$$HCOOC_2H_5 + \underset{\displaystyle F}{\underset{|}{CH_2}}COOC_2H_5 \xrightarrow[\text{(2) } H^+]{\text{(1) } NaOC_2H_5,10\sim30^\circ C} HCO\underset{\displaystyle F}{\underset{|}{CH}}COOC_2H_5$$

合成5–氟尿嘧啶的中间体

$$C_2H_5OCOCOOC_2H_5 + C_6H_5CH_2COOC_2H_5 \xrightarrow[\text{(2) HCl}]{\text{(1) } NaOC_2H_5,90^\circ C,10h} C_6H_5\underset{\displaystyle COCOOC_2H_5}{\underset{|}{CH}}COOC_2H_5$$

$$\xrightarrow[-co]{140\sim150^\circ C/10.7KPa} C_6H_5\underset{\displaystyle COOC_2H_5}{\underset{|}{CH}}COOC_2H_5 \quad 98\%$$

$$C_6H_5COOCH_3 + CH_3CH_2COOC_2H_5 \xrightarrow[\text{(2) } H^+]{\text{(1) } Na/C_6H_6,\text{回流}} C_6H_5CO\underset{\displaystyle CH_3}{\underset{|}{CH}}COOC_2H_5 \quad 56\%$$

7.4.1.3 分子内酯缩合

分子中含有两个酯基时，在碱催化剂存在下，分子内部发生克莱森缩合反应而生成环状 β–酮酸酯，该反应称为狄克曼(Diekmann)反应，其机理和反应条件与克莱森酯缩合相同。

$$ROOCCH_2(CH_2)_nCOOR \xrightarrow{\text{碱}} \begin{matrix}(CH_2)_n & \text{—} & C{=}O \\ & \diagdown\ \diagup & \\ & CH & \\ & | & \\ & COOR & \end{matrix}$$

碱 = NaH， n = 3 收率 81%

碱 = NaH， n = 4 收率 76%

碱 = NaH， n = 5 收率 58%

n=3 ~ 5 时，狄克曼反应的效果最好，*n*＞7，产率偏低，甚至不反应。

狄克曼反应主要用于合成五元、六元或七元环 β–酮酸酯衍生物，后者再经水解及加热脱羧反应，生成五元、六元或七元环酮。如：

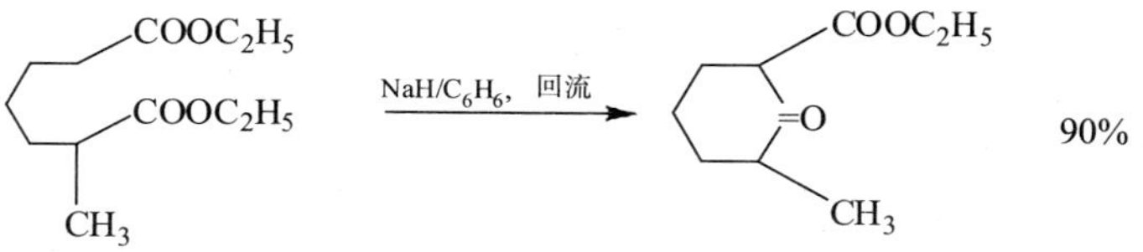

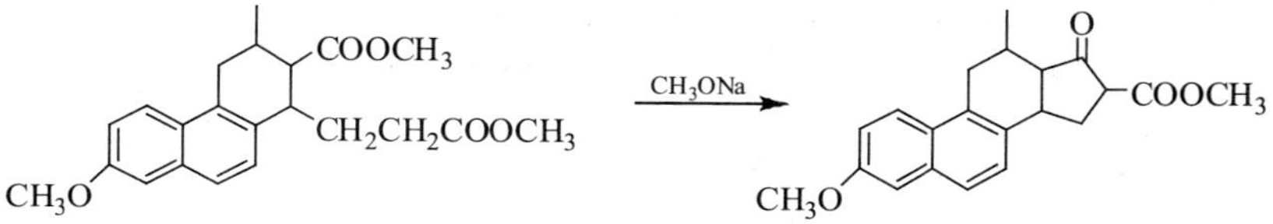

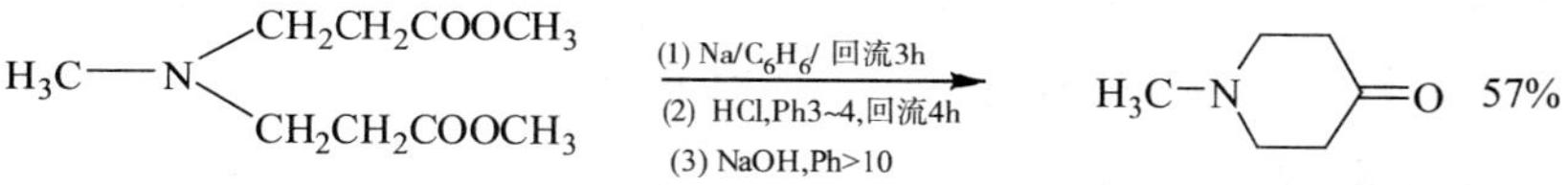

$COOC_2H_5$ $COOC_2H_5$ CH_3 $\xrightarrow{NaH/C_6H_6,\ 回流}$ $COOC_2H_5$ =O CH_3 90%

$COOCH_3$ $CH_2CH_2COOCH_3$ CH_3O $\xrightarrow{CH_3ONa}$ O $COOCH_3$ CH_3O

$H_3C-N(CH_2CH_2COOCH_3)_2$ $\xrightarrow[\substack{(2)\ HCl, Ph3\sim4, 回流4h \\ (3)\ NaOH, Ph>10}]{(1)\ Na/C_6H_6/\ 回流3h}$ H_3C-N =O 57%

7.4.2 酯—酮缩合

酯—酮缩合与酯—酯缩合相似，由于酮 α–氢的活性比酯的大(如丙酮的 pKa＝20，乙酸乙酯 pKa＝24)，在碱性条件下，酮比酯更容易脱去质子形成碳负离子，然后向酯羰基进行亲核加成，生成 β–二酮类化合物。但酮的结构愈复杂，反应活性越弱。不对称酮与酯缩合时，取代基较少的 α–碳形成负离子，向酯进行亲核加成而发生缩合。若酮分子中仅一个 α–碳上有氢，或酯不含 α–氢，产品都比较单纯。

$$CH_3OCH_2COOCH_3 + CH_3COCH_3 \xrightarrow[(2)\ H^+]{(1)\ CH_3ONa, 80\sim85^\circ C} CH_3OCH_2COCH_2COCH_3$$

$$CH_3CH_2COOC_2H_5 + CH_3COCH_2CH_3 \xrightarrow[(2)\ H^+]{(1)\ NaH} CH_3CH_2COCH_2COCH_2CH_3 \quad 51\%$$

$$HCOOC_2H_5 + CH_3CO(CH_2)_8CH_3 \xrightarrow[(2)\ H^+]{(1)\ Na} HCOCH_2CO(CH_2)_8CH_3 \quad 68\%$$

$$PhCOOC_2H_5 + CH_3COPh \xrightarrow[(2)\ H^+]{(1)\ NaOC_2H_5} PhCOCH_2COPh \quad 71\%$$

在一个分子中同时存在酯基和酮基时，若位置合适，也可以发生分子内酯—酮缩合，生成 β–环二酮类化合物。

例如：

$$CH_3CO\underset{\displaystyle Ph}{CH}CH_2CH_2COOC_2H_5 \xrightarrow{CH_3ONa} \text{2-苯基-1,3-环己二酮 (Ph)} \quad 80\%$$

7.5 其他类型的缩合反应

7.5.1 曼尼希(Mannich)反应

在酸性条件下，含活泼氢原子的化合物与甲醛(或其他醛)和伯胺、仲胺或铵盐缩合，结果含活泼氢原子化合物中的氢原子被氨甲基所取代，该反应称为氨甲基化反应，又称为曼尼希反应，其产物叫做曼尼希碱或盐。通式如下：

$$R'H + CH_2O + R_2NH \xrightarrow{H^+} R'CH_2NR_2 + H_2O$$

7.5.1.1 反应机理

甲醛首先与亲核活性较强的游离胺加成，形成 N–羟甲基胺，如果反应是在醇液中进行，N–羟甲基胺很易和醇反应或继续和过量的胺反应，生成 N–烷氧甲基胺或亚甲基双胺。这三个可能的中间产物在质子的作用下均可形成氨甲基碳正离子或亚甲基季铵正离子，氨甲基碳正离子再与含活泼氢原子的化合物进行亲电取代，得到氨甲基化产物。

$$R_2NH + CH_2O \longrightarrow R_2NCH_2OH \begin{cases} \xrightarrow[-H_2O]{ROH} R_2NCH_2OR \\ \xrightarrow[-H_2O]{R_2NH} R_2NCH_2NR_2 \end{cases}$$

$$\left.\begin{matrix} R_2NCH_2OH \\ R_2NCH_2OR \\ R_2NCH_2NR_2 \end{matrix}\right] + H^+ \longrightarrow \begin{bmatrix} R_2NCH_2OH_2^+ \\ R_2NCH_2OH^+R \\ R_2NCH_2NH^+R_2 \end{bmatrix} \longrightarrow$$

$$\left[R_2NCH_2^+ \rightleftharpoons R_2N^+{=}CH_2\right] \xrightarrow[-H^+]{+R'H} R_2NCH_2R'$$

具有 α–氢的酮在质子存在下首先烯醇化达到平衡，然后，亚甲基季铵正离子向该烯醇式作亲电加成，消除质子后得曼尼希碱。

$$R'C(=O)CH_3 \underset{}{\overset{+H^+}{\rightleftharpoons}} R'C(=O^+H)CH_3 \underset{}{\overset{-H^+}{\rightleftharpoons}} R'C(OH)=CH_2 \xrightarrow{CH_2=N^+R_2}$$

$$R'C(=O^+H)CH_2CH_2NR_2 \xrightarrow{-H^+} R'C(=O)CH_2CH_2NR_2$$

7.5.1.2 主要影响因素

1)活泼氢化合物

曼尼希反应中，含活泼氢的化合物种类很多，它们可以是醛、酮、羧酸及其酯、腈、硝基化合物、炔、酚类及某些杂环化合物，其中以酮类的研究较多，应用也较广泛。具有活泼氢的化合物分子中仅有一个活泼氢时，产品比较单纯，若有两个或多个活泼氢时，在一定条件下，这些氢可以逐步被氨甲基所代替。

例如：

$$RCOCH_3 \xrightarrow[NH_4Cl]{CH_2O} RCOCH_2CH_2NH_2.HCl \xrightarrow[NH_4Cl]{CH_2O} RCOCH(CH_2NH_2)_2\ .\ 2HCl$$

$$\xrightarrow[NH_4Cl]{CH_2O} RCOC(CH_2NH_2)_3.\ 3HCl$$

2)胺

曼尼希反应中，胺的碱性、种类和用量对反应都有影响，参加曼尼希反应的甲醛是亲电性的，而胺和具有活泼氢的化合物都是亲核性的，正常的曼尼希反应应该是胺类的亲核活性大于含活泼氢化合物的亲核活性，这样才能形成氨甲基碳正离子，否则，反应不能进行。所以，一般使用碱性较强的脂肪胺，当胺的碱性很强时可用其盐酸盐，芳胺的碱性较弱，亲核活性小，产物收率低，大都不采用。

不同种类的胺对反应产物也有影响。仲胺氮原子上仅有一个氢原子，产物单纯，较常采用。伯胺分子中有两个氢原子，在酮和甲醛过量时，可生成叔胺的曼尼希盐。

例如：

$$2\,PhCOCH_3 + 2\,CH_2O + CH_3NH_2.HCl \xrightarrow[80\sim85^\circ C,3h]{EtOH} (PhCOCH_2CH_2)_2NCH_3.HCl \quad 58\%$$

氨分子进行反应时，产物复杂，尤其在甲醛和活性氢化合物过量时，生成的曼尼希碱进一步反应，形成仲胺或叔胺的曼尼希碱。

$$NH_3.HCl \xrightarrow{RCOCH_3/CH_2O} RCOCH_2CH_2NH_2.HCl \xrightarrow{RCOCH_3/CH_2O}$$

$$(RCOCH_2CH_2)_2NH.HCl \xrightarrow{RCOCH_3/CH_2O} (RCOCH_2CH_2)_3N.HCl$$

曼尼希反应必须严格控制物料比和反应条件。一般的配比为：1摩尔的羰基化合物，用 1~1.1 摩尔铵盐和 1.5 ~ 2 摩尔的甲醛。

3)醛

参加曼尼希反应的醛主要是甲醛，其单体和多聚体均可。除此之外，活性较大的其他脂肪醛和芳香醛亦可，但活性比甲醛小。颠茄酮和古柯碱的合成分别为：

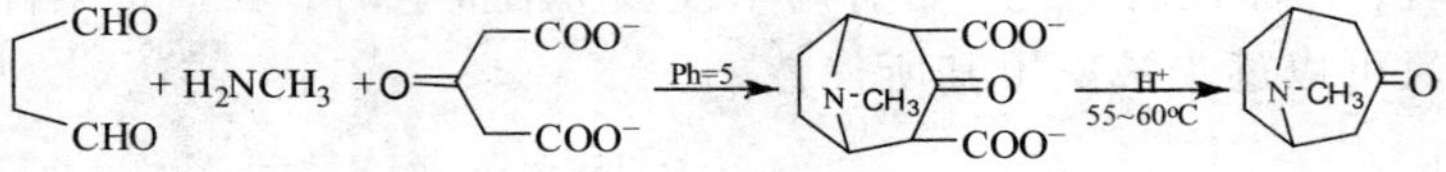

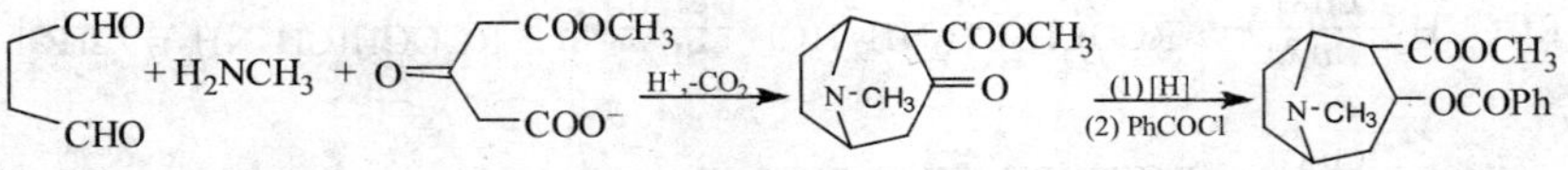

$$OHC(CH_2)_3CHO + H_2NCH_3 + O{=}C(CH_2COO^-)_2 \xrightarrow{Ph=5} \text{(N-CH}_3\text{ 双环, COO}^-\text{, =O, COO}^-) \xrightarrow[55\sim60^\circ C]{H^+} \text{(N-CH}_3\text{ 双环酮)}$$

$$OHC(CH_2)_3CHO + H_2NCH_3 + O{=}C(CH_2COOCH_3)(CH_2COO^-) \xrightarrow{H^+,-CO_2} \text{(N-CH}_3\text{, COOCH}_3\text{, =O)} \xrightarrow[(2)\ PhCOCl]{(1)\ [H]} \text{(N-CH}_3\text{, COOCH}_3\text{, OCOPh)}$$

4)催化剂

曼尼希反应需在弱酸性(pH=3 ~ 7)条件下进行。常用的酸为盐酸，一般与碱性强的胺(或氨)成盐后参与反应，必要时再加入盐酸或醋酸。酸的作用主要有三个方面：①催化作用。反应液的 pH 一般不小于 3，否则对反应有抑制作用。②解聚作用。使用三聚甲醛和多聚甲醛在酸性条件下加热解聚生成甲醛，使反应正常进行。③稳定作用。在酸性条件下，生成的曼尼希碱成盐，稳定性增加。本法制得的曼尼希盐需用强碱置换，才能得到曼尼希碱。某些对盐酸不稳定的杂环化合物(如吲哚在冷的盐酸中就可以发生二聚化或三聚化反应)进行曼尼希反应时，可用醋酸作催化剂。如局部麻醉药盐酸达克罗宁以及色氨酸中间体的制备：

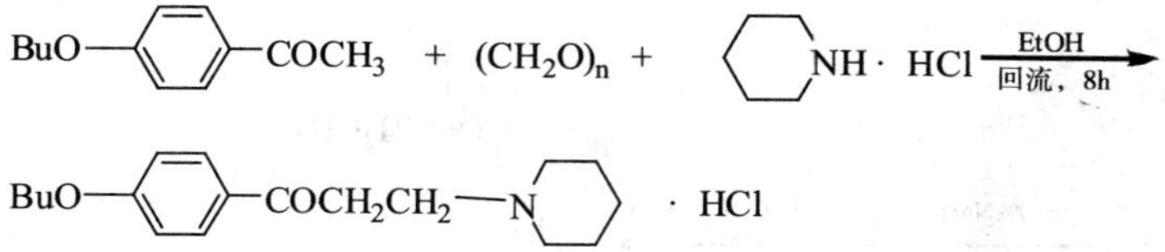

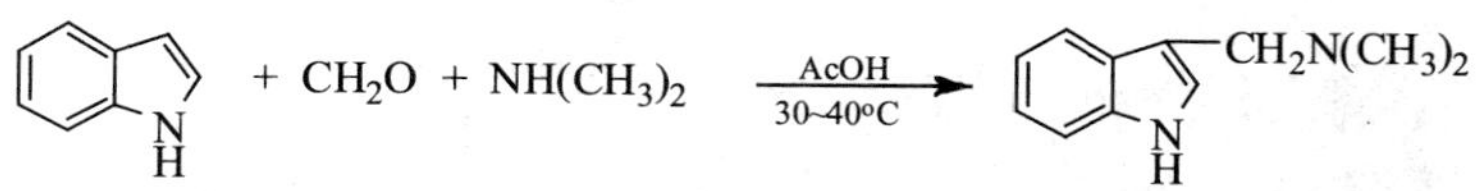

具有酸性的某些含活泼氢的化合物(如酚类等)，因其本身能提供质子，可直接与游离胺和甲醛发生曼尼希反应，如抗疟药常咯琳的合成：

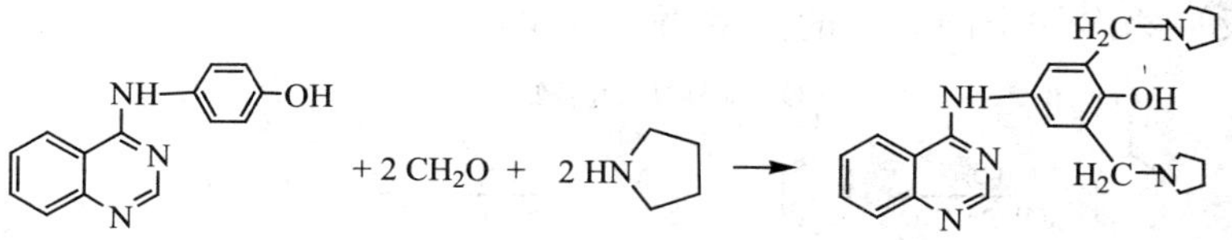

5)溶剂

曼尼希反应的溶剂通常是水或乙醇，一般在回流状态下进行，条件温和，操作简单，后处理简便。

7.5.1.3 应用

曼尼希反应在有机合成中应用非常广泛，这是由于曼尼希碱(或盐)本身除作为药物或中间体外，还可以进行消除、氢解、置换等反应，从而制得许多有价值的化合物。

1)消除反应

曼尼希碱或其盐酸盐不太稳定，加热可消除形成烯键。如利尿酸的合成：

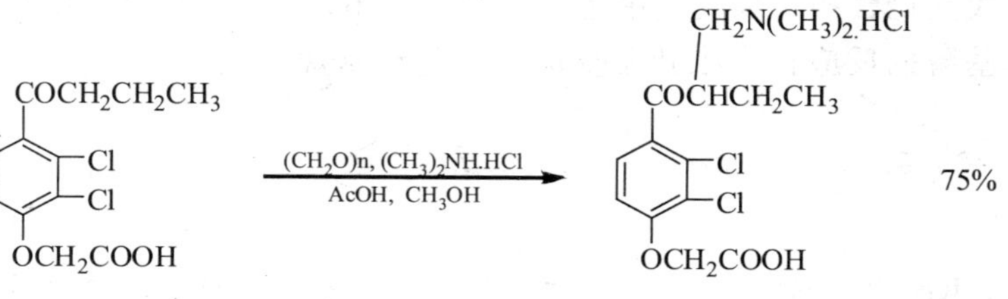

75%

$$\xrightarrow[\text{(2) HCl}]{\text{(1)10\%NaHCO}_3\text{,pH9\sim10, 65°C, 8h}}$$ (2,3-二氯-4-(2-亚甲基丁酰基)苯氧基乙酸：$COC(=CH_2)CH_2CH_3$，Cl，Cl，OCH_2COOH) 54%

利尿酸

2)氢解反应

曼尼希碱或其盐酸盐在活性镍催化下可以进行氢解，从而得到比原反应物多一个碳原子的同系物，例如：

$$p\text{-}CH_3OC_6H_4COCH_3 \xrightarrow[(CH_3)_2NH.HCl]{(CH_2O)n,} p\text{-}CH_3OC_6H_4COCH_2CH_2N(CH_3)_2.HCl \xrightarrow[-(CH_3)_2NH.HCl]{H_2/Ni} p\text{-}CH_3OC_6H_4COCH_2CH_3 \quad 73\%$$

3)置换反应

由苯酚或吲哚得到的曼尼希碱是烯丙胺型衍生物，其烯丙位的氨基特别容易被其他亲核性基团置换，从而合成不同类型的化合物。如植物生长素 β–吲哚乙酸就是经由相应的曼尼希碱被氰基置换后，再水解制得。

$$\text{3-吲哚-}CH_2N(CH_3)_2 \xrightarrow[C_2H_5OH]{NaCN} \text{3-吲哚-}CH_2CN \xrightarrow[\Delta]{H_2O/H^+} \text{3-吲哚-}CH_2COOH \quad 70\%$$

7.5.2 维狄希(Wittig 反应)

羧基化合物与烃代亚甲基三苯基膦作用，生成烯类化合物和氧化三苯基膦的反应称为维狄希反应，又称羰基烯化反应。

$$R_3R_4C{=}O + Ph_3P{=}CR_1R_2 \longrightarrow R_3R_4C{=}CR_1R_2 + Ph_3P{=}O$$

式中，R_1、R_2、R_3、R_4 为氢、脂肪烃基、烷氧基、卤素以及有各种取代基的脂肪烃基和芳烃基等。

7.5.2.1 维狄希试剂的制备

维狄希试剂是一种黄色至红色的化合物，可由三苯基膦与有机卤比物作用，生成的烃代三苯基卤化膦盐在非质子溶剂中加强碱处理，失去一分子卤化氢而得。常用的碱有正丁基锂、苯基锂、甲醇钠、乙醇钠、氢氧化钠、氨基钠、氢化钠、叔丁醇钾等。非质子溶剂有四氢呋喃、二甲基甲酰胺、二甲亚砜、乙醚等。维狄希试剂很活泼，对水、空气等都不稳定，一般需在无水和氮气流下操作；制得的维狄希可不经分离，直接与醛酮进行反应。

$$Ph_3P + XCH(R_1)(R_2) \longrightarrow [Ph_3P^+—HC(R^1)(R^2)]\ X^- \xrightleftharpoons{\text{碱}}$$

$$Ph_3P^+—C^-(R_1)(R_2) \longleftrightarrow Ph_3P=C(R_1)(R_2)$$

7.5.2.2 主要影响因素

1)维狄希试剂的活性

维狄希试剂的 α–碳上带负电荷，并且存在 d—Pπ 共轭，较碳负离子稳定，下面三种试剂的稳定性顺序为：

$$Ph_3P^+\ {}^-CH—C_5H_5\ (\text{环戊二烯基}) > Ph_3P^+\ {}^-CH—C_6H_5 > Ph_3P^+\ {}^-CH_2$$

活性大的维狄希试剂对反应有利，但不稳定，制备条件要求较高，需用强碱作催化刑，并在非质子溶剂中无水条件及氮气流搅拌下操作；而稳定性较大的维狄希试剂虽活性小，但易制备，可在水溶液中加碱制得。

例如：

$$Ph_3P + CH_3Br \xrightarrow[25^oC]{C_6H_6} Ph_3P^+\text{--}CH_3Br^- \xrightarrow[N_2,25^oC]{n\text{-}BuLi,Et_2O} Ph_3P{=}CH_2$$

$$Ph_3P + XCH_2—C_6H_4—NO_2 \longrightarrow Ph_3P^+CH_2—C_6H_4—NO_2\ X^- \xrightarrow{Na_2CO_3,H_2O}$$

$$Ph_3P{=}CH—C_6H_4—NO_2$$

2)羰基化合物

一般醛反应最快，收率也高；酮次之，酯最慢。就芳醛而言，环上有吸电子基时对反应有利，收率较高；反之，有给电子基时收率下降。利用羰基的活性差异，还可进行选择性的羰基烯化反应。

例如：

$$CH_3CH{=}CHCHO + Ph_3P{=}CHCOOC_2H_5 \xrightarrow{C_6H_6} CH_3CH{=}CHCH{=}CHCOOC_2H_5$$

$$\text{环己酮}{=}O + Ph_3P{=}CHCOOC_2H_5 \xrightarrow{C_6H_6} \text{环己叉}{=}CHCOOC_2H_5$$

$$p\text{-}CH_3OC_6H_4COCH_2CH_2COCH_3 + Ph_3P{=}CH_2 \xrightarrow[25^{\circ}C]{Me_2SO} p\text{-}CH_3OC_6H_4C({=}CH_2)CH_2CH_2COCH_3$$

3)反应条件

在维狄希反应中，维狄希试剂的活性、羰基化合物的结构、反应条件(如配料比、溶剂、有无盐存在等)均可影响产物烯的构型。利用不同的试剂，控制一定的条件，可以获得一定构型的产物。维狄希反应在一般情况下的立体选择性见表 7-1。

表 7-1 维狄希反应立体选择性

反应条件		稳定性较大、活性较小的试剂	稳定性较小、活性较大的试剂
极性溶剂	无质子	选择性差，但 E 型为主	选择性差
	有质子	生成 Z 型选择性增加	生成 E 型选择性增加
非极性溶剂	无盐	高选择性，E 型占优势	高选择性，Z 型占优势
	有盐	生成 Z 型选择性增加	生成 E 型选择性增加

当用稳定性较大的维狄希试剂与对甲氧基苯甲醛在苯溶剂中、无盐条件下反应，主要得到 E 型异构体。

例如：

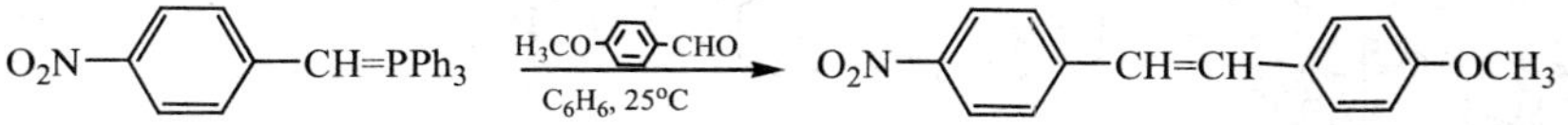

$$O_2N-C_6H_4-CH=PPh_3 \xrightarrow[C_6H_6,\ 25^{\circ}C]{H_3CO-C_6H_4-CHO} O_2N-C_6H_4-CH=CH-C_6H_4-OCH_3$$

E, 74%

Z, 26%

然而，苯甲醛与稳定性较小的维狄希试剂在苯溶剂中、无盐条件下，主要得 Z 型异构体。

$$PhCHO + CH_3CH_2CH=PPh_3 \xrightarrow{C_6H_6,} PhCH=CHCH_2CH_3$$

Z, 99%

7.5.2.3 维狄希反应的特点

与烯烃的一般合成法比较，维狄希反应具有以下特点：

(1)能确定合成烯键在产物中的位置，即使烯键处于能量不利的位置，也不产生几何异构体。

(2)反应条件一般较温和，收率较好，若控制反应条件，可合成立体选择性产物。

(3)改变维狄希试剂中的取代基，可制得通常很难合成的烯类化合物。

(4)对 α，β–不饱和羰基化合物，一般不发生 1，4–加成反应。

(5)维狄希试剂的制备一般较麻烦，操作费用较高。

(6)维狄希反应由于产物烯烃常伴生有三苯基氧膦杂质，较难纯化。另外，作为副产物，三苯基氧膦分子量较大，产品烯烃的量相对较小，维狄希反应具有较低的原子经济性。

7.5.2.4 应用

维狄希反应广泛用于萜类、甾体、维生素 A 和维生素 D、前列腺素、昆虫信息素、抗生素等天然产物和药物的合成中，有其独特作用。如维生素 A 中间体以及维生素 D_2 的合成：

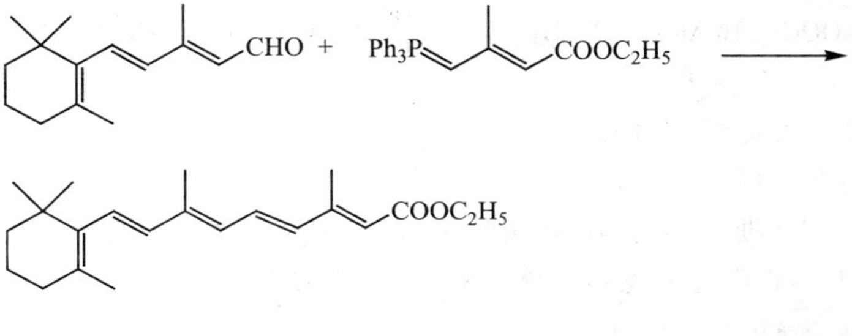

（结构式）CHO + Ph_3P=CH–C(CH_3)=CH–$COOC_2H_5$ ⟶

（结构式）$COOC_2H_5$

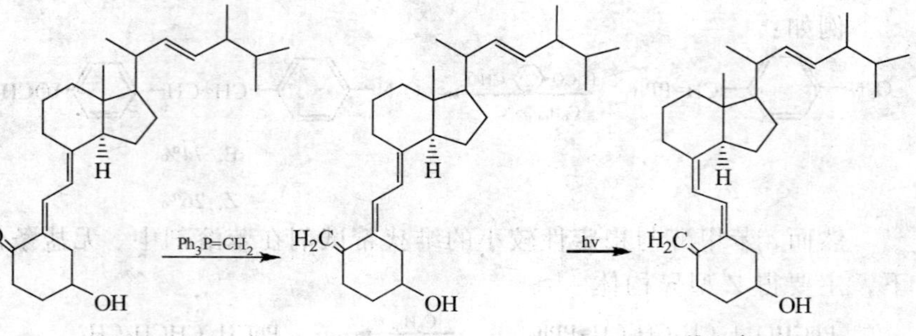

$$\xrightarrow{Ph_3P=CH_2} \qquad \xrightarrow{h\nu}$$

维生素D_2

7.5.3 迈克尔(Michael)加成

活性亚甲基化合物与 α，β–不饱和化合物在碱性催化剂存在下发生的加成反应，称为迈克尔(Michael)加成。

$$XYCH_2 + \underset{R'}{\overset{R}{>}}C{=}CHZ \xrightarrow{B} XYCH\underset{R'}{\overset{R}{|}}CCH_2Z$$

X、Y、Z 为吸电子基；R、R'为氢或烃基。

7.5.3.1 反应机理

迈克尔加成反应的机理类似于羟醛缩合，以丙二酸二乙酯与二甲叉基丙酮的缩合为例，首先在碱催化下，丙二酸二乙酯形成碳负离子，然后碳负离子向 α，β–不饱和化合物中带部分正电荷的 β–碳原子进行亲核加成，加成产物再与质子供给体乙醇作用，转化成产物。

$$CH_2(COOC_2H_5)_2 \underset{-C_2H_5OH}{\overset{+C_2H_5O^-}{\rightleftharpoons}} {}^-CH(COOC_2H_5)_2 \xrightarrow{Me_2C=CHCOCH_3}$$

$$(C_2H_5OOC)_2CHCMe_2CH{=}\overset{O^-}{\overset{|}{C}}CH_3 \underset{-C_2H_5O^-}{\xrightarrow{+C_2H_5OH}} (C_2H_5OOC)_2CHCMe_2CH_2COCH_3$$

7.5.3.2 主要影响因素

1)迈克尔供体

迈克尔加成中，在碱催化下能形成碳负离子的亚甲基化合物 X—CH_2—Y 称为迈克尔供体。X、Y 多为吸电子基，其吸电子能力越强，活性越大。常见的迈克尔供体有丙二酸酯、氰乙酸酯、乙酰乙酸酯、乙酰丙酮和硝基烷烃等。

2)迈克尔受体

α，β–不饱和共轭体系为迈克尔受体。迈克尔受体的α–位都有吸电子基，是亲电性的共轭体系。常见的迈克尔受体有α，β–烯醛类、α，β–烯酮类、α，β–烯酯类、α，β–烯腈类、α，β–炔酮类、α，β–烯酰胺类、杂环α，β–烯烃、α，β–不饱和硝基化合物以及对醌类等。

3)催化剂

迈克尔加成反应中，碱催化剂常见的有醇钠(钾)、氢氧化钠(钾)、金属钠、氨基钠、氢化钠、吡啶、哌啶、三乙胺和季铵碱等。催化剂的选择与供体的活性和反应条件有关，一般而言，供体的酸度大，或受体的活性较强时，可用弱碱催化；反之，供电体的酸度小，或受电体的活性差时，则需用强碱催化。用强碱作催化剂时仅用催化量，一般为 0.1 ~ 0.3 摩尔，过多会引起副反应。

4)反应温度

迈克尔加成是可逆反应，而且大多为放热反应。所以，一般在较低温度下进行，温度升高，收率下降。如下反应，25 ℃时收率为 75%，100 ℃时收率仅为 35%。

$$CH_2(COOC_2H_5)_2 + \underset{\displaystyle Ph}{\underset{|}{C}}H{=}CHCOOC_2H_5 \xrightarrow{EtONa} (C_2H_5OOC)_2CH\underset{\displaystyle Ph}{\underset{|}{C}}HCH_2COOC_2H_5$$

若用较弱的碱作催化剂，反应温度可适当提高。

$$PhCH(CN)COOC_2H_5 + CH_2{=}CHCN \xrightarrow[45℃]{KOH,t\text{-}BuOH} PhC(CN)(COOC_2H_5)CH_2CH_2CN \quad 83\%$$

7.5.3.3 应用

(1)通过迈克尔加成，可在活性亚甲基上引入至少含三个碳原子的侧链。

例如：

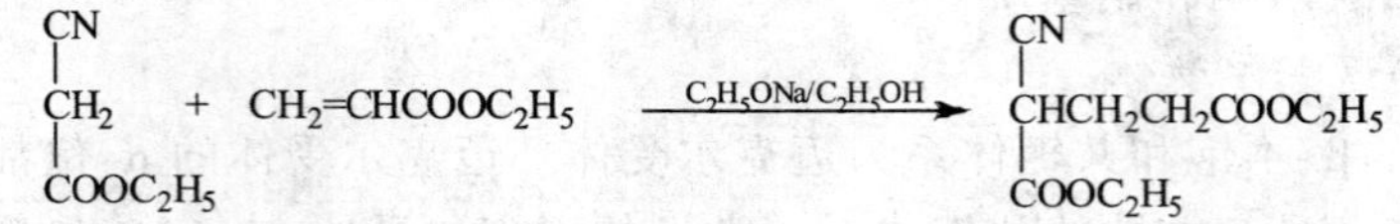

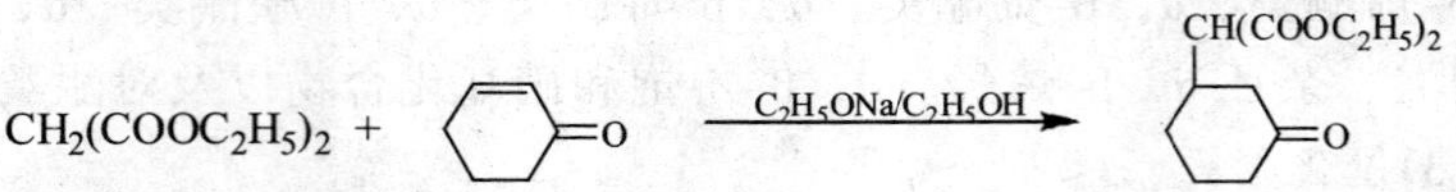

$$\underset{COOC_2H_5}{\overset{CN}{CH_2}} + CH_2{=}CHCOOC_2H_5 \xrightarrow{C_2H_5ONa/C_2H_5OH} \underset{COOC_2H_5}{\overset{CN}{CHCH_2CH_2COOC_2H_5}}$$

$$CH_2(COOC_2H_5)_2 + \text{(环己-2-烯酮)} \xrightarrow{C_2H_5ONa/C_2H_5OH} \text{3-[}CH(COOC_2H_5)_2\text{]环己酮}$$

迈克尔供体若为不对称酮时，主要是在含取代基多的 α–碳上引入三碳侧链。

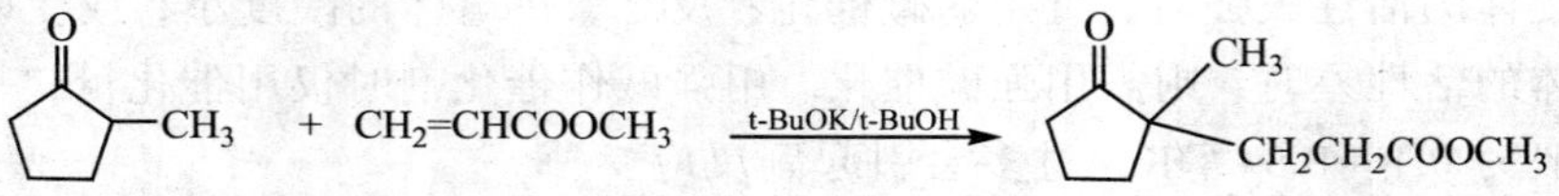

$$\text{2-甲基环戊酮} + CH_2{=}CHCOOCH_3 \xrightarrow{t\text{-}BuOK/t\text{-}BuOH} \text{2-}CH_3\text{-2-(}CH_2CH_2COOCH_3\text{)环戊酮}$$

(2)鲁宾逊(Robinsion)增环反应。

环酮与 α，β–不饱和酮在碱催化下发生迈克尔加成反应，随后发生分子内的羟醛缩合，闭环产生一个新的六元环，然后再继续脱水，生成二环(或多环)不饱和酮的反应称为鲁宾逊增环反应。该反应广泛用于甾体、萜类化合物的合成。

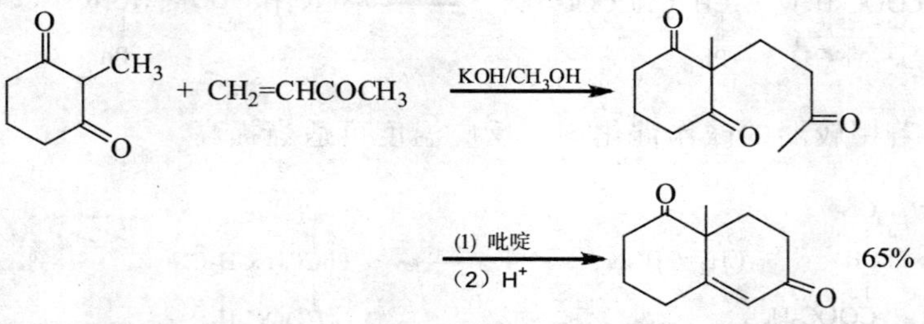

$$\text{2-甲基环己-1,3-二酮} + CH_2{=}CHCOCH_3 \xrightarrow{KOH/CH_3OH} \text{2-甲基-2-(3-氧代丁基)环己-1,3-二酮}$$

$$\xrightarrow[\text{(2) }H^+]{\text{(1) 吡啶}} \text{(双环烯二酮)} \quad 65\%$$

对于不稳定和易聚合的 α，β–不饱和化合物，可用相应的曼尼希碱参与反应，曼尼希碱或其季铵碱在碱性条件下能迅速分解成 α，β–不饱和醛或酮，不经分离就可以作为受体进行迈克尔加成或鲁宾逊增环反应。

例如：

$$\text{2-(二甲氨基甲基)环己酮} + CH_3NO_2 \xrightarrow[CH_3OH]{CH_3ONa} [\text{2-亚甲基环己酮} + {}^-CH_2NO_2] \longrightarrow \text{2-}(CH_2CH_2NO_2)\text{环己酮}$$

$$+ CH_3COCH_2CH_2N^+Me_3I^- \xrightarrow{C_2H_5ONa}$$

OCH3　　　OCH3

7.5.4　其他化合物与醛、酮的缩合反应

含活泼氢的非醛、酮类化合物，在一定条件下，可与醛、酮发生类似的羟醛缩合。这些含活泼氢的化合物可以是脂肪硝基化合物、氯仿、炔烃、氢氰酸等。

例如：

$$(CH_3O)_2C_6H_3CHO \xrightarrow[HAc,Tol]{CH_3CH_2NO_2,\ n\text{-}BuNH_2} (CH_3O)_2C_6H_3CH{=}C(CH_3)NO_2$$

$$PhCHO + CHCl_3 \xrightarrow[NaOH]{Et_3N^+CH_2PhCl^-} PhCH(OH)CCl_3 \xrightarrow{H_2O} PhCH(OH)COOH$$

$$RR'C{=}O + R_1C{\equiv}CNa \longrightarrow RR'C(ONa)C{\equiv}CR_1 \xrightarrow{H^+} RR'C(OH)C{\equiv}CR_1$$

$$\text{2-甲基吡啶} + CH_2O \xrightarrow{200\ ^\circ C} \text{2-}(CH_2CH_2OH)\text{吡啶}$$

$$H_3C\text{-}C_6H_3(NO_2)_2 + PhCHO \xrightarrow[NaOC_2H_5]{C_2H_5OH} PhCH{=}HC\text{-}C_6H_3(NO_2)_2$$

练　习　题

一、什么是缩合反应？常用的催化剂有哪些？

二、以乙酸乙酯在乙醇钠作用下形成乙酰乙酸乙酯为例，说明酯缩合反应的机理。

三、由简单的原料合成下列化合物：

1. $CH_3CH_2-\overset{\overset{O}{\|}}{C}-\overset{\overset{CH_3}{|}}{CH}-CO_2CH_2CH_3$　　2. $CH_3CH_2CH_2CH(COOC_2H_5)$

3. $H_3C-\overset{\overset{O}{\|}}{C}-\underset{\underset{\text{环己基}}{|}}{CH}-\overset{\overset{O}{\|}}{C}-OCH_2CH_3$　　4. （10-甲基-Δ¹⁽⁹⁾-八氢萘-2-酮结构式）

四、写出下列反应的主要产物，并在其后注明反应名称：

1. $PhCHO \xrightarrow{\text{浓 NaOH}}$　　(　　　)

2. $PhCHO + CH_3COCH_2CH_3 \xrightarrow[H_2O]{NaOH}$　　(　　　)

3. $PhCHO + CH_3COPh \xrightarrow[EtOH]{NaOH}$　　(　　　)

4. $C_2H_5OOC-(CH_2)_5COOC_2H_5 \xrightarrow{EtONa}$　　(　　　)

5. $(CH_3)_2N-C_6H_4-CHO + CH_3NO_2 \xrightarrow{n\text{-}C_5H_{11}NH_2}$　　(　　　)

6. 2,6-二氯苯甲醛（Cl, CHO, Cl） $+ (CH_3CO)_2O \xrightarrow[H_3O^+]{NaAc,\ 160\ ℃,\ 8h}$　　(　　　)

7. $C_6H_5COCH_3 + BrCH_2COOC_2H_5 \xrightarrow{Zn}$　　(　　　)

8. $CH_3COCH_2CO_2C_2H_5 + CH_2=CH-CN \xrightarrow[2)\ H^+]{1)\ EtONa / EtOH}$　　(　　　)

第 8 章　杂环化合物的合成

有机杂环化合物是指环上含有杂原子的有机环状化合物。环系中可以含有一个、两个或更多的相同的或不同的杂原子。环可以是三元环、四元环、五元环、六元环或更大的环，也可以是各种稠合的环。

由于组成杂环的杂原子的种类和数量不同，环的大小及稠合的方式不同，因此杂环化合物的种类繁多，数目可观，约占全部已知有机化合物的 1/3。近年来，在有机化学领域内，有关杂环化合物的研究工作占了相当大的比重。

杂环化合物广泛存在于自然界中，如植物中的叶绿素和动物中的血红素都含有杂环结构，石油、煤焦油中有含硫、含氮及含氧的杂环化合物。许多药物如止痛的吗啡，抗菌消炎的黄连素、抗菌素，染料，以及近年来出现的耐高温聚合物如聚苯并噁唑等都是杂环化合物。许多杂环化合物的结构相当复杂，而且不少杂环化合物具有重要的生理作用。生物遗传可归因于五种杂环化合物即嘌呤碱和嘧啶碱在核酸长链上的排列方式。因此，杂环化合物无论在理论研究或实际应用方面都很重要，尤其在药物合成方面更占有重要的地位。本章主要介绍常见五元、六元杂环化合物的合成方法并简要讨论其它杂环化合物。

8.1　五元杂环化合物

8.1.1　单杂原子单环化合物

这类化合物中最常见的是吡咯、呋喃和噻吩的衍生物。根据取代基的不同，构成它们的骨架方法有下列三种。

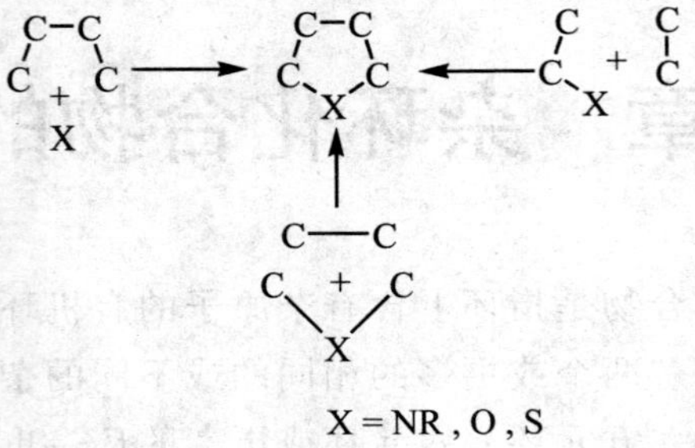

X = NR, O, S

8.1.1.1 帕尔–克诺尔(C.Pall-L.Knorr)合成法

1,4–二羰基化合物在酸性条件下失水，可得到呋喃及其衍生物。1,4–二羰基化合物与氨或伯胺反应，则可生成吡咯衍生物。而 1.4–二羰基化合物与五硫化二磷反应可生成噻吩衍生物。此方法是制备单原子五元环化合物的一种重要方法。该方法的关键是合成合适的 1,4–二羰基化合物。

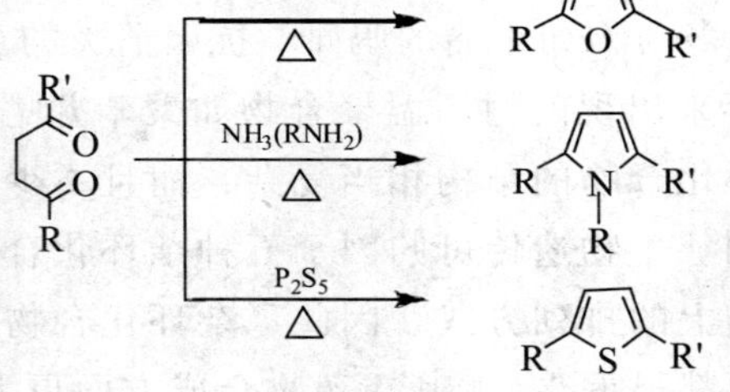

例如：

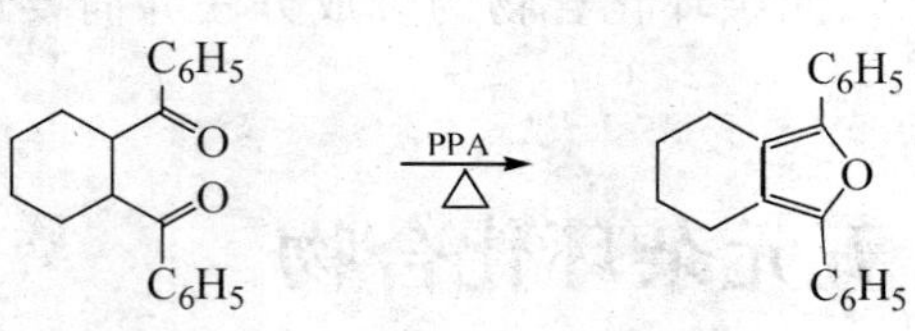

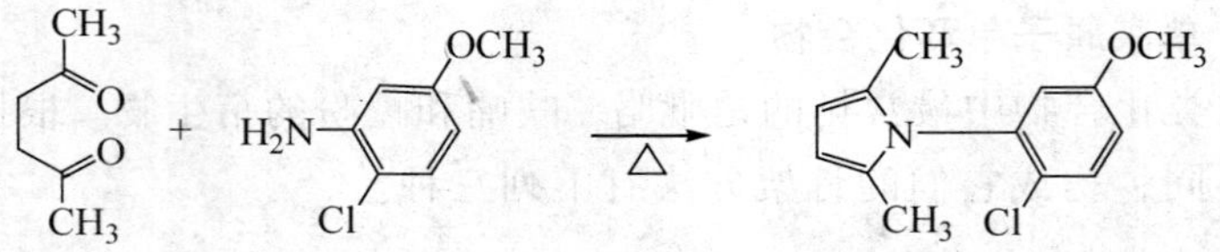

8.1.1.2　克诺尔(Knorr)合成法

在酸性条件下，由α–氨基酮或α–氨基酮酸酯与含有活泼α–亚甲基的酮反应，可制得吡咯衍生物：

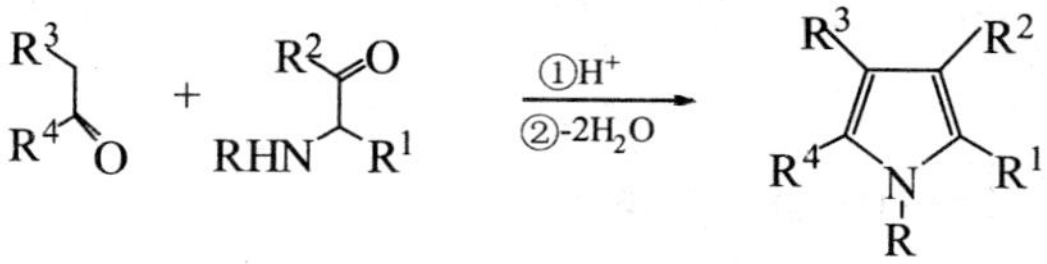

R= H，烷基，芳基；R^3 = 吸电子取代基

例如：

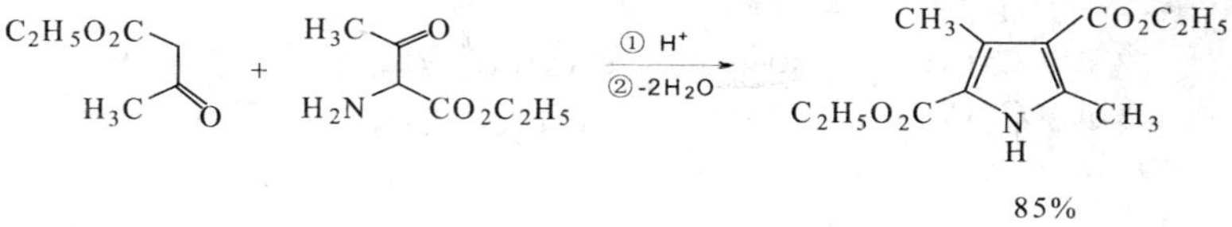

85%

如果酯基不是最终产物所需要的，使用苄酯则更容易脱除。

氨基酮酸酯可由相应的β–羰基酯制得：

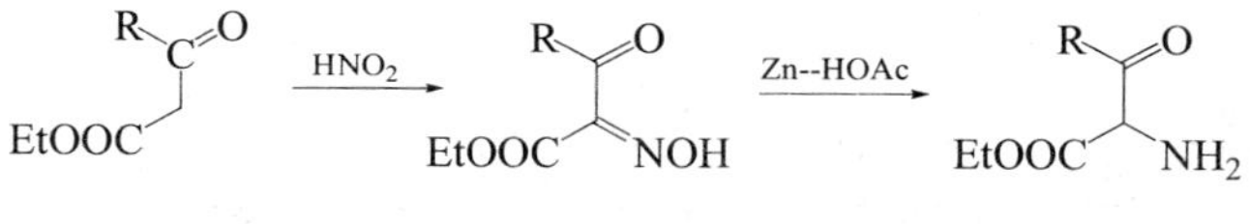

8.1.1.3　韩奇(A.Hantzsch)合成法

在氨或伯胺存在下，α–卤代醛(或酮)与β–酮酸酯反应，可生成吡咯衍生物。如果在吡啶存在下反应，则生成呋喃衍生物，此反应则称为 Feist-Benary 反应。

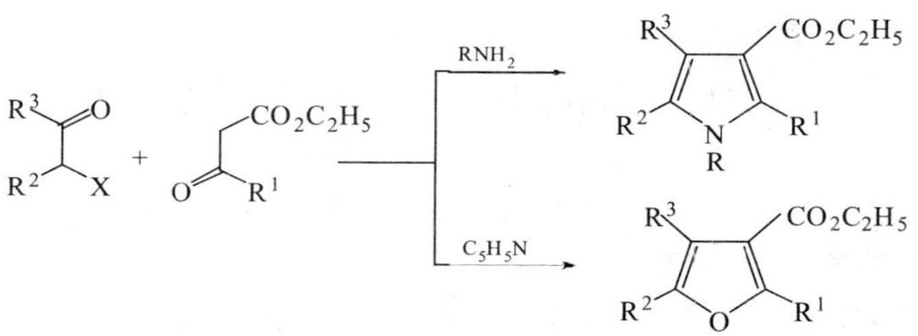

R，R^1，R^2，R^3=H；烷基或芳基，X = Cl，Br

例如：

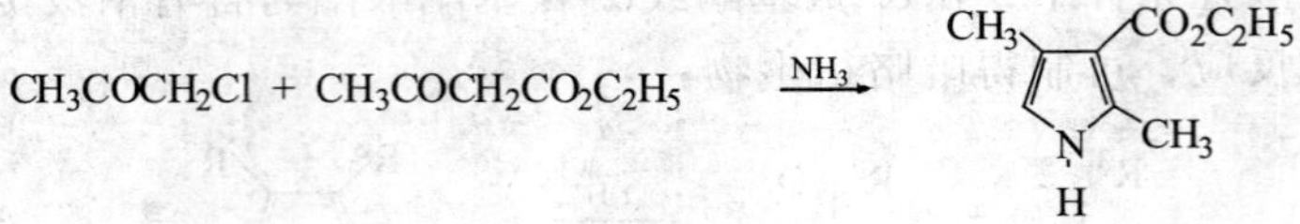

$$CH_3COCH_2Cl + CH_3COCH_2CO_2C_2H_5 \xrightarrow{NH_3}$$ (4-甲基-3-乙氧羰基-2-甲基吡咯：环上 CH_3、$CO_2C_2H_5$、CH_3，N—H)

8.1.1.4　汉思伯格(Hinsberg)合成法

由α–二羰基化合物与活泼的硫醚二羧酸酯作用生成取代噻吩，这是合成 3，4–二取代噻吩的好方法。

例如：

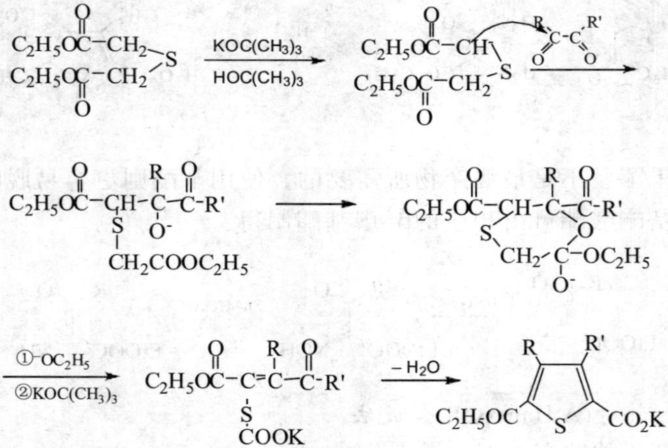

$$S(CH_2COOC_2H_5)_2 \xrightarrow[HOC(CH_3)_3]{KOC(CH_3)_3} C_2H_5OOC\overset{-}{C}H-S-CH_2COOC_2H_5 \xrightarrow{RCO-COR'}$$

$$C_2H_5OOC-CH(SCH_2COOC_2H_5)-C(R)(O^-)-CO-R' \longrightarrow C_2H_5OOC-CH-C(R)-CO-R'\ (\text{S}-CH_2-C(O^-)(OC_2H_5)-O\ \text{环})$$

$$\xrightarrow[②KOC(CH_3)_3]{①^-OC_2H_5} C_2H_5OOC-C(SCOOK)=C(R)-CO-R' \xrightarrow{-H_2O}$$ 2-C_2H_5OOC-3-R-4-R'-噻吩-5-CO_2K

式中，R 和 R′为烷基、芳基、烷氧基、羟基或氢原子等，当 R=R′=Ph 时，产率为 93%。改进的 Hinsberg 反应是利用双叶立德活泼的硫醚二羧酸酯，以避免脱羧步骤。

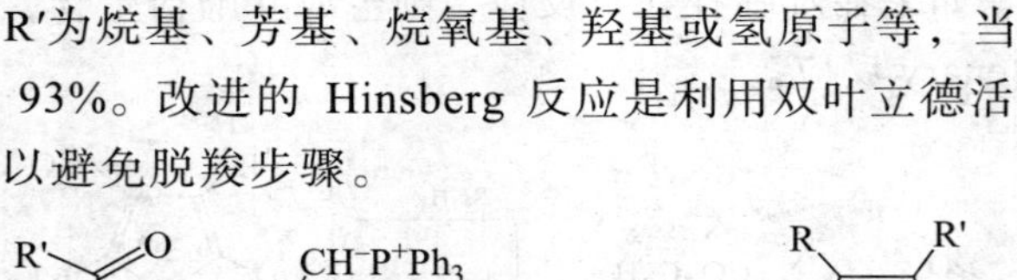

$$R'CO-COR + S(CH^-P^+Ph_3)_2 \longrightarrow$$ 3-R-4-R'-噻吩

8.1.1.5　吡咯的衍生物

吡咯的衍生物都极为重要，很多种生理上的重要物质都是由它的衍生物组成的，如叶绿素、血红蛋白及维生素 B_{12} 等都是吡咯的衍生物。

血红蛋白质是高等动物血液输送氧气及二氧化碳的主要物质，由血球蛋白质和血红素结合而成的。

叶绿素是一个重要的色素，是植物进行光合作用时所必需的催化剂，它存在于绿色细胞内的叶绿体内，和蛋白质结合成为一个复合体，但极易分解。它由蓝绿色的叶绿素 a 和黄绿色的叶绿色 b 组成，且 a、b 结构已测定，并于 1960 年合成了叶绿素 a。

维生素 B_{12}：在 1926 年发现，于 1948 年从肝的有效成分中析出结晶。维生素 B_{12} 具有很强的医治贫血的效能。在维生素 B_{12} 的分子中含有一个钴原子，还含有一个氰基，因此维生素 B_{12} 也称为氰基钴胺。经 X－射线测定维生素 B_{12} 有一个大的共平面的基团，即包括 4 个还原的吡咯环的类似卟吩结构的环系。还有一个苯并咪唑和核糖磷酸酯结合而成的体系，其全部结构于 1954 年予以确定。维生素 B_{12} 是自然界存在的结构非常复杂的有机化合物，经过十几年的研究，于 1973 年完成了它的全人工合成工作。这是迄今为止人工合成的最复杂的化合物，是有机合成艺术的一次伟大胜利。

目前工业上生产维生素 B_{12} 主要采用发酵法。

8.1.1.6 吡咯、呋喃及噻吩的互变

佑尔业夫(Yupev)以氧化铝为催化剂，可以使三种五元杂环互为转变：

$$\text{吡咯} \underset{NH_3}{\overset{Al_2O_3}{\rightleftharpoons}} \text{呋喃};\quad \text{吡咯} \underset{NH_3}{\overset{H_2S}{\rightleftharpoons}} \text{噻吩};\quad \text{呋喃} \underset{H_2S}{\overset{H_2O}{\leftrightharpoons}} \text{噻吩}$$

8.1.2 苯并单杂原子五元环化合物

苯并单五元杂环体系包括苯并吡咯(吲哚)、苯并呋喃和苯并噻吩等类化合物，这里主要介绍吲哚类化合物的合成方法。

8.1.2.1 费歇尔(Fischer)合成方法

由醛或酮的苯腙，在 Lewis 酸催化下环合，可制得各种吲哚衍生物。苯腙的合成在偶联反应中已介绍过。

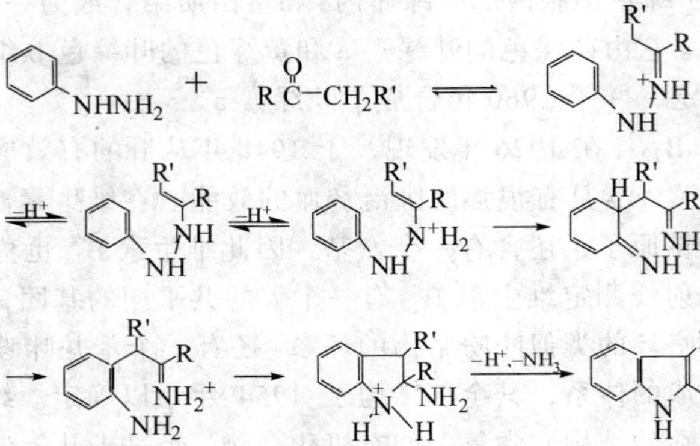

该反应中常用的催化剂是 $ZnCl_2$、PCl_3、PPA 等。羰基化合物的α–位至少要有一个氢原子，羰基化合物可以是醛、酮、醛酸、酮酸以及它们的酯，反应的关键一步是环化反应。苯肼的芳环上可以连有各种取代基，但吸电子取代基对反应不利。间位取代的苯肼，有两种闭环方向，这决定于取代基的性质。给电子取代基，主要生成 6–取代吲哚(即对位闭环)，而吸电子取代基时，主要生成 4–取代吲哚(邻位闭环)。

例如：

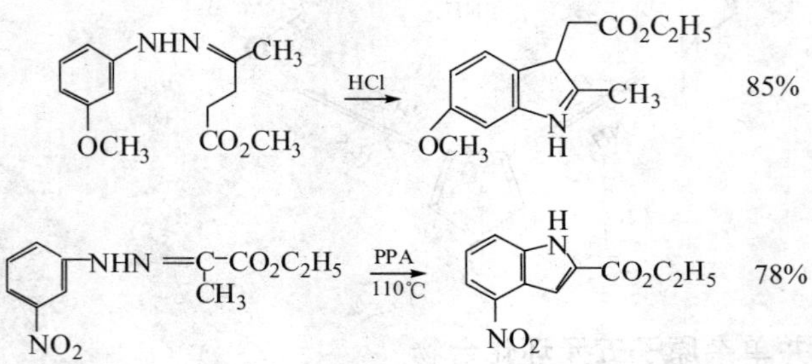

8.1.2.2 Bischler 合成法

由等当量的α–卤代酮和芳胺一起加热，先生成中间体α–芳胺基酮，然后在酸存在下环化得相应的吲哚衍生物：

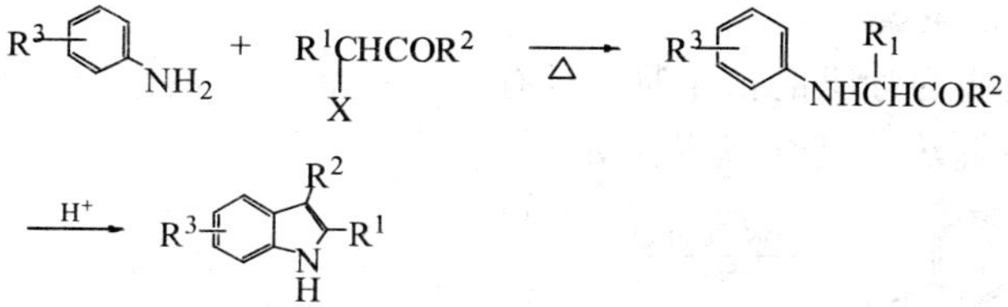

式中，R^1，R^2，R^3=R，Ar，H；X=Br，Cl，等。

例如：

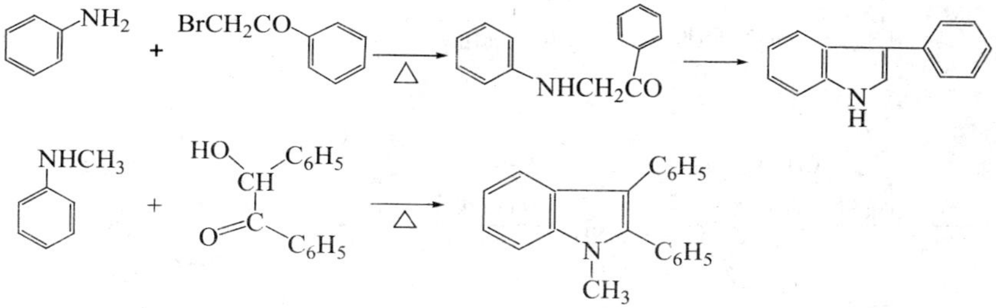

8.1.2.3 Reisset 合成法

由邻硝基甲苯的活泼甲基与草酸酯反应，先生成邻硝基丙酮酸酯，硝基被还原后进而环化，最后得到吲哚–2–羧酸酯。而且，产物可以水解和脱羧。常用的还原剂是 Zn 加醋酸、硫酸铁–氢氧化铵、锌汞齐–盐酸等。

例如：

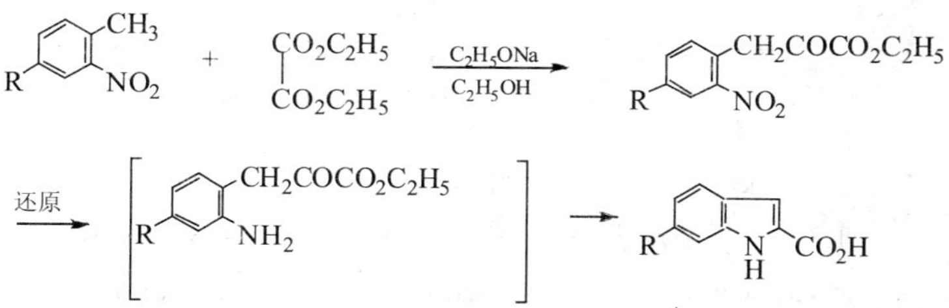

改进的 Reisset 合成法，可以直接得到五元环上无取代基的吲哚衍生物。方法如下：

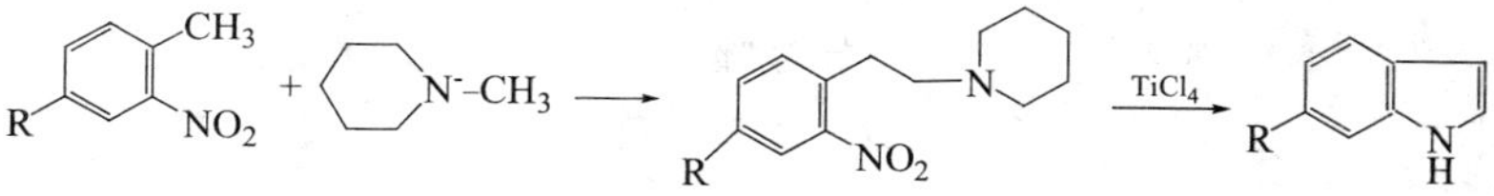

8.1.2.4 消炎痛的合成

消炎痛为吲哚的衍生物，具有显著镇痛和解热作用，用于各类炎症的镇痛解热。其合成方法如下：

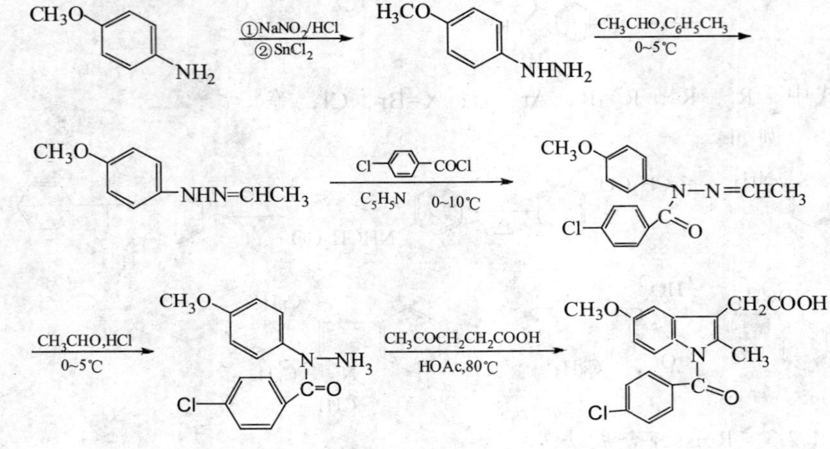

8.1.3 含两个杂原子的五元单环化合物

含有两个杂原子的五元单杂环化合物，根据性质和结构的不同可分为三类，即唑、氢化唑和只含有氧或硫原子的非唑类。其中常见的是前两类。

唑类：

咪唑

1,3－二氮杂茂

(imidazole)

噻唑

1,3－硫氮杂茂

(Uniazole)

噁唑

1,3－氧氮杂茂

(Oxazole)

吡唑

1,2－二氮杂茂

(Pyrazole)

异噻唑

1,2－硫氮杂茂

(isothiazole)

异噁唑

1,2－氧氮杂茂

(isoxazole)

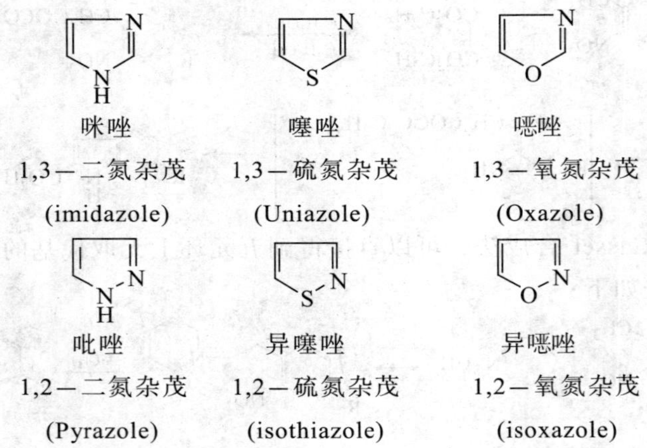

氢化唑类：

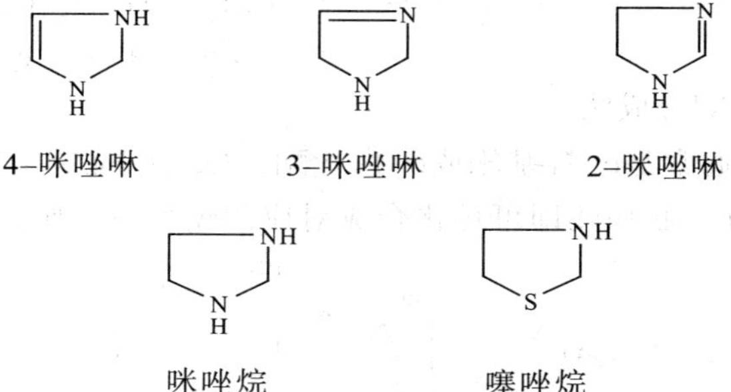

8.1.3.1 唑类化合物的合成

1)1,3–唑类的合成

(1)[4+1]合成法：

由α–酰基氨基酮与胺，五硫化二磷或脱水剂作用，环化成对应的咪唑、噻唑或噁唑类化合物。

R_3, HC—NH, R_2, O, O, R_4 $\xrightarrow{R^1NH_2,\ \triangle}$ R_3, N, R_2, N, R_4, R_1

$\xrightarrow{P_2S_5}$ R_3, N, R_2, S, R_4

$\xrightarrow{脱水剂}$ R_3, N, R_2, O, R_4

例如：

$C_6H_5CONHCH(C_6H_5)COC_6H_5 \xrightarrow[HOAc\ 120℃]{NH_4OAc}$ C_6H_5, N, C_6H_5, N H, C_6H_5

2,4,5–三苯基咪唑

$CH_3CONHCH_2COCH_3 \xrightarrow[120℃]{P_2S_5}$ N, CH_3, S, CH_3

2,5–二甲基噻唑

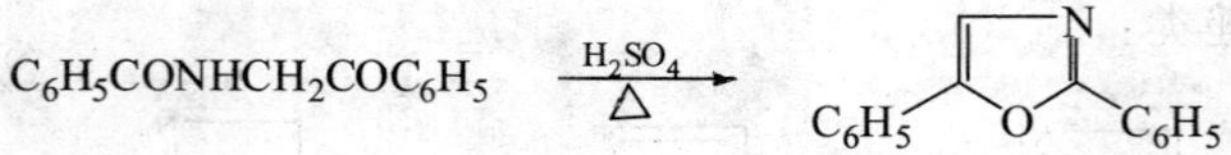

2,5–二苯基噁唑

(2)[2C+3X]合成法：

这里 2C 通常是α–羟基酮或α–卤代酮，3X 为酰胺或硫代酰胺等。2C 和 3X 组分一起加热即可环化合成对应的噻唑或噁唑类衍生物。

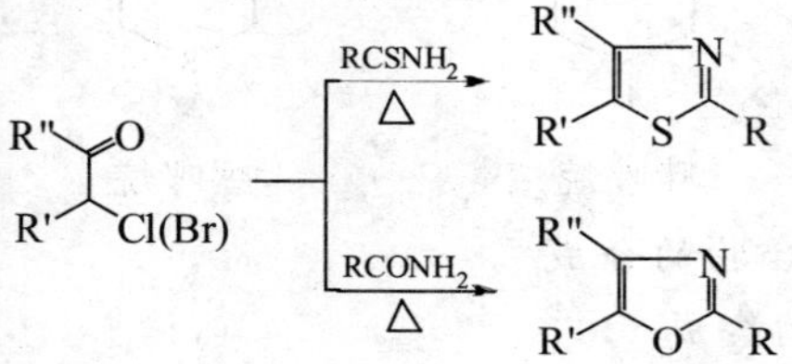

例如：

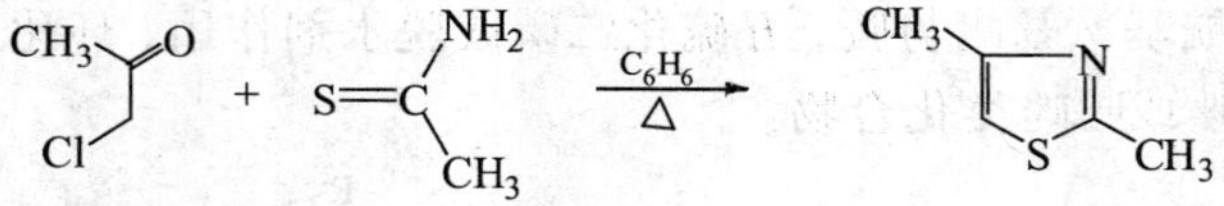

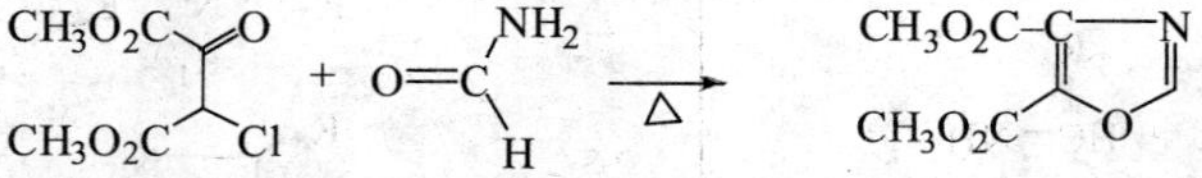

(3)咪唑环的合成：

α–氨基醛或酮是合成咪唑类化合物的重要中间体，它们用热的硫氰酸钾水溶液处理，生成α–巯基咪唑类化合物，巯基可被 Raney-Ni 还原，可得到咪唑类化合物。α–氨基醛或酮和氨基腈作用，生成α–氨基咪唑类化合物。

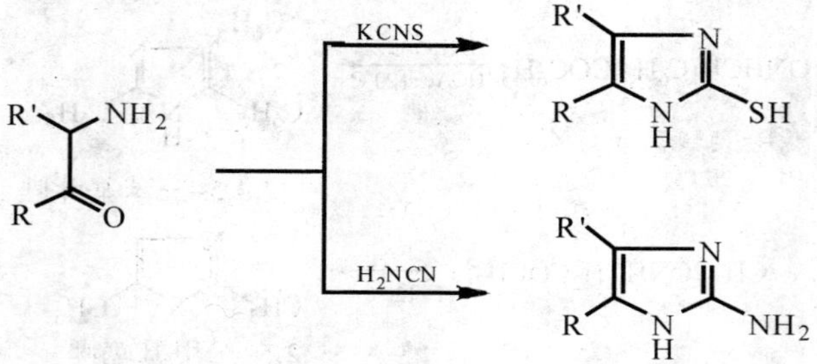

咪唑环本身可通过一个特别方法制备，即

$$\underset{\text{酒石酸}}{HOOC-CH(OH)-CH(OH)-COOH} \xrightarrow[38℃]{\text{浓}HNO_3,\ H_2SO_4} HOOC-CH(ONO_2)-CH(ONO_2)-COOH \xrightarrow[-N_2O_3]{-H_2O} HOOC-CO-CO-COOH$$

$$\xrightarrow{2NH_3,\ CH_2O} \text{4,5-咪唑二羧酸} \xrightarrow{-2CO_2} \text{咪唑} \quad 68\%\sim76\%$$

咪唑另一个比较简单制法是以缩醛为原料。

例如：

$$H_2C=CHOCOCH_3 \xrightarrow{Br_2} BrCH_2CHBrOCOCH_3 \xrightarrow[-EtOAc]{EtOH} BrCH_2CHO$$

$$\xrightarrow[HB]{EtOH} BrCH_2CH(OEt)_2 \xrightarrow[\text{少量浓}HCl]{HOCH_2CH_2OH} BrCH_2\text{--}HC\langle O\text{-}CH_2CH_2\text{-}O\rangle \quad 94\%$$

$$\xrightarrow[175℃,6h]{2HCONH_2} \text{咪唑} \quad 50\%$$

2)1，2–唑类(异唑类)化合物的合成

1,3–二羰基化合物与肼或羟胺反应，脱水环合可得到对应的吡唑或并噁唑类化合物。

$$R'COCH_2COR \begin{cases} \xrightarrow[-2H_2O]{NH_2NH_2} \text{3-R'-5-R-吡唑} \\ \xrightarrow[-2H_2O]{NH_2OH} \text{3-R'-5-R-异噁唑} \end{cases}$$

例如：

$$C_6H_5COCH_2C(=O)C_6H_5 + C_6H_5NHNH_2 \xrightarrow[\triangle]{H_3O^+} \text{1,3,5-三苯基吡唑}$$

$$H_3C\overset{O}{\overset{\|}{C}}CH_2-\underset{CH_3}{\underset{|}{C}}=O+H_2NOH\cdot HCl\xrightarrow[\triangle]{H_2O}\text{3,5-二甲基异噁唑}$$

吡唑也可用乙炔或炔化物与重氮甲烷反应制得。

例如：

$$HC\equiv CCO_2CH_3 + {}^{-}CH_2-N^{+}\equiv N\xrightarrow[0℃]{乙醚}\text{3-甲氧羰基-3H-吡唑}\xrightarrow{互变异构}\text{3-甲氧羰基-1H-吡唑}$$

8.1.3.2 氢化唑类化合物的合成

1,2–二胺与羧酸、醛或酮反应，可分别得到咪唑啉和咪唑烷：

$$R'CH(NH_2)CH(NH_2)R\xrightarrow[-2H_2O]{R''CO_2H}\text{2-R''-4-R-5-R'-咪唑啉}$$

$$R'CH(NH_2)CH(NH_2)R\xrightarrow[-H_2O]{R''COR'''}\text{2-R''-2-R'''-4-R-5-R'-咪唑烷}$$

8.1.3.3 合成方法的应用

(1)驱虫净的合成(盐酸噻咪唑)：

$$C_6H_5COCH_3\xrightarrow{Cl_2}C_6H_5COCH_2Cl\xrightarrow[乙醇]{a-氨基噻唑啉}C_6H_5COCH_2-\overset{+}{N}(\text{2-氨基噻唑})$$

$$\xrightarrow{KBH_4}C_6H_5CH(OH)CH_2-\overset{+}{N}(\text{2-氨基噻唑})\xrightarrow[②NaOH\ ③HCl]{①H_2SO_4}\text{(四咪唑)}\cdot HCl$$

(2)氨基比林的合成：

主要用于发热、头痛、关节痛、神经痛、痛经及活动性风湿症。

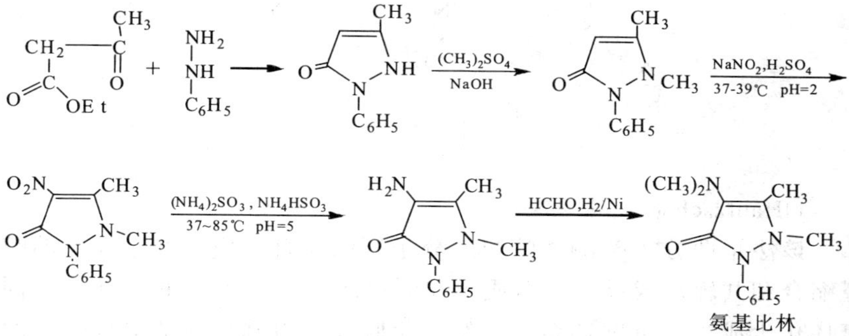

$(CH_3)_2SO_4$，NaOH；$NaNO_2$，H_2SO_4，37-39℃ pH=2；$(NH_4)_2SO_3$，NH_4HSO_3，37~85℃ pH=5；HCHO，H_2/Ni

氨基比林

(3)酒石黄的合成：

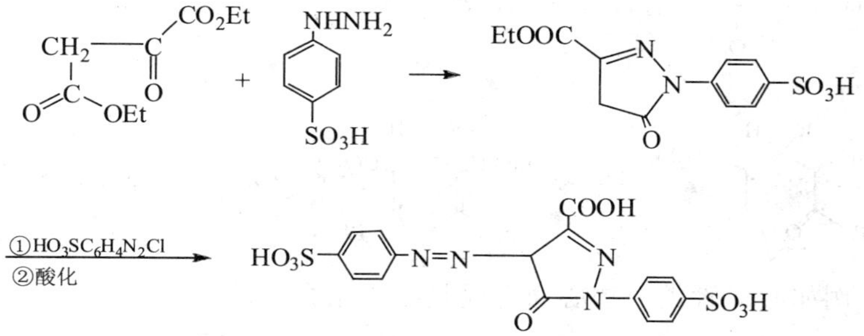

①$HO_3SC_6H_4N_2Cl$
②酸化

酒石黄是羊毛的一个黄色染料，与其他吡唑酮偶氮染料一样，近几年来在工业上的应用越来越多。

8.2 六元杂环化合物

8.2.1 含一个杂原子的六元杂环化合物

含一个杂原子的六元杂环类化合物，重要的有吡啶、喹啉、异喹啉、吡喃和苯并吡喃等类化合物。

8.2.1.1 吡啶及其衍生物的合成

构成吡啶环骨架的方法主要由下列三种：

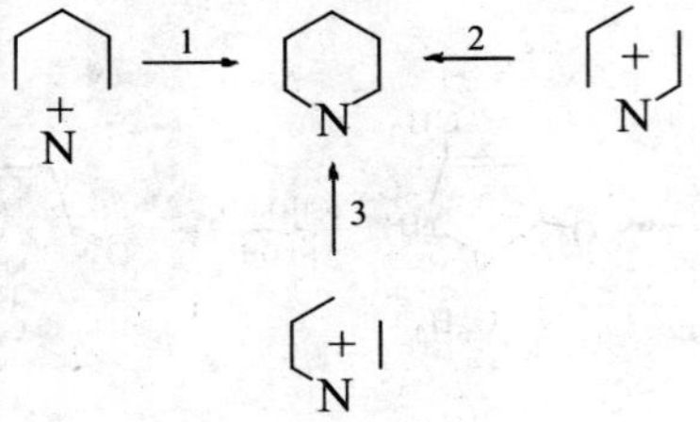

1)Hantzsch 合成法

该法是两分子β–酮酸酯与一分子氨的缩合反应。经过连续的醇醛缩合和共轭加成反应，形成饱和的 1,5–二羰基化合物，然后，同氨环化生成二氢吡啶环系，在经氧化脱氢，得到相应的对称取代的吡啶环。

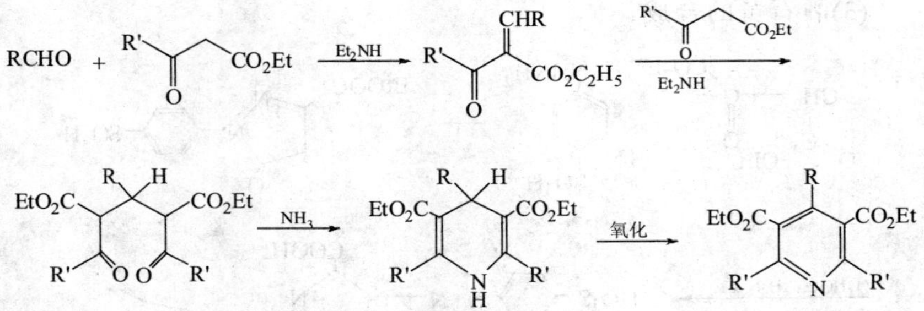

例如心血管类药物心痛定就是用该法合成的。

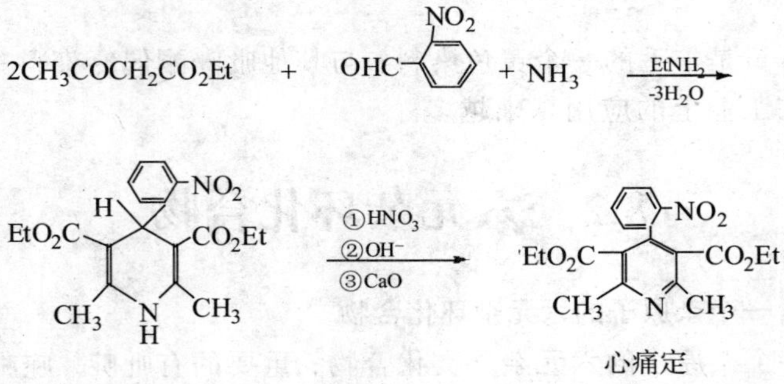

$2CH_3COCH_2CO_2Et$ + OHC–(邻硝基苯) + NH_3 $\xrightarrow[-3H_2O]{EtNH_2}$

①HNO_3 ②OH^- ③CaO

心痛定

该法的关键是 1,5–二羰基化合物的合成，因此作为该方法的扩展，选用不同的羰基化合物为原料，可得到各种取代的吡啶衍生物。如使用带氰基的 1,5–二羰基化合物则可得到带氰基的吡啶环：

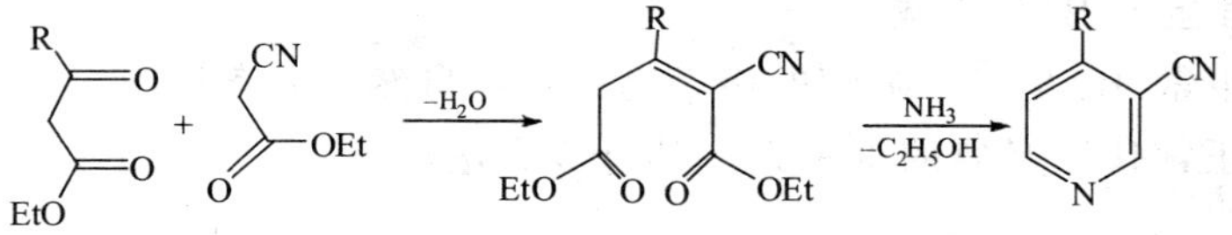

类似的另一种方法，用β–二羰基化合物与氰乙酰胺在碱存在下反应，可合成 3–氰基–2–吡啶酮，然后很容易转化为吡啶，此法被广泛应用。

例如：

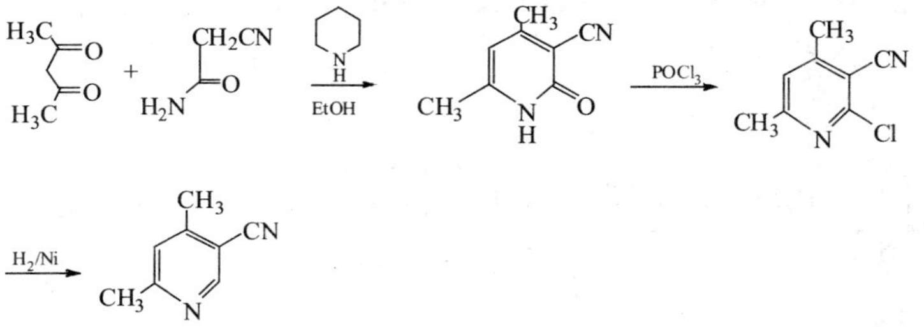

取代吡啶也可以用β–二羰基化合物和β–氨基–α，β–不饱和羰基化合物的反应来合成。

例如乙酰丙酮酸酯和β–氨基巴豆酸酯在低温下缩合，即可制得取代的吡啶羧酸酯：

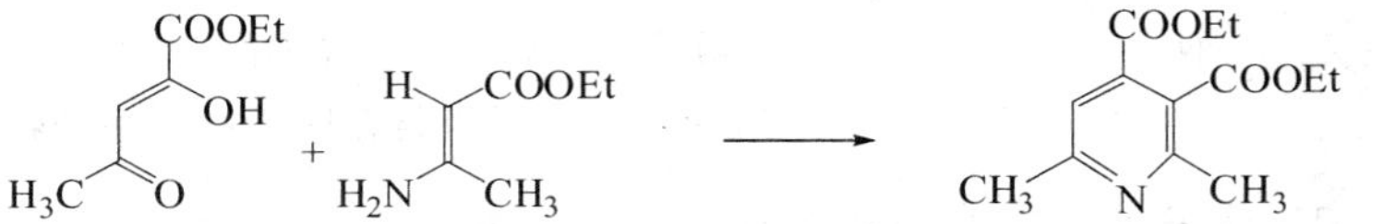

2)Krohnke 合成法

用吡啶叶立德对α，β–不饱和羰基化合物进行共轭加成，先得到1,5–二羰基化合物，然后与氨环合直接得到吡啶衍生物。

例如：

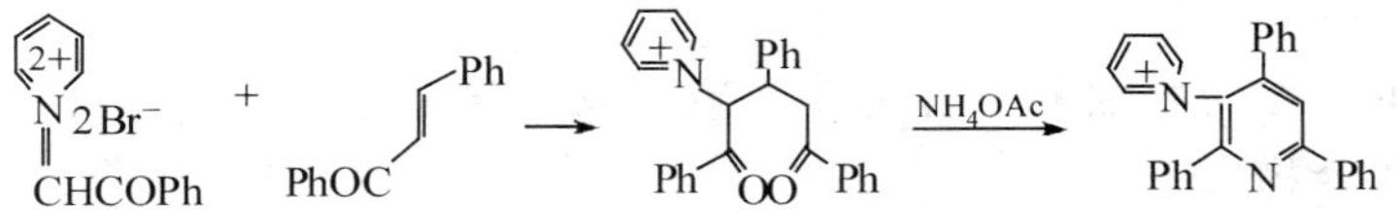

3)维生素 B_6 的合成

维生素 B_6 是一个吡啶的衍生物，它在自然界分布很广，是维持蛋白质正常代谢必要的维生素。其合成方法如下：

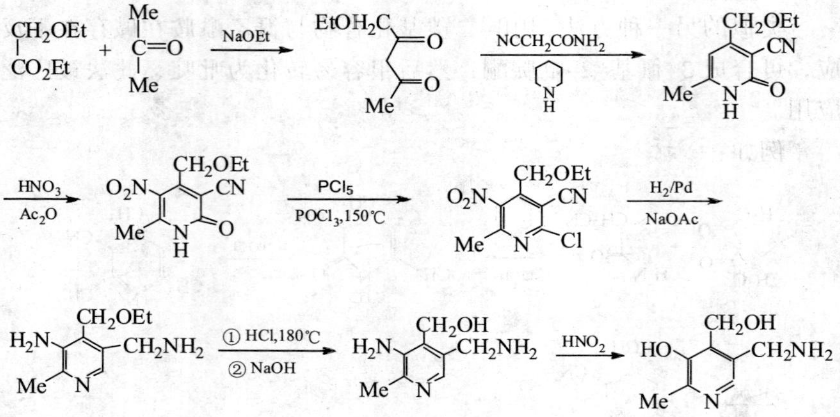

CH_2OEt / CO_2Et + Me–C(=O)–Me —NaOEt→ $EtOH_2C$–CO–CH_2–CO–Me —$NCCH_2CONH_2$, 哌啶→ 4-CH_2OEt-3-CN-6-Me-2-吡啶酮 —HNO_3, Ac_2O→ 5-O_2N 取代物 —PCl_5, $POCl_3$,150℃→ 2-Cl 吡啶 —H_2/Pd, NaOAc→ 5-H_2N-4-CH_2OEt-3-CH_2NH_2-6-Me 吡啶 —① HCl,180℃ ② NaOH→ 5-H_2N-4-CH_2OH-3-CH_2NH_2-6-Me 吡啶 —HNO_2→ 5-HO-4-CH_2OH-3-CH_2NH_2-6-Me 吡啶

另外，常见的含有吡啶环的衍生物还有烟酸、烟碱(尼古丁)、异烟酰肼(雷米封)，其结构如下：

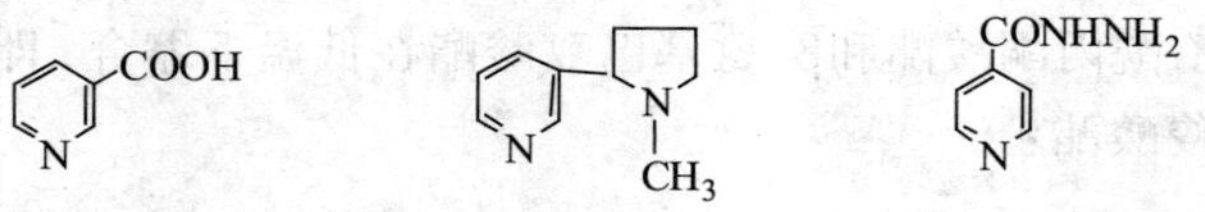

烟酸（COOH，N）　　烟碱（N，N，CH_3）(尼古丁)　　异烟酰肼（$CONHNH_2$，N）(雷米封，医治结核病药物)

8.2.1.2　喹啉及其衍生物的合成

构成喹啉环骨架的途径主要为：

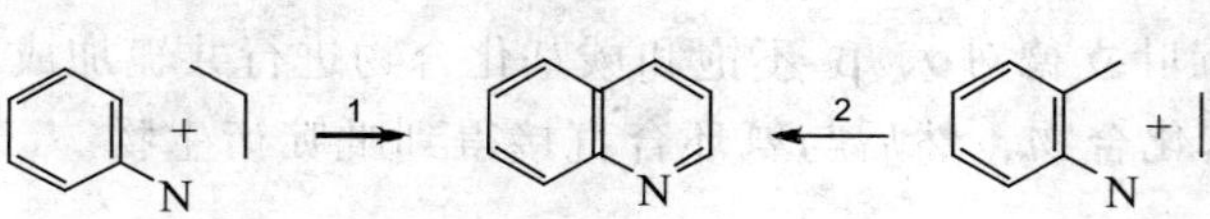

苯胺 (N) + 三碳片段 —1→ 喹啉 (N) ←2— 邻甲基苯胺 (N) + 一碳片段

1)斯克洛普(Skrarp)合成法

由芳胺与甘油的混合物在浓硫酸及氧化剂存在下共热可生成喹啉类化合物：

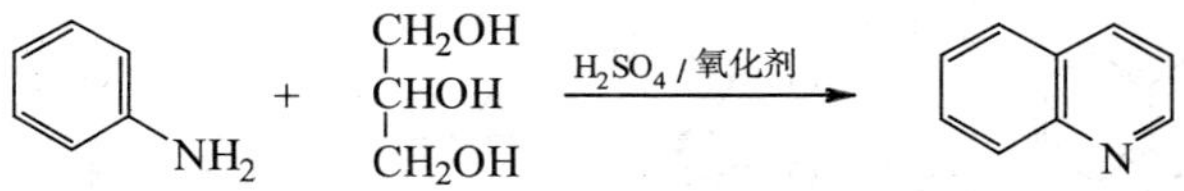

氧化剂可以是硝基苯、H_3AsO_4、I_2、Fe_2O_3等，反应机理如下：

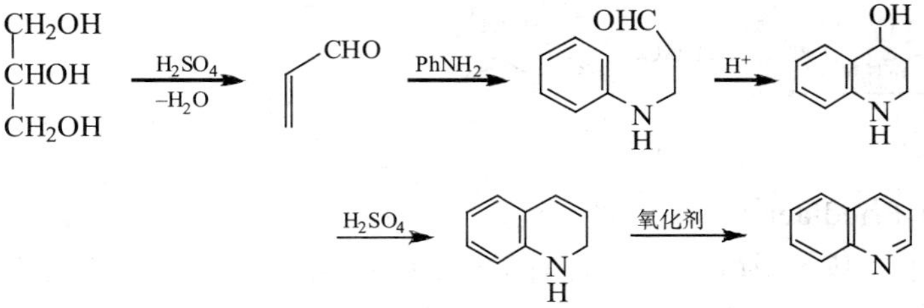

该反应只有当反应进行激烈时，才能得到较好的产率。但由于反应激烈，有时较难控制，故有很多改进方法，如加硫酸亚铁等缓和剂可使反应顺利进行。如用α，β–不饱和醛或酮代替甘油，或用饱和醛先发生醇醛缩合反应，可得到α，β–不饱和醛，再进行反应，其结果是一样的。

例如：

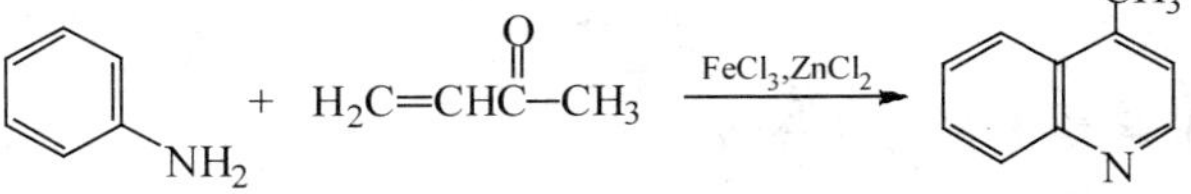

73%

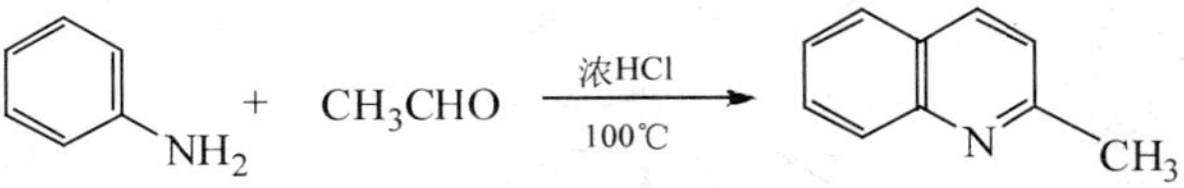

32%

2)康布斯(A.Combes)合成法

用芳胺与1,3–二羰基化合物反应，首先得到高产率的β–氨基烯酮，然后在浓硫酸作用下，羰基氧质子化后，羰基碳原子向氨基邻位苯环上的碳原子进行亲电进攻，关环后，再失水得到芳香性的喹啉.

例如：

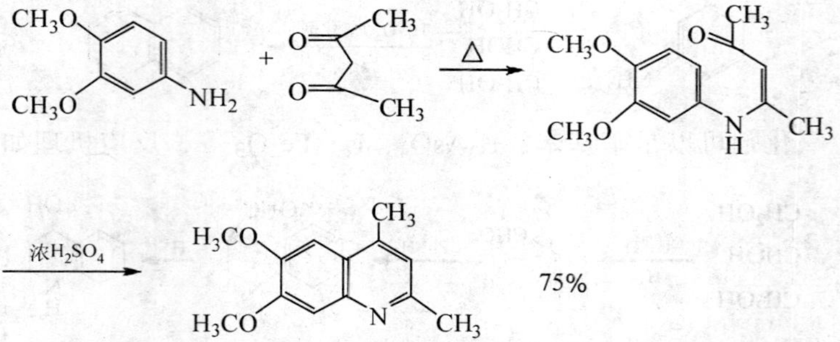

75%

3)Friedlaender 合成法

邻氨基苯甲醛或酮与含有 $-CH_2CO-$ 结构单元的化合物反应，得到 2-、3-或 4-取代的喹啉化合物。反应既可在碱性条件下进行，也可在酸性条件下进行，但产物不同。

例如：

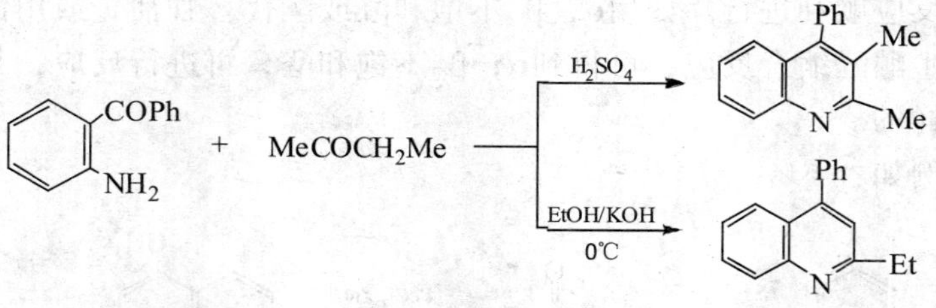

$$\text{MeCOCH}_2\text{Me} \xrightarrow{H_2SO_4} \quad \xrightarrow[0℃]{EtOH/KOH}$$

8.2.1.3 异喹啉类化合物的合成

异喹啉类化合物的骨架可通过下列三种途径构成：

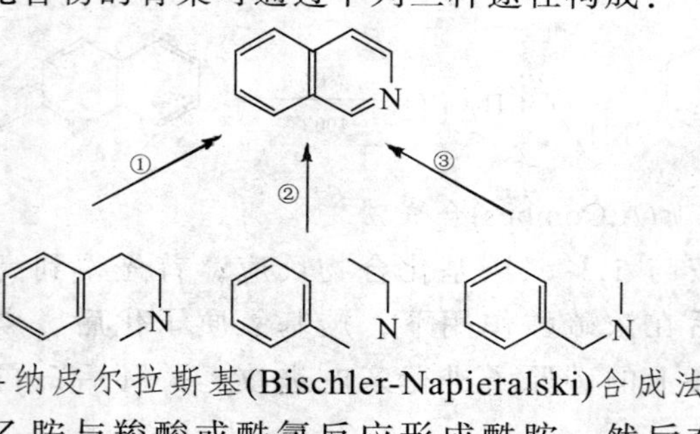

1)毕歇尔－纳皮尔拉斯基(Bischler-Napieralski)合成法

首先用苯乙胺与羧酸或酰氯反应形成酰胺，然后在脱水剂如 P_2O_5、$POCl_3$ 或 PCl_5 等作用下失水关环，再脱氢得 1–取代异喹啉化合物。

例如：

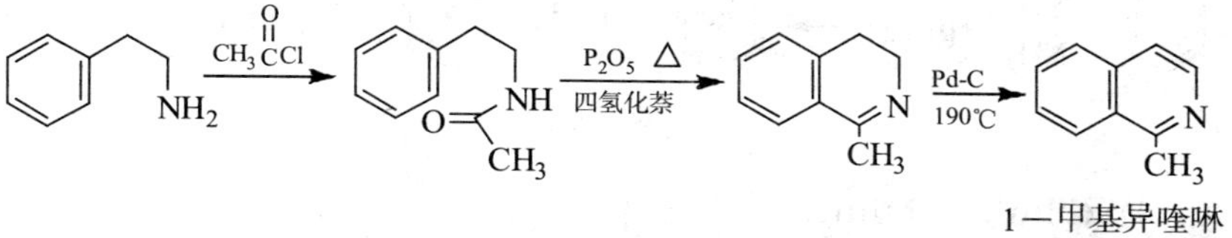

CH_3CCl（O），P_2O_5 △ 四氢化萘，Pd-C 190℃

1—甲基异喹啉

关环是亲电试剂进攻芳环，环上需有活化基团才易进行反应。如活化基团在间位，进攻活化基团的对位，得 6–取代异喹啉。环上如有钝化基团，反应不易进行。

例如：

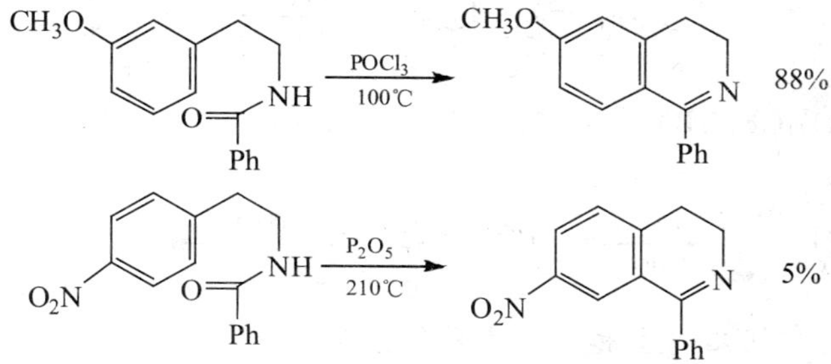

$POCl_3$ 100℃ 88%

P_2O_5 210℃ 5%

2)皮克斯—盖穆斯(A.Pictet-Gams)合成法

该法实际上是毕歇尔法的改进，用β–甲氧基或β–羟基苯乙胺进行反应，首先酰化得到的酰胺在反应条件下失去甲醇或水，得到不饱和酰胺，然后再关环得到异喹啉的衍生物。

例如：

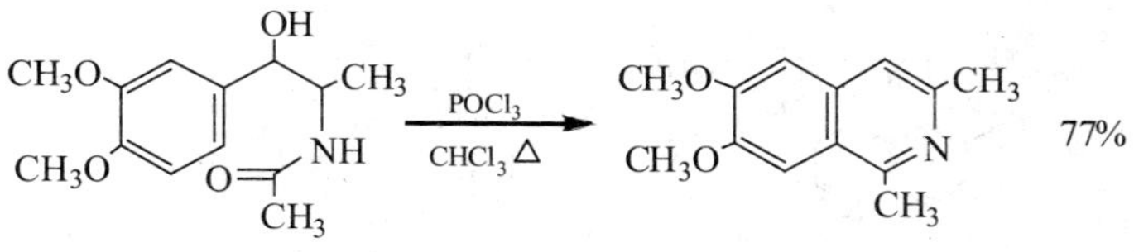

$POCl_3$ $CHCl_3$ △ 77%

3)皮克特—斯潘勒合成法

该法是使β–芳乙胺在稀酸存在下先与醛形成 Schiff 碱，然后通过类 Mannich 反应闭环，得到四氢异喹啉类化合物，进而催化脱氢得异喹啉类化合物。

例如：

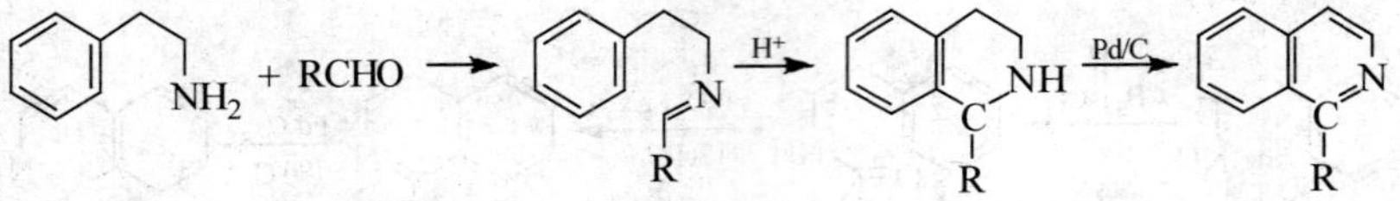

4)Schlittler－Miiller 合成法

以芳酮为原料，首先与羟胺反应生成肟，然后还原成胺，再与一缩乙二醛反应，在酸性条件下，环合得到取代的异喹啉。

例如

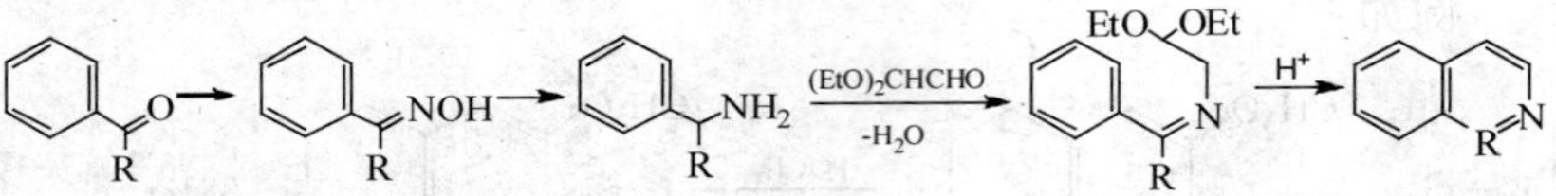

$(EtO)_2CHCHO$ 的合成：

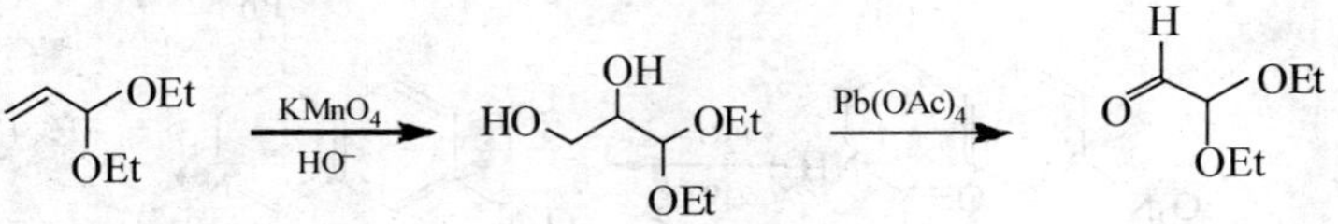

8.2.1.4　常见几种喹啉、异喹啉衍生物

1)辛克宁碱及金鸡纳碱

金鸡纳树的根、枝、干及皮内含有 25 种以上的生物碱，南美州人把树皮当做祛热药物使用。1820 年，从金鸡纳树皮中获得两种最重要的生物碱，即辛克宁碱和金鸡纳碱。两者差别是再后者分子中多含一个甲氧基：

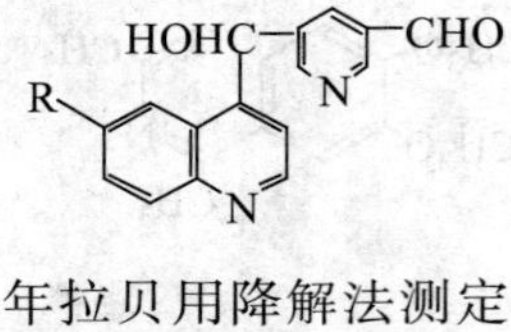

R=H 辛可宁碱

$R=OCH_3$　金鸡纳碱（奎宁碱）

1908 年拉贝用降解法测定了结构，1944 年武德华等完成了金鸡纳碱的全合成工作。

2)常山碱

常山碱在我国常山草药中提取，具有抗疟疾作用，1952 年，全人工完成合成工作。

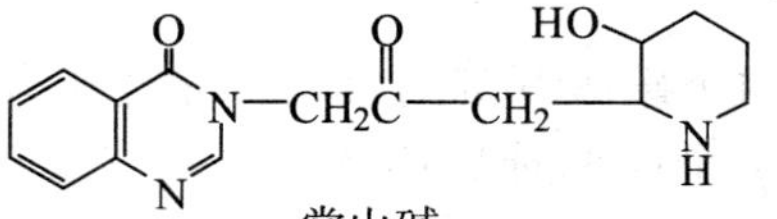

常山碱

3)喜树碱

从喜树的木质和果实中提取，我国西南和中南地区种植该植物。喜树碱具有抗癌活性，如对肠癌、胃癌和白血病等有很强的生物活性。

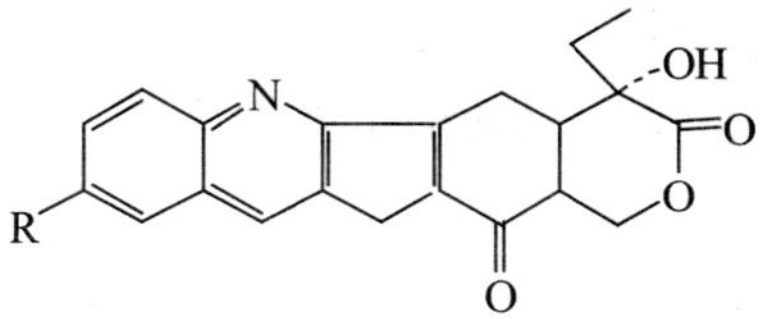

R＝H，喜树碱；

R＝OH，10—羟基喜树碱；

R＝OCH_3，10—甲氧基喜树碱

4)罂粟碱

罂粟碱是鸦片的成分之一，具有优异的镇痛作用，但有很强的生物依赖性。

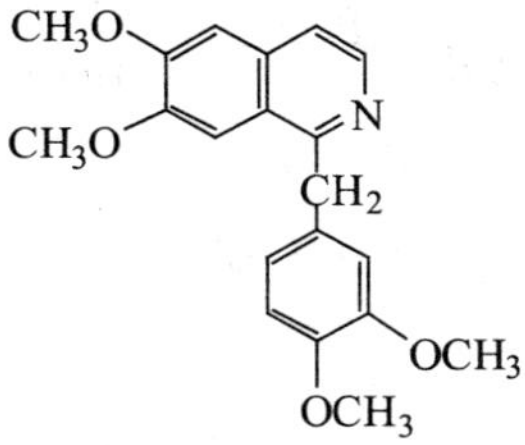

5)小蘖碱

小蘖碱也叫黄连素，是一种抗菌药物，我国全部用合成方法生产。

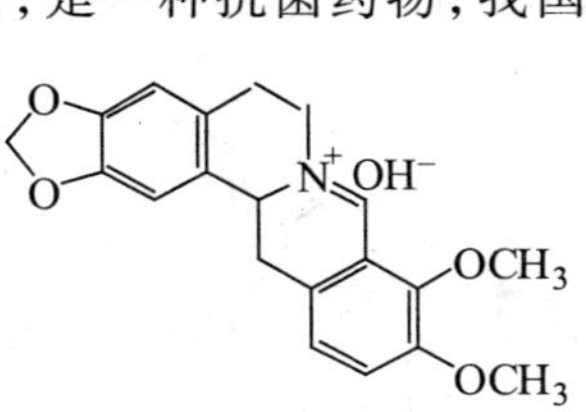

8.2.1.5 吡喃、吡喃酮及吡喃鎓盐

1)吡喃及衍生物

吡喃是指含有两个碳碳双键的氧杂六元环化合物，随双键的位置不同，有α–吡喃和γ–吡喃两种异构体。

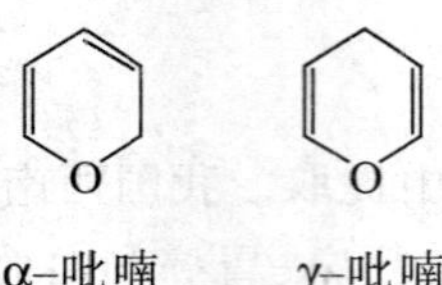

α–吡喃　γ–吡喃

α–吡喃本身现在还不能合成，其衍生物一般不稳定，容易开环生成相应的链状化合物。相对来说，γ–吡喃及其衍生物较为重要。

γ–吡喃的合成：

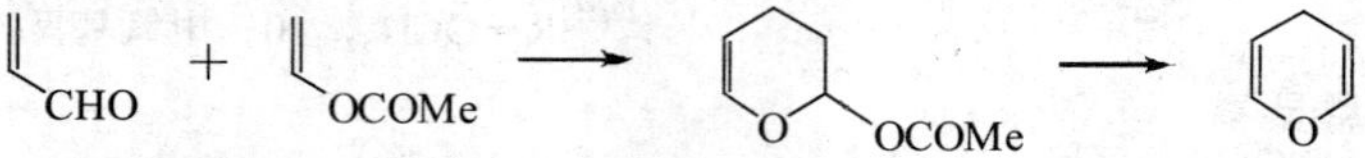

CHO ＋ OCOMe ⟶ (O, OCOMe) ⟶ (O)

γ–吡喃衍生物的合成：

HO_2C O O CO_2H $\xrightarrow{H_2SO_4}$ HOOC O COOH

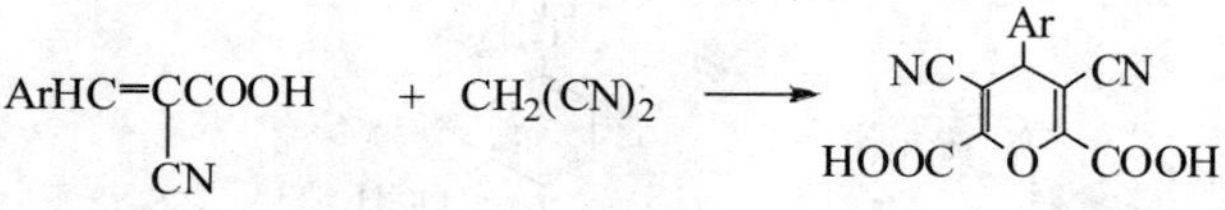

ArHC=CCOOH (CN) ＋ $CH_2(CN)_2$ ⟶ (Ar, NC, CN, HOOC, O, COOH)

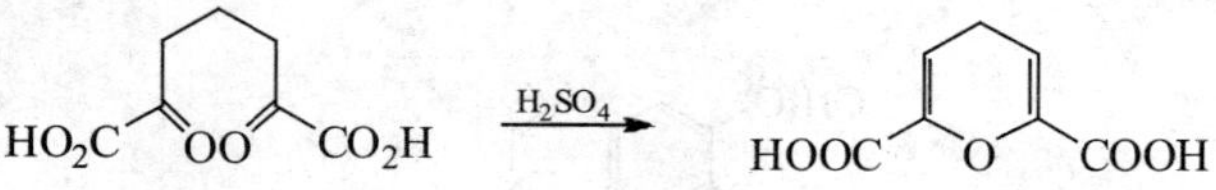

2)吡喃酮

吡喃酮有三种异构体，即 2–吡喃酮(α–吡喃酮)、3–吡喃酮(β–吡喃酮)和 4–吡喃酮(γ–吡喃酮)，其中 2–吡喃酮和 4–吡喃酮较为重要。

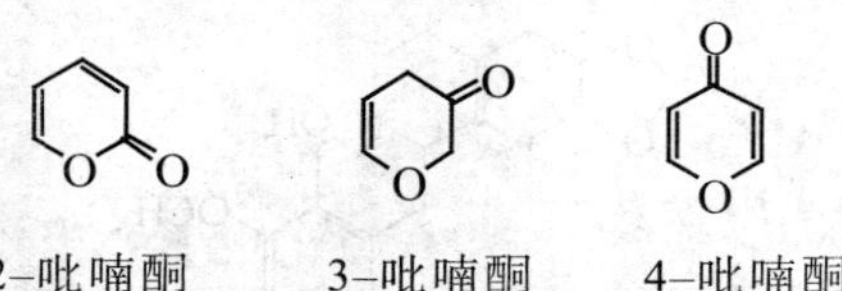

2–吡喃酮　3–吡喃酮　4–吡喃酮

(1)2–吡喃酮环系的合成方法：

①由苹果酸脱水先生成甲酰基乙酸，进而发生双分子缩合反应，生成 2–吡喃酮–4–羧酸(阔马酸)，最后脱羧得到 2–吡喃酮。

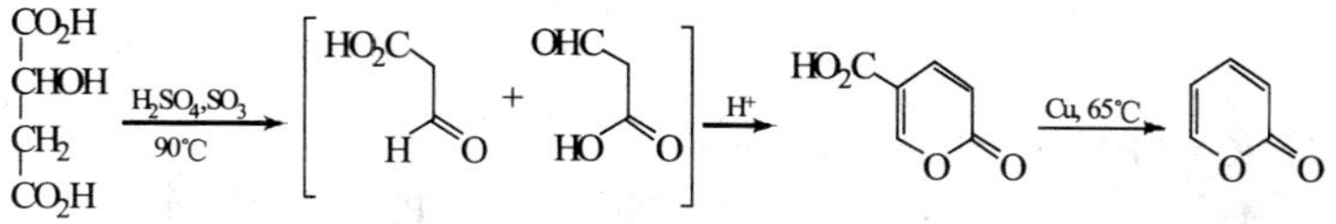

②以不同的β–酮酸酯为原料，在酸性或碱性条件下反应，可得到不同的三取代 2–吡喃酮。

例如：

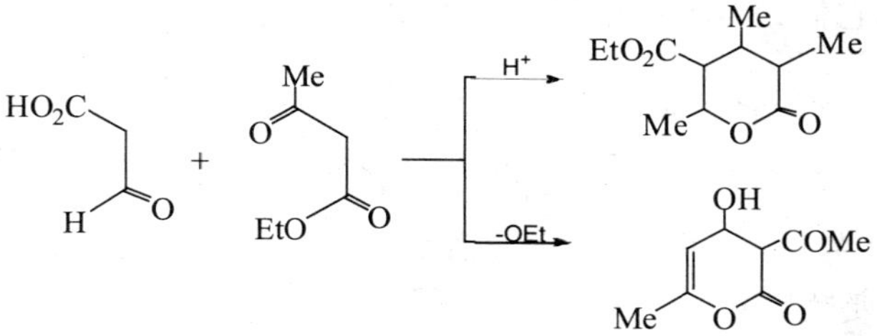

(2)4–吡喃酮环系的合成方法：

①1,3,5–三酮环化法，三酮可以通过 1,3–二酮的二价阴离子的酰基化制得。

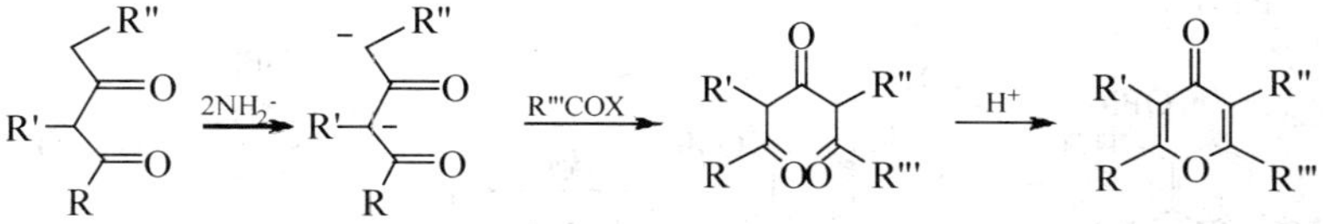

②利用脂肪酸或酸酐在 200℃下与聚磷酸反应。

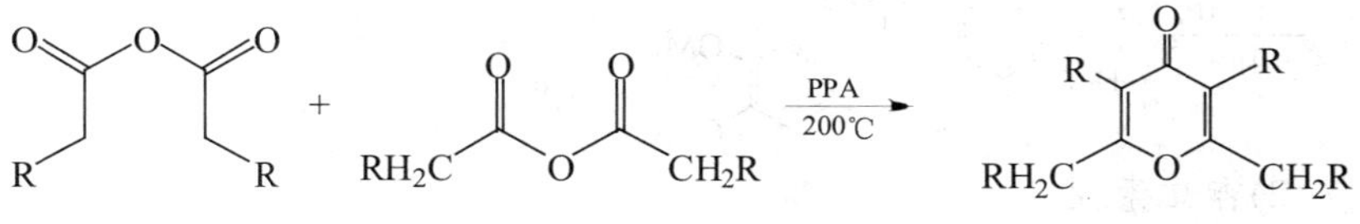

3)吡喃鎓盐

吡喃鎓盐是指含一个氧原子并带一个正电荷的完全不饱和六元杂环化合物，它是合成许多碳环和杂环化合物的中间体。吡喃鎓盐是通过 1，5–二羰基化合物在酸催化下环化制得。选择不同的原料制备 1，5–二羰基化合物，可得不同取代的吡喃鎓盐。

例如：

PhHC=CHCOPh + PhCOMe $\xrightarrow{HBF_4}$ (Ph, Ph, Ph 1,5-二酮) $\xrightarrow{FeCl_3}$ 2,4,6-三苯基吡喃鎓盐 BF_4^-

8.2.1.6　苯并吡喃类化合物的合成

吡喃鎓盐和吡喃酮的苯并稠合类似物，代表了几类重要的天然产物环系，它们是苯并吡喃鎓盐、香豆素和色酮。

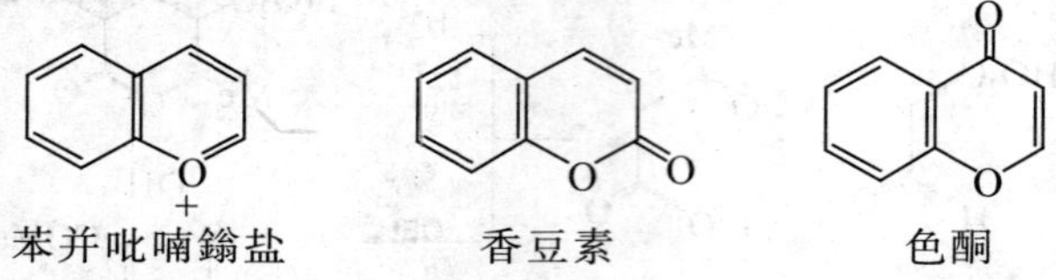

苯并吡喃鎓盐　　香豆素　　色酮

1)苯并吡喃鎓盐

苯并吡喃鎓盐的合成与吡喃鎓盐的合成类似，可以通过不同取代的水杨醛与含α–氢的酮发生醇醛缩合反应，进而闭环、成盐得到苯并吡喃鎓盐。

例如：

(OCOPh, CHO, HO, OH 取代苯甲醛) + (AcO, O, OMe, OMe 取代苯乙酮) $\xrightarrow[-H_2O,-AcOH]{HCl}$ (COOPh, HO, Cl^-, OMe, OMe 苯并吡喃鎓盐)

$\xrightarrow[\text{② } HCl, N_2]{\text{① } OH^-}$ (OH, OH, HO, Cl^-, OMe, OMe)　氯化氰旋

2)香豆素及色酮类化合物

香豆素及色酮类化合物可以由单或邻二取代苯类化合物的环化反应制备。

例如：

(邻羟基苯乙酮, Me, OH) $\xrightarrow{RCO_2Et}$ (1,3-二酮, R, OH) $\xrightarrow{H^+}$ (2-R-色酮)

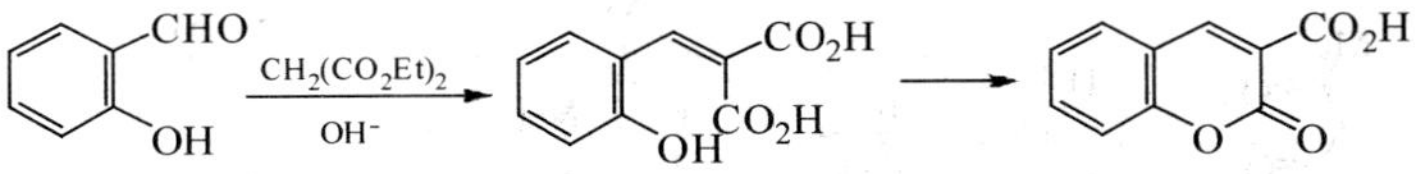

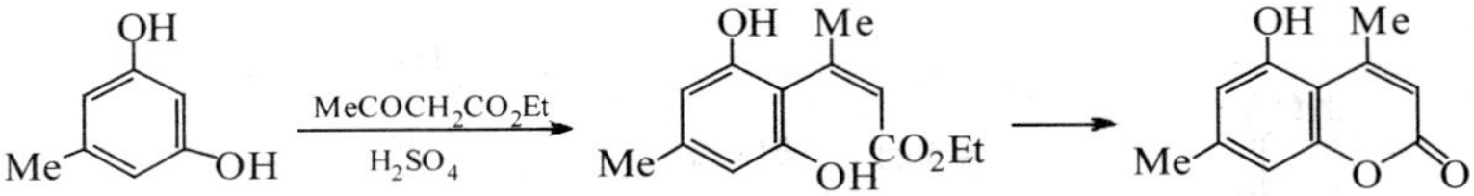

8.2.2 含两个或多个杂原子的六元环化合物

含有两个、三个和四个氮原子的芳香性六元杂环化合物，分别称为二嗪、三嗪和四嗪。含有一个氮原子和一个氧原子的六元杂环化合物称为噁嗪。含有一个氮原子和一个硫原子的六元杂环化合物称为噻嗪。其中较重要的二嗪是：

哒嗪　　嘧啶　　吡嗪

8.2.2.1 嘧啶及其衍生物的合成

嘧啶类化合物常存在于核酸结构中，构成嘧啶环常用的方法是，利用含有 C-C-C 单元的试剂与具有 N-C-N 骨架的试剂相作用。前者通常是 1,3–二酮、β–酮酯、β–酮腈、丙二酸酯、丙二腈等，后者通常是尿素、硫脲、胍、脒等。

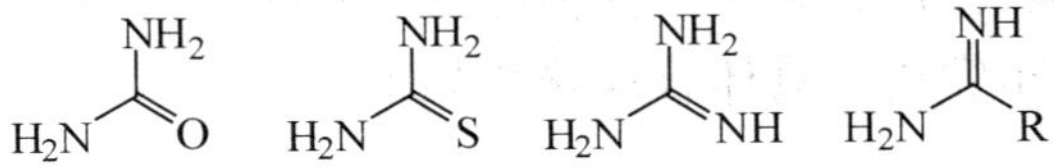

尿素　　硫脲　　胍　　脒

合成反应通式如下：

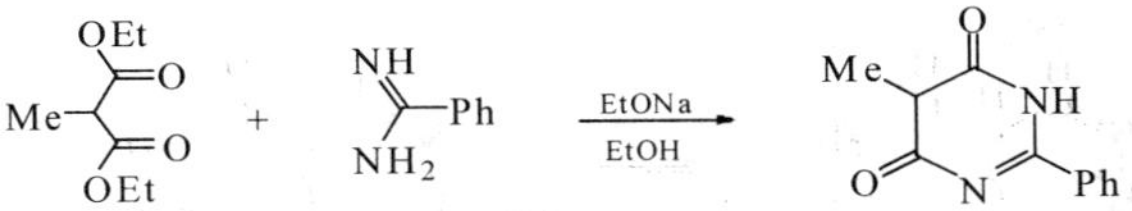

例如巴比吐酸及尿嘧啶的合成：

巴比吐酸

尿嘧啶 55%

嘧啶本身在自然界中并不存在，但取代的嘧啶在自然界中存在很多，并且非常重要，具有特殊的生理活性。如核酸中就具有嘧啶结构，维生素 B_1 也含有嘧啶环系。嘧啶环系常被合成用作药物。

维生素 B_1 是由嘧啶环和噻唑环结合而成的化合物。常以盐酸盐形式存在，也称盐酸硫胺或硫胺素。人类缺乏这种维生素时患脚气病，鸟类食物中缺乏 B_1，患多发性神经炎。它的结构测定和合成均由威廉斯于 1936 年完成。具体合成路线如下：

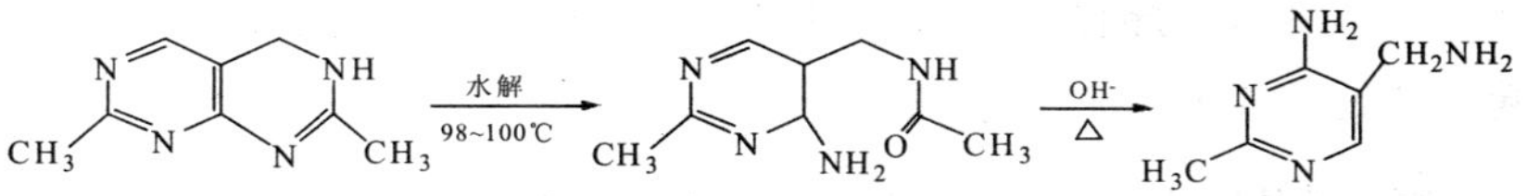

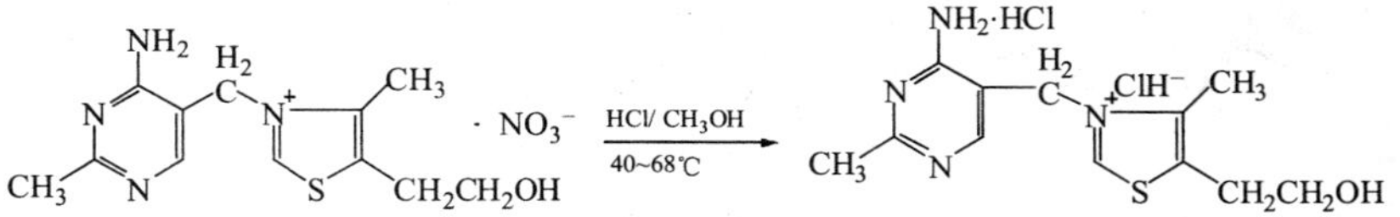

另外，含有嘧啶环的药物还有安眠药：鲁米那和佛罗那；快速麻醉的喷妥撒及消炎药磺胺嘧啶等。具体结构如下：

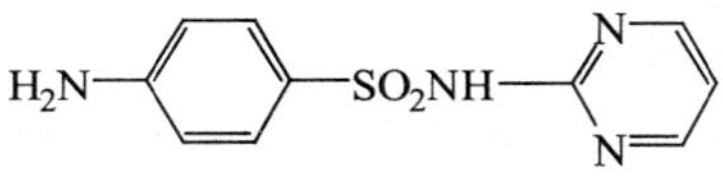

磺胺嘧啶(SD)

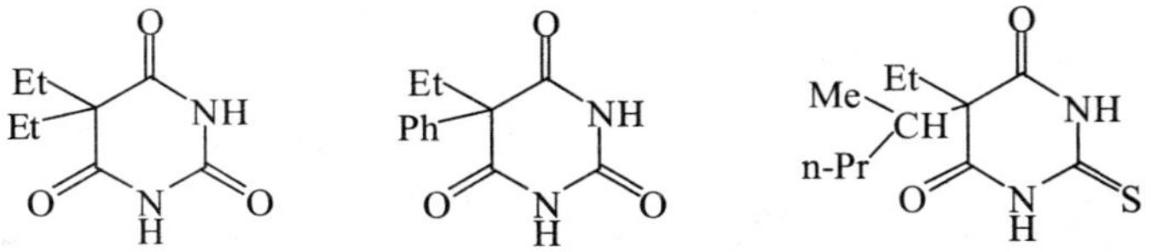

佛罗那　　鲁米那　　喷妥撒

8.2.2.2　哒嗪和吡嗪及其衍生物的合成

制备哒嗪及其衍生物的通用方法是由相应的 1,4–二羰基化合物和肼进行缩合反应。饱和的 1,4–二羰基化合物得到的是二氢哒嗪，二氢哒嗪很容易被氧化成芳香性的哒嗪。2,-1,4–二酮与肼反应，则可直接得到哒嗪。γ–酮酸或酯与肼反应生成哒嗪酮。

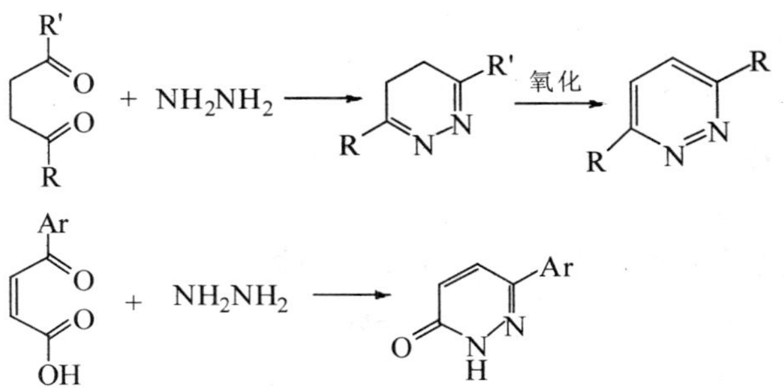

吡嗪类化合物通常由α–氨基羰基化合物自身缩合，或由 1,2–二羰基化合物与 1,2–二胺反应而得：

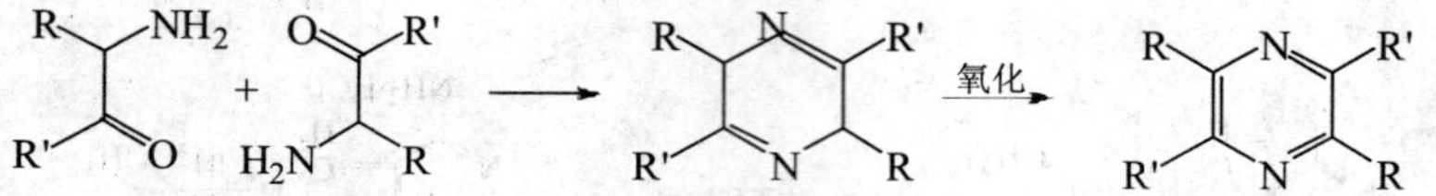

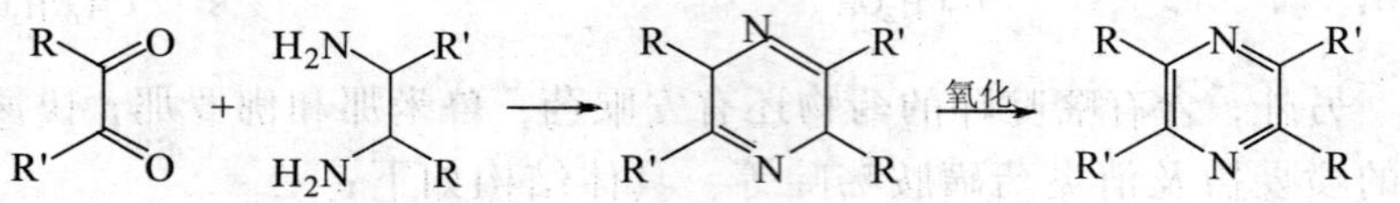

R NH2 + O R' → R N R' —氧化→ R N R'
R' O H2N R R' N R R' N R

R O + H2N R' → R N R' —氧化→ R N R'
R' O H2N R R' N R R' N R

8.2.2.3　三嗪环的合成

三个氮原子相互在间位的称均三嗪，常见的有两个：

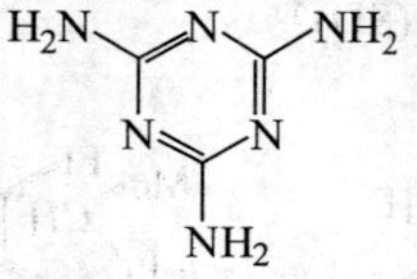

H_2N　N　NH_2　　　Cl　N　Cl
N　N　　　N　N
NH_2　　　Cl

三氨基均三嗪(三聚氰胺) 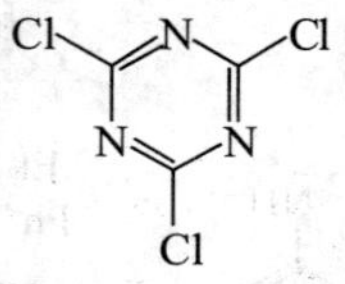　　　三氯均三嗪

三聚腈胺的合成反应如下：

$$CaC_2 + N_2 \longrightarrow Ca(CN)_2 \longrightarrow CaNCN + C$$

$$CaNCN + CO_2 + H_2O \longrightarrow H_2NCN + CaCO_3$$

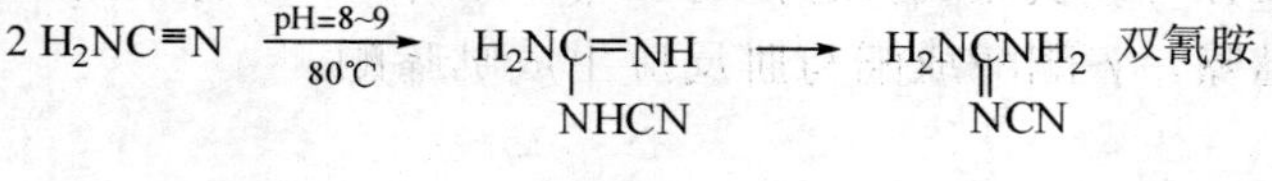

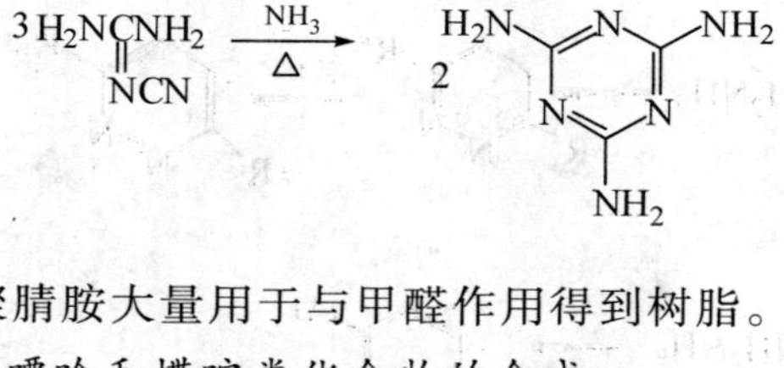

$$2\,H_2NC\equiv N \xrightarrow[80℃]{pH=8\sim9} H_2NC(=NH)NHCN \longrightarrow H_2NC(=NCN)NH_2 \text{ 双氰胺}$$

$$3\,H_2NC(=NCN)NH_2 \xrightarrow[\triangle]{NH_3} 2\ \text{(三氨基均三嗪)}$$

三聚腈胺大量用于与甲醛作用得到树脂。

8.2.2.4　嘌呤和蝶啶类化合物的合成

嘌呤和蝶啶是重要的两个杂并杂环系，嘌呤是嘧啶并咪唑，蝶啶

是嘧啶并吡嗪，它们都以各种衍生物的形式存在于生物体中，并在生物的生命发展过程中起着重要作用。

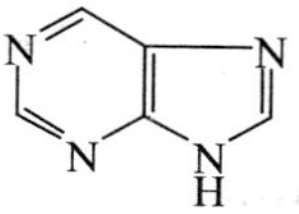

嘌呤 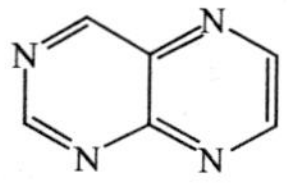　　　　蝶啶

嘌呤及其衍生物的合成有两种方法：一种是以取代嘧啶为起始原料，即陶贝(Fraube)合成法；另一种是以相应的咪唑环为起始原料。

例如：

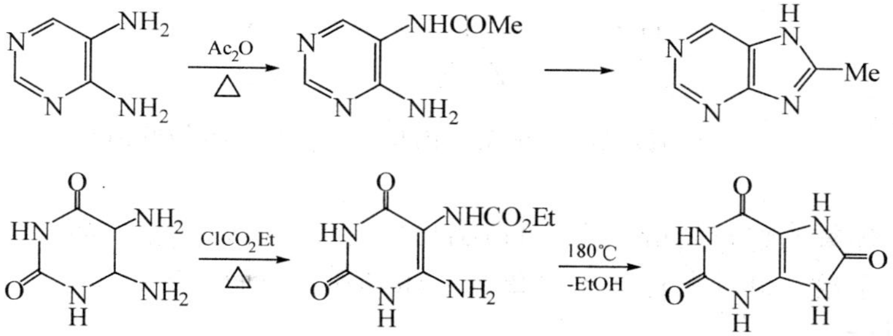

NH_2　NH_2　Ac_2O △　NHCOMe　NH_2　→　Me

NH_2　NH_2　$ClCO_2Et$ △　$NHCO_2Et$　NH_2　180℃ -EtOH

蝶啶类化合物的合成方法一般是由 4,5–二氨基嘧啶及衍生物与1,2–二羰基化合物反应。

例如：

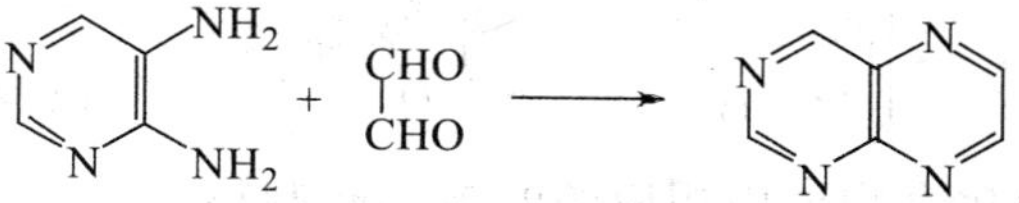

NH_2　NH_2　+　CHO CHO　→

自然界含有嘌呤和蝶啶环的衍生物很多，如尿酸、叶酸(也称维生素 B_3)、核黄素(又称维生素 B_2)，其结构分别如下：

$CH_2CH-CH-CHCH_2OH$（OH OH OH）

维生素 B_2 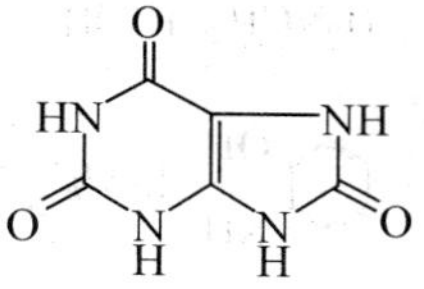　　　　尿酸

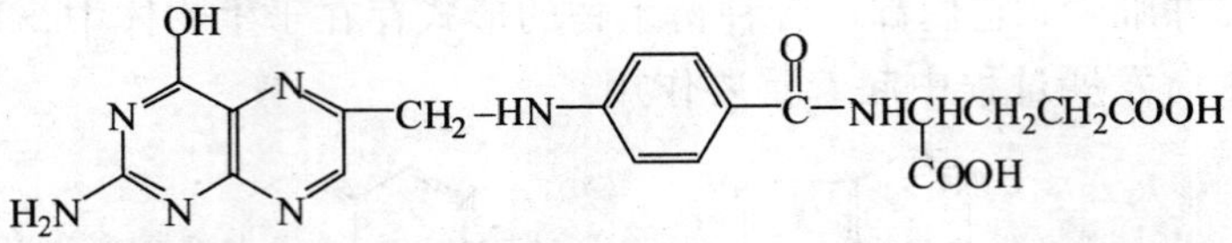

$$H_2N-C_4N_2(OH)-C_2N_2-CH_2-HN-C_6H_4-C(=O)-NHCH(COOH)CH_2CH_2COOH$$

叶酸(维生素 B_3)

8.3 其他杂环化合物

8.3.1 三元杂环的合成

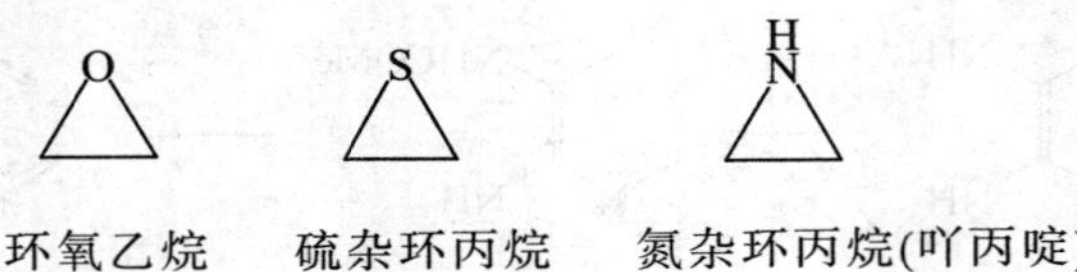

环氧乙烷　　硫杂环丙烷　　氮杂环丙烷(吖丙啶)

环氧乙烷及其衍生物，可由烯烃用过氧酸氧化或相应的α－卤代醇在室温及碱性条件下去卤化氢关环得到，前面内容已讲，这里不再讨论。

硫杂环丙烷类化合物可由相应的环氧化合物合成。

例如：

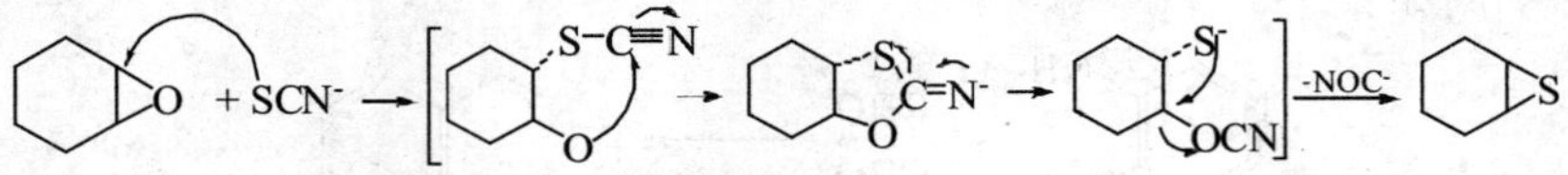

$$\text{环氧环己烷} + SCN^- \longrightarrow [\ \cdots S-C\equiv N \cdots O \longrightarrow \cdots S,O-C=N^- \longrightarrow \cdots S^-\ \ OCN\ ] \xrightarrow{-NOC^-} \text{硫杂环丙烷并环己烷}$$

吖丙啶类化合物可用相应的β－氨基醇制得。

例如：

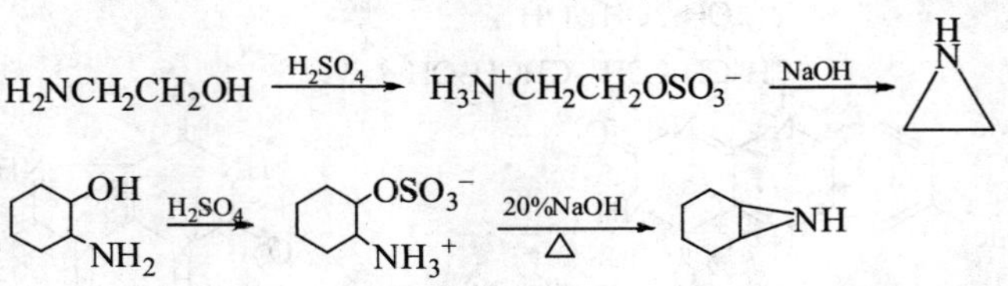

$$H_2NCH_2CH_2OH \xrightarrow{H_2SO_4} H_3N^+CH_2CH_2OSO_3^- \xrightarrow{NaOH} \text{吖丙啶(NH)}$$

$$\text{2-氨基环己醇}(OH,\ NH_2) \xrightarrow{H_2SO_4} (OSO_3^-,\ NH_3^+) \xrightarrow[\triangle]{20\%NaOH} \text{NH}$$

8.3.2 四元杂环的合成

氧杂环丁烷　硫杂环丁烷　氮杂环丁烷　β-丙内酯　β-丙内酰胺

用直链化合物直接关环很困难，必须要使进行反应的原子在合适的方向和位置上，才能发生环化反应，产率较低。

$Cl(CH_2)_3OAc$ —浓KOH, 140℃→ 氧杂环丁烷 ← $HO_3SO(CH_2)_3OSO_3H$

$Br(CH_2)_3Br$ —Na_2S, EtOH △→ 硫杂环丁烷

$X(CH_2)_3NHR$ —-HX, 碱→ 氮杂环丁烷(NR)　R=H, 烷基，芳基

ICH_2CH_2COOH —Ag_2O, H_2O→ β-丙内酯

另外两个不饱和键反应也可合成四元杂环化合物。

例如：

NC—CH=CH—CN + $O=CMe_2$ —CH_3CN, hν→ 2,2-二甲基-3,4-二氰基氧杂环丁烷

$H_2C{=}O + H_2C{=}C{=}O$ —0~20℃→ β-丙内酯

$PhCH{=}NPh + R_2C{=}C{=}O$ ⟶ 1,4-二苯基-3,3-R_2-氮杂环丁-2-酮

8.3.3 七元杂环的合成

常见的七元杂环化合物及其合成方法如下：

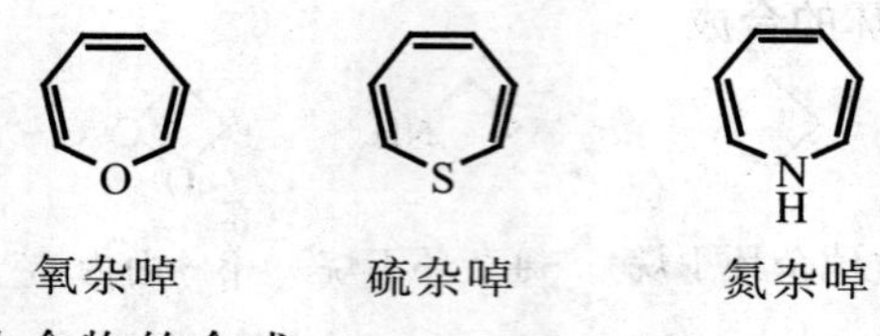

氧杂啅类化合物的合成：

Br Br O $\xrightarrow[Et_2O]{CH_3ONa}$ O ⟶ O

O + C—$COOCH_3$ ≡ C—$COOCH_3$ $\xrightarrow[②\triangle]{①h\nu}$ CH_3OOC $COOCH_3$ O

氮杂啅类化合物的合成：

$\xrightarrow[②CH_3OH]{①INCO}$ I $NHCOOCH_3$ $\xrightarrow{CH_3ONa}$ $NCOOCH_3$

$\xrightarrow{Br_2}$ Br Br $NCOOCH_3$ $\xrightarrow{CH_3ONa}$ N H

硫杂啅类化合物的合成：

S R + $CCOOCH_3$ ≡ $CCOOCH_3$ $\xrightarrow{-30℃}$ R $COOCH_3$ S $COOCH_3$ $\xrightarrow{-30℃}$ R $COOCH_3$ $COOCH_3$ S

练　习　题

一、用适当的原料合成下列化合物：

1.

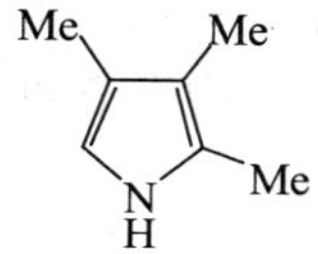

2.

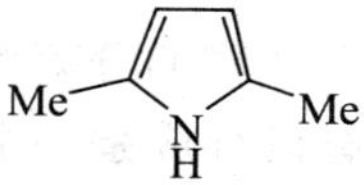

3.

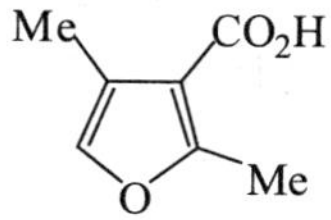

4.

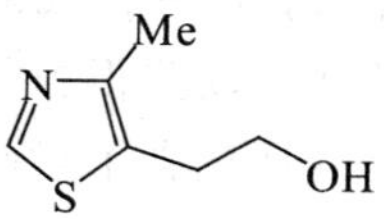

5.

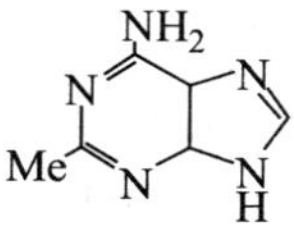

6.

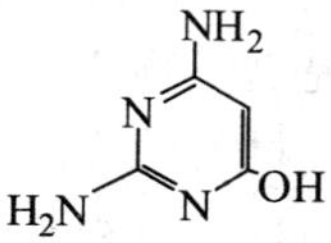

7.

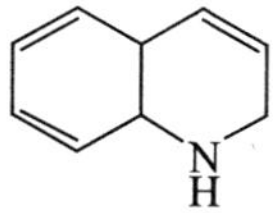

8.

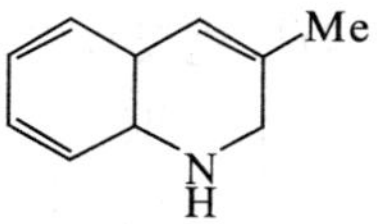

9.

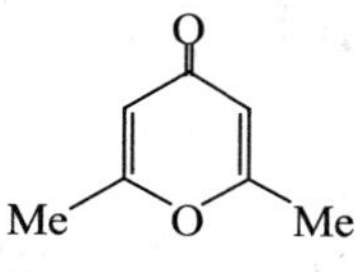

10.

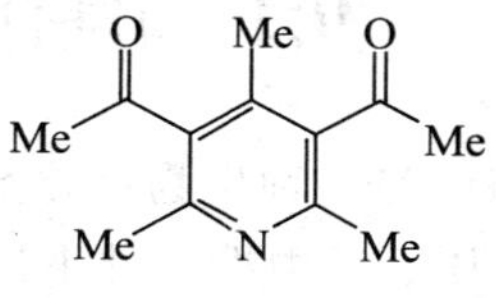

第 9 章　有机合成展望

有机化学发展到今天，已逐渐形成了三个相互联系、相互依存的领域：一是天然产物的分离鉴定和结构测定，二是物理有机化学，三是有机合成。有机合成是一个富有创造性的领域，它不仅要合成自然界存在的而含量极少的有机化合物，还要合成自然界不存在的新的有意义的化合物。有机合成的基石是各种类型的有机合成反应，以及组合这些合成反应以获得目标化合物的合成路线设计及策略。近期的有机合成化学更是充满了挑战和机遇，经典的复杂分子合成继续向高难度、高生物活性方向发展，出现了一批合成大师，攻克了一个又一个合成化学的堡垒，为人们的生产生活提供了方便，为现代科学技术的产生和发展提供了物质和技术支持。为了适应日新月异的现代科学技术对新型物质材料的需求，一些新的合成方法和技术发展迅速并受到合成化学家的日益重视，如酶催化反应、相转移催化技术；同时，组合化学这门新的合成方法学也应运而生，成为当今有机合成化学领域一道亮丽的风景线。

本章对酶催化反应和相转移催化进行讨论，并简要介绍有关组合化学的一些基本知识。

9.1　酶在有机合成中的应用

酶作为一种生物催化剂，具有高效率和高选择性及反应通常在常温、常压、近中性条件下进行等特点。因酶促反应通常在常温、常压及近中性条件下进行，可避免酸碱及加热对有机化合物的破坏，更适于催化有机合成反应。但是酶催化反应的操作需适宜的环境，对反应物浓度、底物结构等都有严格要求，因此在有机合成中的使用有一定的局限性。

9.1.1 酶在药物生产中的应用

9.1.1.1 维生素 C 的生产

维生素 C(抗坏血酸)的合成是以葡萄糖为原料，经山梨醇、山梨糖中间体。其中包括两步关键性的氧化，一步是将 C_2 羟基氧化成羰基，一步是将两个伯羟基之一氧化成羧基。如果使用化学反应将是十分困难的。Vc 生产中采用了醋酸菌中的氧化酶及假单色菌中的氧化酶，其反应如下：

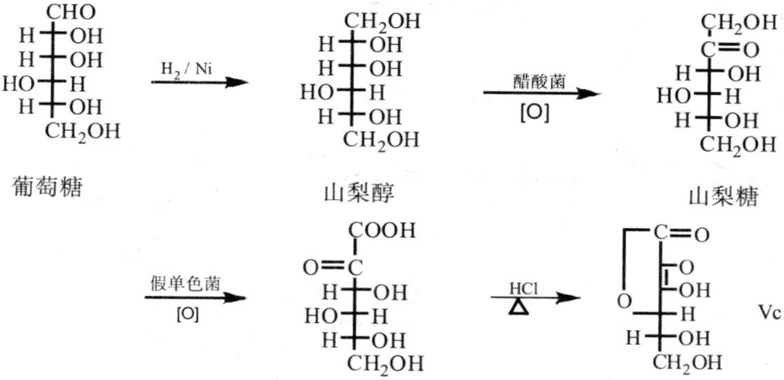

葡萄糖 —H_2/Ni→ 山梨醇 —醋酸菌 [O]→ 山梨糖 —假单色菌 [O]→ —HCl △→ Vc

9.1.1.2 类皮质激素的制备

20 世纪 50 年代美国化学家首先成功地将孕酮及赖斯坦(S)–17–醋酸酯进行生物羟基化反应，分别在它们的 11 位碳上引入羟基。这在类皮质激素合成中具有极重要的作用。例如可的松的合成就使用了这一反应：

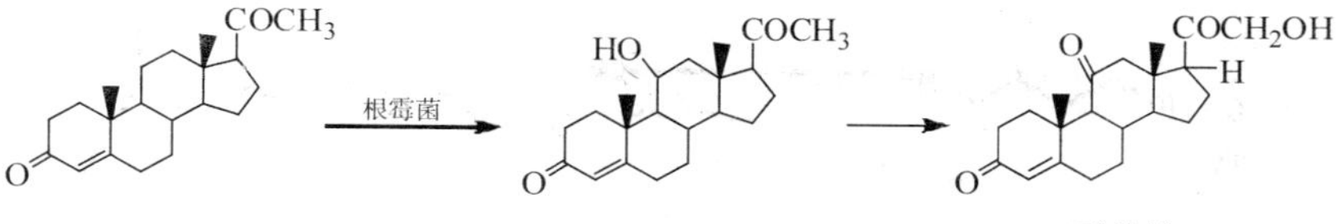

—根霉菌→ → 可的松

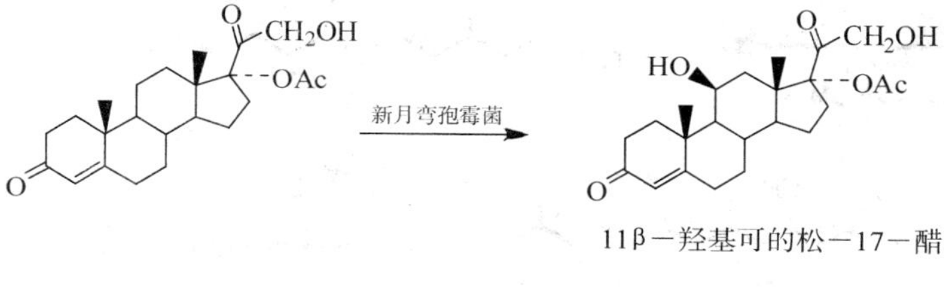

—新月弯孢霉菌→ 11β—羟基可的松—17—醋酸酯

9.1.1.3 α–生育素(V_E)的制备

V_E的结构式如下：

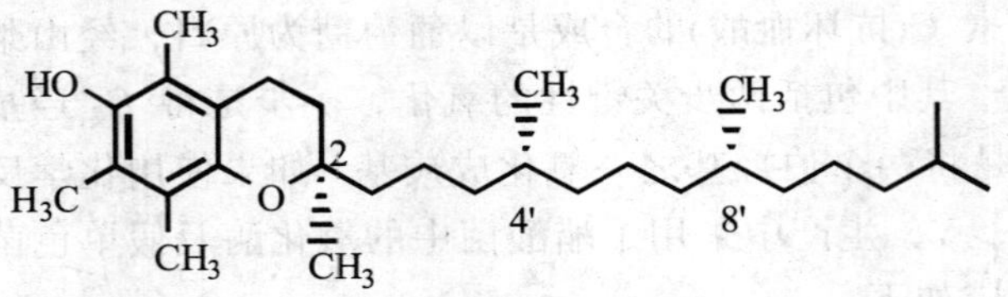

HO H$_3$C CH$_3$ CH$_3$ O 2 CH$_3$ CH$_3$ 4' CH$_3$ 8'

VitE(2R,4'R,8'R)–a–生育素

其合成路线如下：

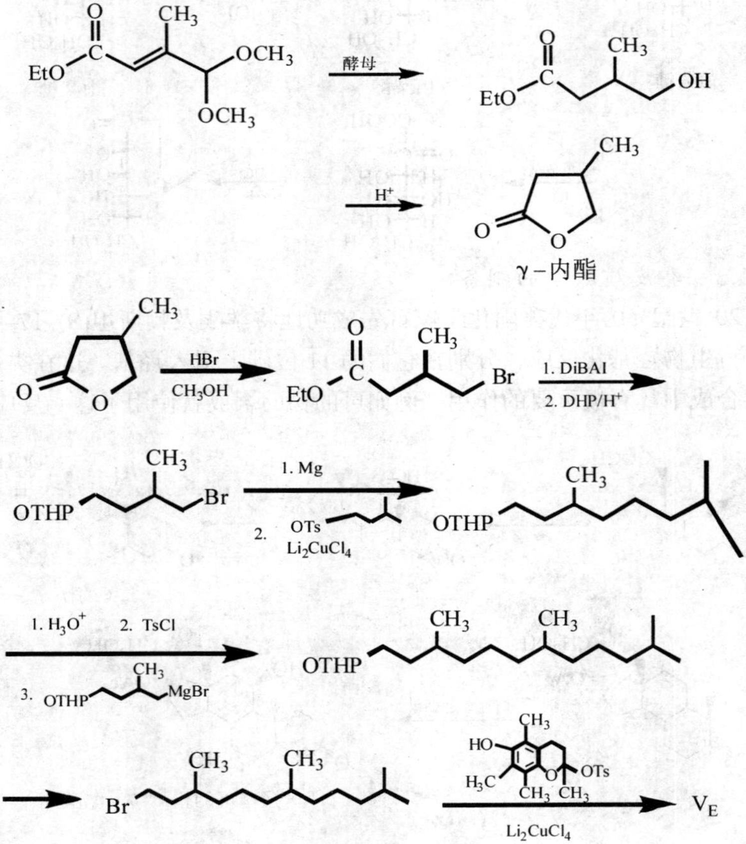

EtO C O CH$_3$ OCH$_3$ OCH$_3$ —酵母→ EtO C O CH$_3$ OH

—H^+→ CH$_3$ O O γ–内酯

CH$_3$ O O —HBr, CH$_3$OH→ EtO C O CH$_3$ Br —1. DiBAl 2. DHP/H^+→

OTHP CH$_3$ Br —1. Mg 2. OTs Li$_2$CuCl$_4$→ OTHP CH$_3$

—1. H$_3$O$^+$ 2. TsCl 3. OTHP CH$_3$ MgBr→ OTHP CH$_3$ CH$_3$

→ Br CH$_3$ CH$_3$ —HO CH$_3$ H$_3$C CH$_3$ O CH$_3$ OTs, Li$_2$CuCl$_4$→ V_E

9.1.1.4　氨基酸和氨基醇的合成

酶催化的碳碳键形成实际应用并不多见，但是由 Neuberg 提出的自苯甲醛合成麻黄碱的方法却是一应用实例。它是利用发酵的葡萄糖和酿酒酵母，将葡萄糖代谢产物与苯甲醛缩合。进一步经化学转化形成 L–麻黄碱。

$$PhCH{=}O \xrightarrow[\text{酿酒酵母}]{\text{发酵葡萄糖}} PhCH(OH)COCH_3 \xrightarrow[H_2/Pd]{CH_3NH_2} PhCH(OH)CH(CH_3)NHCH_3$$

酚与丙酮酸或丝氨酸的消旋体在欧文菌属体内酶的作用下形成芳环的碳碳键，转化成 L–酪氨酸或 L–多巴。

$$HO{-}C_6H_5 + CH_3COCOOH + NH_3 \xrightarrow{\text{酶}} HO{-}C_6H_4{-}CH_2CH(NH_2)COOH$$

$$(HO)_2C_6H_4 + HOCH_2CH(NH_2)COOH \xrightarrow{\text{酶}} (HO)_2C_6H_3{-}CH_2CH(NH_2)COOH$$

9.1.1.5　抗生素的合成

所有抗生素都是发酵生产的，青霉素是一广谱长效且副作用小的抗生素，青霉素的应用使许多疾病得到了治疗，对人类的健康做出了贡献。青霉素最重要的缺点是可很快引起细菌的抗药性及过敏反应，用一些其他酰基侧链对天然青霉素进行化学结构改造可以克服这一困难。例如氨苄青霉素中苯基甘氨酸就是将天然青霉素经酶水解生成母核，再与侧链反应。酶水解可以避免内酰胺环的破坏。

$$PhCH_2{-}CO{-}NH{-}(\text{青霉素母核}){-}COOH \xrightarrow{\text{青霉素,酰化酶}} H_2N{-}(\text{母核}){-}COOH \xrightarrow{PhCH(NH_2){-}COOH} PhCH(NH_2)CO{-}NH{-}(\text{母核}){-}COOH$$

氨苄青霉素

上面列举了一些酶反应在药物合成或生产中的应用。但酶促反应需要较高成本，比化学反应难于处理。有关专家指出，从价格和难度来说，每步生物转化相当化学转化的 3 ~ 5 步操作，但它仍然是现代制药工业中不可缺少的工具和手段。

9.1.2 酶在有机合成中的应用

随着生物技术的飞速发展，酶反应在有机合成中的应用越来越多，目前可以利用的酶已有 200 余种，酶反应的应用前景越来越广阔。下面就酶在有机合成中的几种应用简要讨论如下。

9.1.2.1 还原反应

R.W.Hoffmann 用面包酵母还原α–烃基化的β–酮酸酯如α–甲基乙酰乙酸乙酯时，C3 位形成 S 构型，C2 位是 S、R 构型均有。当把这个还原产物的羟基经硅烷化后再延伸碳链时，可以生成粮食甲虫的信息素。

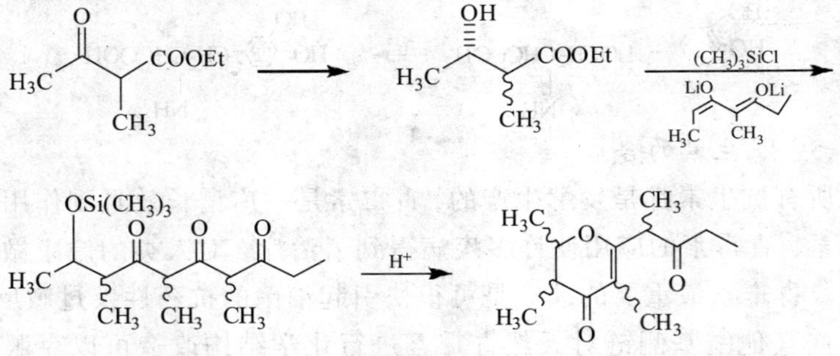

带有环状硫醚结构的β–酮酸酯用酵母还原可得到较好的立体选择性。例如烟草甲虫信息素即用该反应合成。

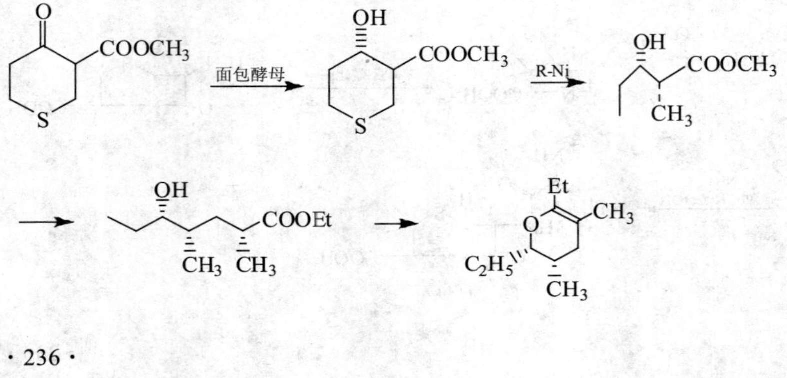

9.1.2.2 不对称碳原子的形成

葡萄糖与面包酵母共同培育时，可将乙酰基转移至芳香醛上。在形成安息香结构中间体之后，继续被还原成邻二醇，生成物具有很强的立体选择性。

H
CHO
Ph
R
麦曲色酵母 / D-葡萄糖
H
OH
Ph
CH_3
R
OH

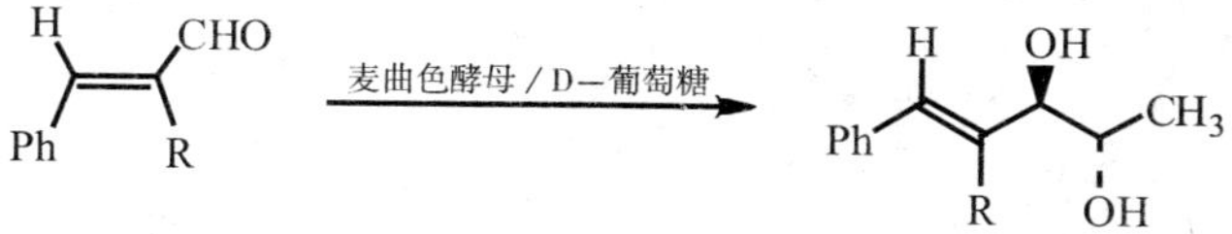

兔肌肉中分离得到的羟醛缩合酶可用于二羟丙酮磷酸酯与醛的缩合反应。

O
R—C—H
+
HO
O
OPO_3
羟醛缩合酶
OH
O
R
OPO_3
OH

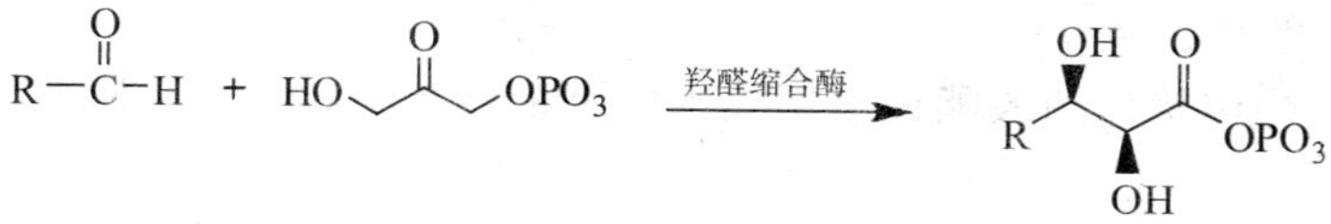

由苦杏仁粉中分离出的扁桃腈裂解酶可催化腈醇的形成。这个反应在水溶液中进行时，光学纯度不高。但在有机溶剂中，则效果很好。腈醇可用于制备β–氨基醇或α–羟基酸，因此实用意义较大。

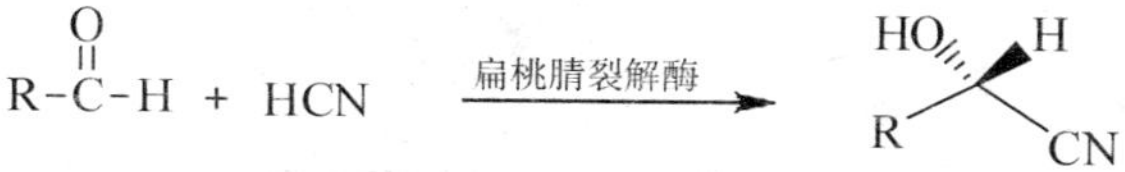

O
R-C-H
+ HCN
扁桃腈裂解酶
HO
H
R
CN

9.1.2.3 酶催化的酯水解反应

在酶催化下进行的酯不对称水解反应广泛用于有机合成中，比较常用的酶是猪肝酯酶(PLE)，它价格低廉，有广泛可用的底物。PLE可从新鲜猪肝中得到粗提物。通过下面简单例子可看到其作用。

手性单酯可以通过猪肝酯酶得到高光学纯度的水解产品，进一步通过化学反应转化可形成四氢邻羟基苯甲酸酯。

例如：

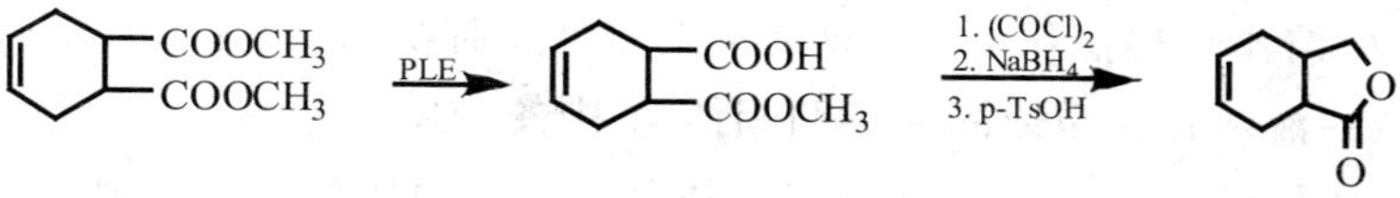

$COOCH_3$
$COOCH_3$
PLE
COOH
$COOCH_3$
1. $(COCl)_2$
2. $NaBH_4$
3. p-TsOH
O
O

不同的酯在用 PLE 催化水解时，其选择性不同。

例如：

ZBN NBZ H$_3$COOC COOCH$_3$ —PLE→ ZBN NBZ H$_3$COOC COOCH$_3$ 75%

ZBN NBZ AcOH$_2$C CH$_2$OAc —PLE→ ZBN NBZ AcOH$_2$C CH$_2$OAc 92%

一些环状二醋酸酯也可用酯水解酶催化水解，可生成对映异构体之一。

AcO OAc —PLE→ HO OAc

—乙酰胆碱酯酶→ AcO OH

9.2 相转移催化

相转移催化是一种新兴的且效果很好的实验技术，它的出现使有机合成方法在某些场合摆脱了经典的技巧，而代之以新的方法。这种方法使传统的方法难以实现或不能发生的反应能顺利进行，而且反应条件温和，操作简便，需用时间短，反应选择性高，副反应少，并可避免使用昂贵的试剂或溶剂，不论在实验室或工业上都很适用。

所谓相转移催化是指：催化剂能加速分别处于互不相溶的两种溶剂(液–液两相体系或固–液两相体系)中的物质发生反应。反应时，催化剂把一种实际参加反应的实体(如负离子)从一相转移到另一相中，以便使它与底物相遇而发生反应。

9.2.1 相转移催化及其原理

一个固体化合物或者是它的水溶液与一溶于非极性溶剂的物质很难发生反应。要使它们反应，传统的最好办法是使用能使处于两相中的反应物都能溶解的溶剂，例如 DMSO、DMF 或 HMPA。但这些溶剂的缺点是价格高、不易回收，同时一旦混入一点水，对反应不利。新的办法是应用相转移催化剂，即在两相体系中加入少量相转移催化剂，它可穿过两相之间的界面把反应实体(如 CN^-)从水相转移到有机相中，使它与底物反应，并把反应中的另一种负离子从有机相带入水相中，而相转移催化剂没有消耗，只是重复的起“转送”负离子的作用，此即相转移催化(PTC，phase transfer catalysis)，现已发展为一种新的有机合成方法或技术。

采用 PTC 最典型的实例是固体酸或其水溶液与溶于非极性溶剂中的有机物的反应。如：

$$\underset{\text{有机相}}{RX} + \overset{\text{水相}}{NaCN} \xrightarrow[\text{催化剂}]{Q^+X^-} \underset{\text{有机相}}{RCN} + \overset{\text{水相}}{NaX}$$

反应过程示意如下：

$$\begin{array}{lcll} Na^+CN^- + Q^+X^- & \rightleftharpoons & Na^+X^- + Q^+CN^- & \text{水相} \\ \quad\quad\uparrow & & \quad\quad\downarrow & \text{界面} \\ RCN + Q^+X^- & \rightleftharpoons & RX + Q^+CN^- & \text{有机相} \end{array}$$

在有机相和水相中都能溶解的相转移催化剂，于水中与氰化物交换负离子，而后该交换了负离子的催化剂以离子对的形式转移到有机相中，即油溶性的催化剂正离子(Q^+)把水溶性的负离子(CN^-)带入有机相中，此负离子在有机相中溶剂化程度大为减少，因而反应活性很高，能迅速地和底物 RX 发生反应生成产物 RCN。随后，催化剂正离子带着负离子 X^-返回水相，如此循环连续不断地来回穿过界面转送负离子。

PTC 反应的反应速度与催化剂正离子把所需负离子带入有机相中的能力有关，但不成比例。因为负离子的溶剂化以及离子对在有机相中正负离子间的作用等因素对反应速度也有影响。例如，由于水与负离子发生溶剂化作用，可能有极少量的水随着负离子也被带入有机相中，这就对不同的负离子(如 Cl^-、Br^-、I^-)的反应活性以及整个反应的速度有不同的影响。此外，有些有机物能与金属离子螯合，并把氰离子运送到有机相中，但氰负离子与正离子结合得非常牢固，此时的负离子并不能与溴代烃发生取代反应。因此，相转移催化剂的选择很重要，至少需要满足两项要求：一是能把所需的离子带入有机相中，二是有利于离子迅速进行反应。

9.2.2 相转移催化剂

多数相转移催化反应要求催化剂把负离子转移到有机相中，除此之外，还有些催化剂是把正离子或中性分子从一相中转移到另一相中。常用相转移催化剂有下列几种。

9.2.2.1 鎓盐

这是一类使用范围广、价格便宜的催化剂，其中最常用的是四级铵盐，和该盐同属于一种类型的还有鏻盐、硫盐和鉮盐。催化效果好，应用范围广的催化剂有：氯化三正辛基甲基铵、氯化四正丁基铵、溴化三正辛基乙基鏻盐、溴化正十六烷基三正丁基鏻等。一般含有 15～25 个碳原子的四级铵盐和鏻盐都可产生较好的催化作用。

此外，三级胺由于可生成四级铵盐，故也可用做相转移催化剂，特别是在二氯卡宾的反应中有突出的作用。例如在以瑞穆尔－蒂曼反应制备水杨醛的反应中加入适当的三级胺可明显地提高水杨醛的产率，如加入三辛胺，则产率可高达 94%。

其催化反应过程如下：三级胺与氯仿和氢氧化钠作用生成的二氯卡宾反应，而后再与氯仿反应生成四级铵盐和二氯卡宾：

$$R_3N + :CCl_2 \longrightarrow R_3N^+C^-Cl_2 \xrightarrow{CHCl_3}$$

$$[R_3N^+CHCl_2]^-CCl_3 \longrightarrow R_3N^+CHCl_2\ Cl^- + :CCl_2$$

新生成的二氯卡宾再与三级胺反应，而反复生成四级铵盐，再与苯酚盐交换负离子，酚盐负离子进行分子内重排生成邻二氯甲基苯酚，经水解则得水杨醛：

$$[R_3N^+CHCl_2]Cl^- + Na^+O^-\text{—}C_6H_5 \xrightleftharpoons{-NaCl} [R_3N^+CHCl_2]^-O\text{—}C_6H_5$$

$$\xrightarrow{-R_3N} \text{o-}HOC_6H_4CHCl_2 \xrightarrow{H_2O} \text{o-}HOC_6H_4CHO$$

9.2.2.2　冠醚

冠醚的最大特性是能络合金属离子，利用络离子与负离子的电性吸引将负离子带进有机相而起相转移催化作用。冠醚因其可与碱金属离子络合形成伪有机正离子，它与四级铵盐的正离子很相象，因此也能使有机的和无机的碱金属盐溶于非极性有机溶剂中。不过，由于它的价格比四级铵盐等其他相转移催化剂昂贵，并且毒性较大，因而其应用受到了很大限制。

常见的冠醚有如下几种：

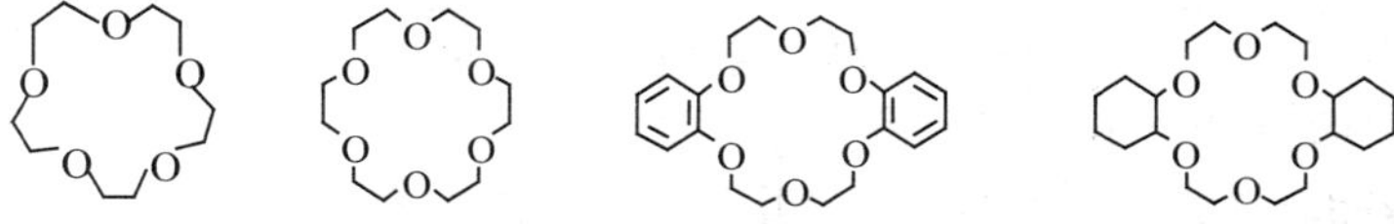

15–冠–5　　18–冠–6　　二苯并–18–冠–6　　二环己烷并–18–冠–6

冠醚都能与钾离子形成稳定的络合物，而 15–冠–5 则与钠离子形成稳定的络合物。近些年来，采用非环即开链聚乙二醇或聚乙二醇醚(或称聚环氧乙烷二甲醚)与碱金属、碱土金属离子以及有机正离子络合进行相转移催化实验，实验结果显示，开链聚醚和冠醚相似，只是效果不如冠醚。

9.2.2.3　三相催化剂

三相催化剂是近期发展起来的用于三相反应的催化剂。是一种不溶的固体催化剂，用于加速水—有机两相体系的反应，而其本身为固体，所以形成一个三相体系。其优点是：操作简便，反应后容易分离，催化剂可定量回收，因此发展潜力很大。

三相催化剂是前述四级铵盐、鏻盐、冠醚或开链多聚醚连接于高聚物(如聚苯乙烯)上的固体不溶物。

$$\text{聚合物}-\langle\bigcirc\rangle-CH_2-N^+(CH_3)_2-C_4H_9-n\ Cl^-$$

9.2.2.4 其他相转移催化剂

近期研究用有机金属盐作相转移催化剂，例如二氯二丁基锡的相转移催化效果和鎓盐相似。此外，还可用蛋白质，如牛血清蛋白作相转移催化剂，可把有机相中的物质带入水相中进行反应。

9.2.3 相转移催化反应条件的选择

相转移催化反应的成败往往决定于反应条件是否合适，例如鎓盐在水中与有机介质中的分配率，大部分决定于有机介质的性质，因此溶剂的选择极为重要。把离子对从水中提取到有机相中，这种关系可用提取常数 E_{Q+X-}表示：

$$E_{[Q^+X^-]}=\frac{[Q^+X^-]_{\text{有机}}}{[Q^+]_{\text{水}}[X^-]_{\text{水}}}$$

$[Q^+X^-]$、$[Q^+]$、$[X^-]$分别代表离子对、正离子、负离子在有机和水相中的浓度。水相中负离子$[X^-]$过量，对提取有利。同时，在有机相中离子对能发生缔合时，这相当于从平衡中除去$[Q^+X^-]$，也有利于提取。因此，在相转移催化反应时，有机相的溶剂量要尽可能少，而水溶液的浓度要尽可能大。

9.2.3.1 催化剂正离子被提取到有机相中的条件

比较不同四级铵盐的提取常数的对数值，发现在四级铵盐正离子中，各取代基每增加一个碳原子，其常数的对数值随着增加。多种含不同负离子的四级铵盐，在不同的溶剂中也有类似的现象。多数情况下，催化剂正离子含有 16 个碳原子较为合适，否则正离子的提取量少。但含苯甲基、苯基的正离子亲水性比相应碳原子数的烷基的强。

催化剂的用量：根据反应类型和要求而改变，通常取代反应为0.5% ~ 10%(摩尔)。有些反应则需用更多的催化剂，但应选用容易回收、价格便宜的催化剂。例如，四级铵盐在乙醚中不溶，可用乙醚提取产物等，从而达到回收四级铵盐的目的。

9.2.3.2 不同负离子随同催化剂正离子进入有机相中的难易

负离子亲油性强可增大提取常数，各种不同负离子被提取的难易一般次序如下：

$2,4,6\text{-}(NO_3)_3\text{-}C_6H_2O^- >> ClO_4^- > I^- > 4\text{-}CH_3\text{-}C_6H_4SO_2O^- > NO_2^- > Br^- > C_6H_5COO^- > Cl^- > HSO_4^- > CH_3COO^- > (F^-, OH^-) > SO_4^{2-} > CO_3^{2-} > PO_4^{3-}$

多电荷的负离子比电荷少的难提取，例如：

$H_2PO_4^- > HPO_4^{2-} > PO_4^{3-}$；$HSO_4^- > SO_4^{2-}$

氢氧化物的提取常数比氯化物的小 10^4 倍，几乎所有的负离子都比 OH^- 容易被提取，但四级铵硫酸盐除外。

9.2.3.3 溶剂

在进行相转移催化反应时，若反应物为液体化合物时，一般不必再用其他有机溶剂。如果离子对有一定的亲水性，最好是用低级氯代烷做溶剂，如 CH_2Cl_2、$CHCl_3$、$ClCH_2CH_2Cl$、$ClCH_2CHCl_2$ 等，其中 CH_2Cl_2、$CHCl_3$ 对盐的提取效果最好。对那些正离子体积较大，负离子亲油性不强的四级铵盐也可用乙醚、石油醚、乙酸乙酯、甲苯、氯苯等做溶剂。CH_2Cl_2 做溶剂常有副反应发生。

例如：

$$CH_2Cl_2 + C_6H_5OH \xrightarrow[R_4N^+Cl^-]{NaOH/H_2O} C_6H_5\text{—}O\text{—}CH_2\text{—}O\text{—}C_6H_5$$

此外，氯仿在四级铵盐存在下，与氢氧化钠作用，可形成二氯卡宾，因此在选用溶剂时，应注意溶剂可能发生的副反应。

9.2.4 PTC 在有机合成中的应用

PTC 反应通常在中性、碱性或酸性条件下均可进行。在中性条件下进行反应研究的比较多，对它的反应机理已有相当多的了解。此类反应主要包括亲核取代、氯化、还原等反应。在强碱条件下进行的反应有酰化、氮－烃基化、碳－烃基化等。在酸性条件下的反应有酯的水解、醇的卤代等。下面就上述 PTC 反应的三大类型进行讨论。

9.2.4.1　中性条件下的 PTC 反应

1)脂肪族的亲核取代反应

$R\text{–}X + Y^- \longrightarrow RY + X^-$

$X = Cl, Br, I, CH_3SO_3^-, CH_3C_6H_4SO_3^-$

$Y = F^-, Cl^-, Br^-, I^-, CN^-, RCOO^-, NO_2^-, ArO^-$等。

上述类型的取代反应，其催化剂中最常用的是季铵盐。

卤代烷转化成腈时，也可使用鳞盐作催化剂。例如，1–溴正辛烷的癸烷溶液在溴化正十六烷基三正丁基鳞催化下，与氰化物水溶液反应得壬腈，产率 95%。

上述反应如用固–液两相体系进行反应时，现在使用较多的是催化剂聚乙二醇醚代替冠醚。

例如：

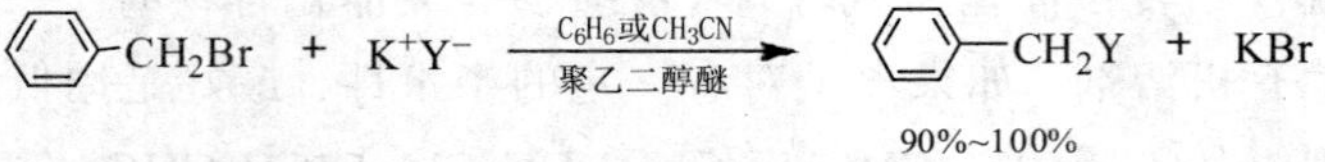

$$C_6H_5CH_2Br + K^+Y^- \xrightarrow[\text{聚乙二醇醚}]{C_6H_6\text{或}CH_3CN} C_6H_5CH_2Y + KBr$$

90%~100%

Y 所代表的不同负离子的反应活性如下所示：

$HS^- > SCN^- > N_3^- > CH_3COO^- > CN^- > F^-$

2)氧化反应

这里主要讨论常用的几种氧化剂，如高锰酸钾、次氯酸钠、氧化铬在相转移催化剂作用下的氧化反应。相转移催化剂多数用四级铵盐，高锰酸钾作氧化剂时，也可用冠醚作催化剂。

例如：

$$CH_3(CH_2)_7CH{=}CH_2 \xrightarrow[\text{氯化三苯基甲基铵}]{KMnO_4/C_6H_6/H_2O} CH_3(CH_2)_7COOH + HCOOH$$

这是一个放热反应，控制滴加烯烃的速度，保持反应温度在 40～45℃，约需 1 h 即可完成反应。催化剂用量只需底物的 1/20 摩尔，不加催化剂则反应不进行。再如：

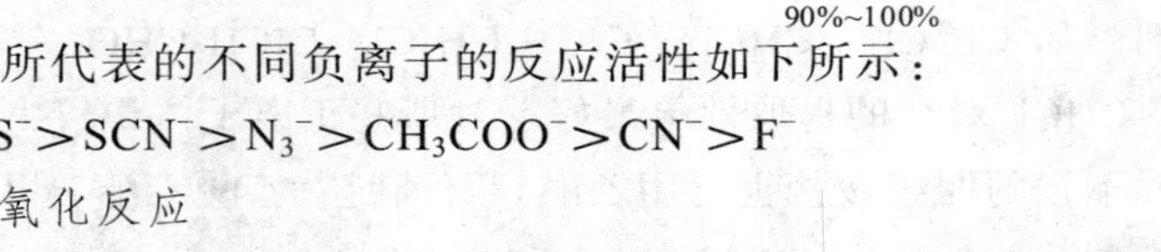

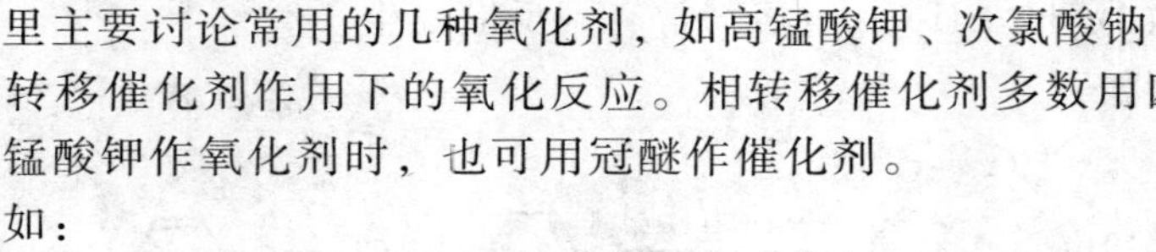

$$\text{(α-蒎烯)} \xrightarrow[18\text{–冠–6}]{KMnO_4/C_6H_6} H_3C\text{–}\overset{O}{\overset{\|}{C}}\text{–(2,2-二甲基环丁基)–}CH_2\text{–}COOH$$

$$\text{3,5-}(H_3C)_3C\text{–邻苯二酚–}C(CH_3)_3 \xrightarrow[18\text{-C-6/25℃}]{KMnO_4\quad CH_2Cl_2} \text{3,5-}(H_3C)_3C\text{–邻苯醌–}C(CH_3)_3$$

在冠醚催化下，除了烯、醇、醛可被氧化成相应的酸、酮外，甲苯或二甲苯可分别被氧化成苯甲酸和甲基苯甲酸，产率各为 100%、78%。

在 PTC 的条件下，还可以用便宜易得的次氯酸钠作氧化剂氧化醇或胺，生成醛、酮或腈。

例如：

$$C_6H_5-CH_2OH \xrightarrow[R_4N^+X^-,CH_2Cl_2]{NaOCl/H_2O} C_6H_5-CHO \quad 76\%$$

$$(C_6H_5)_2CH-NH_2 \xrightarrow[R_4N^+X^-,CH_3COOEt]{NaOCl/H_2O} (C_6H_5)_2C=N-Cl \xrightarrow{H_2O} (C_6H_5)_2C=O \quad 94\%$$

$$C_6H_5-CH_2NH_2 \xrightarrow[R_4N^+X^-,CH_3COOEt]{NaOCl/H_2O} C_6H_5CH=N-Cl \xrightarrow{-HCl} C_6H_5CN \quad 76\%$$

上述方法是制备芳香醛、酮的一种较好途径。

在有机合成中，广泛使用六价铬的化合物把一级或二级醇氧化成相应的羰基化合物。实验证明，四正丁基铵铬酸盐[$(n-C_4H_9)_4N^+HCrO_4^-$]可完全溶于氯仿、二氯甲烷中，同时，这种盐易制得，只需把氯化四正丁基铵在搅拌下加入三氧化铬水溶液中，立刻有橘黄色沉淀物析出，即是该盐，过滤、干燥后即可使用。

$$C_6H_5CH=CHCHOHCH_3 \xrightarrow[CHCl_3,60℃]{(n-C_4H_9)_4N^+HCrO_4^-} C_6H_5CH=CHCOCH_3 \quad 88\%$$

该氧化剂的特点是：选择性高，含有 C=C 的醇，重键不受影响。

3)安息香缩合

某些芳香醛在氰离子(CN^-)的催化作用下，可缩合为安息香，故称为安息香缩合反应。

例如：

$$ArCHO + KCN \longrightarrow Ar-\overset{\overset{O}{\|}}{C}-\underset{\underset{OH}{|}}{CH}-Ar$$

$Ar = C_6H_5$-, p-CH_3-C_6H_4-, 2-呋喃基

该反应机理如下：

$$ArCHO + CN^- \rightleftharpoons Ar-\overset{CN}{\underset{O^-}{C}}-H \rightleftharpoons Ar-\overset{CN}{\underset{OH}{C^-}}$$

$$Ar-\overset{CN}{\underset{OH}{C^-}} + \overset{O}{\underset{H}{\overset{\|}{C}}}-Ar \rightleftharpoons Ar-\overset{CN}{\underset{OH}{C}}-\overset{O^-}{\underset{H}{C}}-Ar$$

$$\rightleftharpoons Ar-\overset{CN}{\underset{O^-}{C}}-\overset{OH}{\underset{H}{C}}-Ar \overset{-CN^-}{\rightleftharpoons} Ar-\overset{O}{\overset{\|}{C}}-\overset{OH}{\underset{H}{C}}-Ar$$

上述缩合反应，在传统实验方法中，是于95%的乙醇中加热至95℃进行的。如果在水溶液中及室温下，则无反应发生。如在该反应混合液中加入适量的冠醚，如 18–冠–6，产率则可达到 78%。另外，于乙腈或苯和 KCN 混合物中加入催化量的 18–冠–6，经搅拌 30 min 后，再加入苯甲醛，于 60℃下搅拌 3 h，则安息香的产率为 95.6%。

9.2.4.2 碱性条件下的 PTC 反应

1)二氯卡宾的产生及其反应

在相转移催化剂作用下，浓氢氧化钠的水溶液和 $CHCl_3$ 作用生成二氯卡宾并进而发生反应。其步骤如下：

	(ⅰ)	(ⅱ)	(ⅲ)	(ⅳ)	(ⅴ)
水相	Na^+OH^-	Na^+H_2O	Na^+H_2O	$Na^+H_2OX^-$	$Na^+H_2OX^-$
	----界	-------------	-------------	------面	------
有机相	$CHCl_3$	CCl_3^-	CCl_3^-	$[Q^+X^-]$: CCl_3	$[Q^+Cl^-]$

$[Q^+Cl^-]$在界面处，$CHCl_3$ 和 NaOH 作用，生成双离子层 Na^+/CCl^-(ⅱ)，尤如固定在界面处的 CCl_3^-，在有机相中被催化剂(如四级铵盐)正离子解脱，形成$[Q^+CCl_3^-]$(ⅲ)，该化合物在有机相中可分解成二氯卡宾和氯化四级铵(ⅳ)$[Q^+Cl^-]$，生成的二氯卡宾即可进行

反应。它可和各类的烯烃反应。

例如：

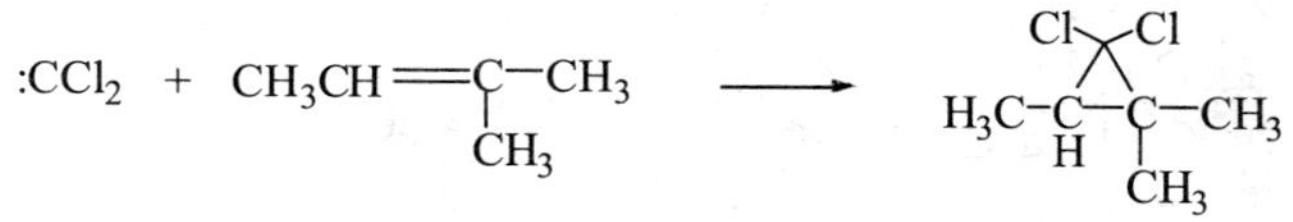

$$:CCl_2 + CH_3CH{=}C(CH_3){-}CH_3 \longrightarrow$$ (1,1-二氯-2,2,3-三甲基环丙烷)

如果二氯卡宾进行的反应较慢，它可保持活性数日之久。

(1)二氯卡宾和烯烃的反应：

在相转移催化条件下，二氯卡宾与烯烃的加成是常见的反应之一。常见的催化剂有：氯化三乙基苄基铵，氯化正十六烷基三甲基铵、三丁胺，也可用冠醚 DB–18–冠–6 或 DC–18–冠–6。

例如：

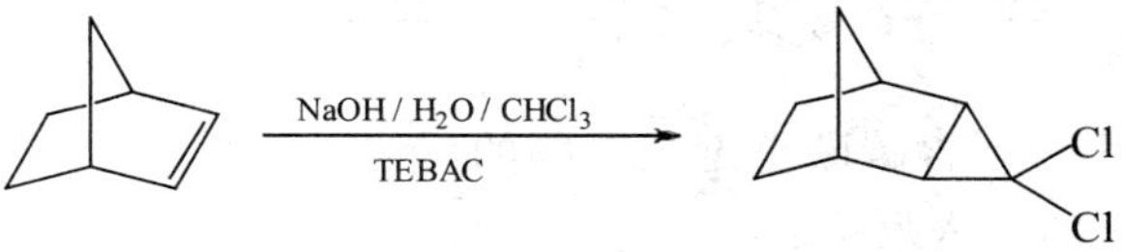

$\xrightarrow[\text{TEBAC}]{NaOH / H_2O / CHCl_3}$ Cl, Cl 98%

$\xrightarrow[\text{HTMAC}]{NaOH / H_2O / CHCl_3}$ Cl, Cl, Cl, Cl 78%

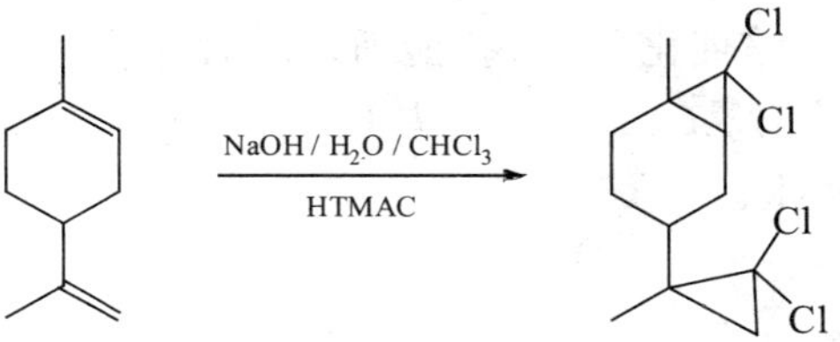

在一般条件下，多烯烃不论是共轭、聚集或孤立双键，由于烯烃和可能生成的二氯卡宾比例的不同，而可发生部分或全部双键的加成，有些烯烃不仅与二氯卡宾加成，同时加成物还会由于角张力等原因而不稳定，发生离解现象，形成正碳离子，随后发生重排。

例如：

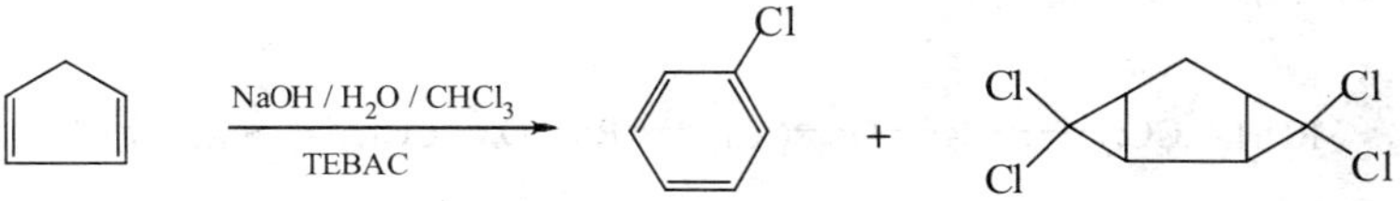

$\xrightarrow[\text{TEBAC}]{NaOH / H_2O / CHCl_3}$ Cl + Cl, Cl, Cl, Cl

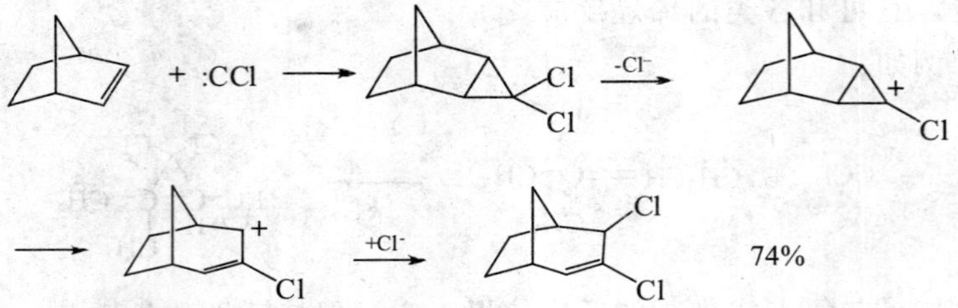

(2)二氯卡宾和芳核的反应：

在相转移催化条件下，二氯卡宾还可与芳核加成，加成物发生重排使环扩大。

例如：

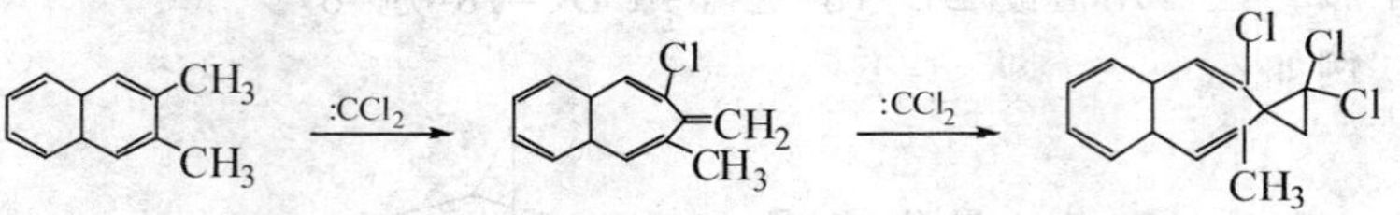

(3)二氯卡宾与不含碳碳重键化合物的反应

①二氯卡宾的插入反应：

二氯卡宾在相转移催化条件下，能插入 C-H 中，生成二氯甲基取代物。遇桥环化合物时，$:CCl_2$ 插入桥头上，若烃上含有斥电子基，则插入斥电子基的α碳上。

例如：

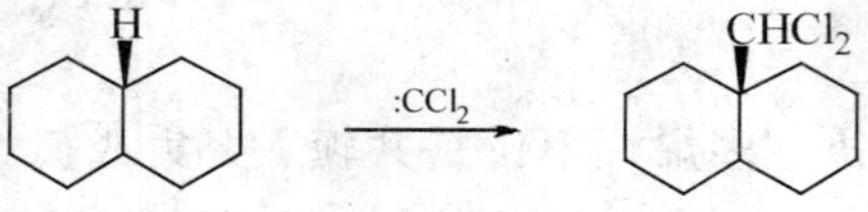

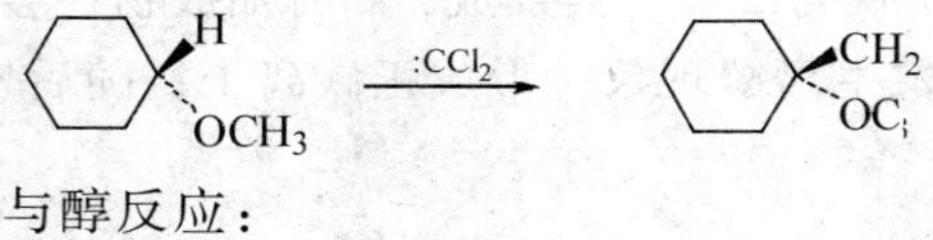

②二氯卡宾与醇反应：

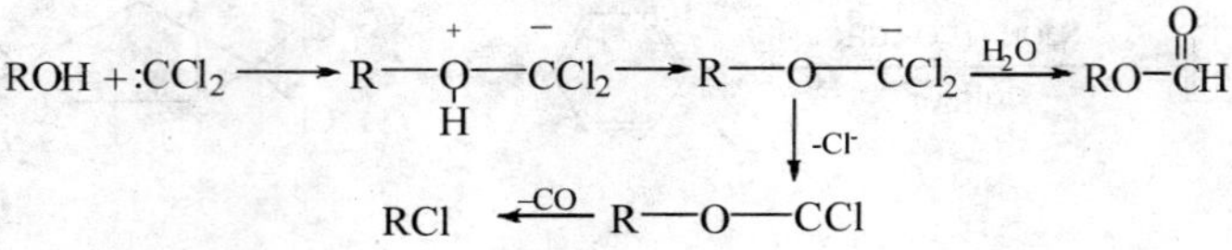

③二氯卡宾与胺的反应：

$$PhNH_2 + :CCl_2 \longrightarrow Ph\overset{+}{H_2N}-\overset{-}{CCl_2} \longrightarrow PhNH-CHCl_2 \xrightarrow{-2HCl} PhN\equiv CH \quad 57\%$$

$$Ph\underset{CH_3}{\underset{|}{N}}H + :CCl_2 \longrightarrow Ph\underset{CH_3}{\underset{|}{\overset{+}{N}}}H\overset{-}{C}Cl_2 \longrightarrow Ph\underset{CH_3}{\underset{|}{N}}-CHCl_2 \xrightarrow{-2HCl} Ph\underset{CH_3}{\underset{|}{N}}-CHO \quad 78\%$$

④二氯卡宾与酰胺的反应：

$$Ph-C(=O)NH_2 \xrightarrow[TEBAC]{NaOH/H_2O/CHCl_3} Ph-C(O-\overset{-}{C}Cl_2)=\overset{+}{N}H_2 \longrightarrow Ph-C(O-CHCl_2)=N-H \xrightarrow{HO^-} PhCN \quad 85\%$$

2)碳烃基化反应

能发生烃基化反应的活性碳—氢化合物，主要包括：乙腈和它的一元、二元活化基取代物；醛、酮、酯、砜以及含活泼氢的碳氢化合物等。这些化合物在两相体系中，在界面处和碱(NaOH、KOH)作用，失去质子生成负碳离子，该负离子与四级铵盐正离子生成离子后，离开界面在有机相中与烃基化试剂发生反应。

(1)取代乙腈的烃基化：

取代乙腈的烃基化是研究得最多的反应之一，特别是苯乙腈。

例如：

$$C_6H_5CH_2CN + C_2H_5Br \xrightarrow[TEBAC]{NaOH/H_2O} C_6H_5\underset{C_2H_5}{\underset{|}{C}}HCN$$

苯乙腈烃基化时，可能生成一元或二元烃基化产物，实际得到哪种产物，决定于反应物的摩尔比和反应时间的长短。

用二卤化物，还可以生成环状化合物。

例如：

$$Ph\cdot CH_2CN + (ClCH_2CH_2)_2O \xrightarrow[TEBAC]{NaOH/H_2O} \text{4-苯基-4-氰基四氢吡喃 (Ph, CN)} \quad 79\%$$

如若烃基化试剂的两个卤原子在同一碳原子上，则会形成双取代产物。

例如：

$$2\,Ph\text{-}CH_2CN + PhCHCl_2 \xrightarrow[TEBAC]{NaOH/H_2O} PhCH(\text{-}\underset{\substack{|\\ CN}}{C}HPh)_2 \quad 94\%$$

(2)醛、酮、酯、砜的烃基化：

由于羰基、磺酰基都是较强的吸电子基，它的α碳上的氢更为活泼，和乙腈及其衍生物相似，遇碱失去质子，形成负碳离子。除α碳上无取代基的醛在碱液里发生自身聚合不进行取代外，α取代的醛以及上述其他各类化合物的负碳离子，都可与卤代烃发生取代反应。

例如：

$$CH_3(CH_2)_3\underset{\substack{|\\ CH_3}}{C}HCHO + CH_2{=}CHCH_2Cl \xrightarrow[TEBAC]{NaOH/H_2O} CH_3(CH_2)_3\overset{\substack{CH_2CH{=}CH_2\\ |}}{\underset{\substack{|\\ CH_3}}{C}}\text{—}CHO \quad 85\%$$

$$Ph\text{–}CH_2COCH_3 + C_2H_5Br \xrightarrow[TEBAC]{NaOH/H_2O} Ph\text{–}\overset{\substack{C_2H_5\\ |}}{C}HCOCH_3 \quad 90\%$$

$$Ph\text{–}CH_2CO_2C(CH_3)_3 + Ph\,CH_2Cl \xrightarrow[TEBAC,DMSO]{NaOH/H_2O} Ph\text{–}\overset{\substack{CH_2Ph\\ |}}{C}HCO_2C(CH_3)_3 \quad 70\%$$

$$CH_3\text{–}C_6H_4\text{–}SO_2CH_2Br + CH_2BrCH_2Br \xrightarrow[TEBAC]{NaOH/H_2O} CH_3\text{–}C_6H_4\text{–}SO_2\text{–}\underset{\substack{|\\ Br}}{C}(CH_2CH_2) \quad 73\%$$

$$Ph\,CH_2SO_2NEt_2 + Ph\,CH_2Cl \xrightarrow[TEBAC,DMSO]{NaOH/H_2O} Ph\underset{\substack{|\\ PhCH_2}}{C}H\text{—}SO_2\text{—}NEt_2 \quad 66\%$$

3)氮烃基化反应

酰胺特别是氮上取代的酰胺和氮上有活泼氢的芳香杂环化合物及氮上取代的苯胺，在碱作用下，都可与一级卤代烷反应，生成

N–烃基化的产物。例如，N，N–二取代的酰胺是制备三级胺的原料，虽然有多种方法可以制得 N，N–二取代的酰胺，但往往产品不纯，产率低，并且反应时间长，条件强烈。若用 PTC 法，以 N–取代的酰胺做原料，在用固相 NaOH 和 K_2CO_3 混合碱以及催化剂四丁基铵硫酸氢盐存在下，与卤代烷在苯胺溶液中反应，可顺利地生成 N，N–二取代的酰胺。

例如：

$$PhCH_2NHCOC_2H_5 + C_2H_5Br \xrightarrow[10\%\text{催化剂},\ 80℃]{\text{固}NaOH / K_2CO_3/\text{苯}} PhCH_2N(C_2H_5)COC_2H_5 \quad 73\%$$

4)酰基化

酚、苯胺以及活泼亚甲基的化合物都可用固—液两相体系的 PTC 法进行酰基化，溶剂用二氯甲烷、二氧六环、四氢呋喃、甲苯等。催化剂用四正丁基铵硫酸氢盐，其中丙二酸酯还能发生双酰基化，因引入一个酰基后，另一个α–氢更加活泼。用此方法酰基化，甚至有高度空间位阻的酚也能顺利地反应。

例如：

$$PhCH_2NHCOC_2H_5 + C_2H_5Br \xrightarrow[10\%\text{催化剂},\ 80℃]{\text{固}NaOH / K_2CO_3/\text{苯}} PhCH_2N(C_2H_5)COC_2H_5 \quad 73\%$$

该法对酚羟基和醇羟基的酰基化有选择性，如β–雌酚二醇酰基化时，只有 3 位的酚羟基被酰化：

$$\text{(HO, OH)} + CHCOCl \xrightarrow[(n-C_4H_9)_4N^+HSO_4^-]{NaOH\text{粉末}/\text{二氧六环}} \text{(}H_3CCO\text{–O, OH)}$$

5)芳环上的亲核取代

在相转移催化条件下，由于负离子特别活泼，有利于进行亲核取代反应，不易发生的芳环上的亲核取代也能顺利进行。

例如：

$$\text{5-}O_2N\text{-phthalic anhydride} \xrightarrow[\text{DB-18-C-6}]{\text{KF(固)} / CH_3CN} \text{5-F-phthalic anhydride}$$

在水相为浓氢氧化钠溶液的两相体系中，负碳离子也可以作为芳核亲核取代的亲核试剂。

例如：

$$\text{2-}O_2N\text{-5-Cl-benzophenone} + PhCH(CN)R \xrightarrow[\text{TEBAC}]{50\%\text{NaOH}} \text{2-}O_2N\text{-5-}[C(CN)(R)Ph]\text{-benzophenone}$$

9.2.4.3　在酸性条件下的 PTC 反应

在酸性条件下的相转移催化反应，实际遇到的较少。月桂醇在溴化正十六烷基三正丁基鏻催化下与浓盐酸的反应，是酸性条件下相转移催化的实例。

$$n-C_{12}H_{25}OH + HCl \xrightarrow[-H_2O,\ 100\sim105^\circ C]{n-C_{16}H_{33}P^+(n-C_4H_9)_3Br^-} n-C_{12}H_{25}Cl$$

反应 35 h 产率为 94%，30 h 产率为 91%，反应 8 h 产率约为 60%。用传统法则产率较低。

由上讨论，我们可以看到相转移催化剂在有机合成中的重要性及发展趋势，应引起大家的足够重视。

9.3　组合化学

自从有机合成化学问世以来，有机合成化学家的目标就是生产尽可能纯的化合物，用这样的方法，许多有机化合物被制备出来，并作为候选药物进行生物测试。实验证明，平均数千个新的化合物中才发现一个新的有用物质。这种一个接一个的合成然后再一个接一个的测试活性的传统方法，使药物发现成为高耗的过程，不仅时间长(平均约 5 年)，而且在人力、物力和财力方面，造成极大的浪费。显然，这种方法不能满足飞速发展的现代科学技术对新物质的需要。20 世纪 80 年代，几个创造性方法使我们在设计和合成药物以及其他应用方面的理论和实践得以提高。这些新的合成和筛选化合物的方法为我们开创了一门崭新的有机合成领域，那就是组合化学(Combinational Chemistry)。

现代组合化学包括大量同类化合物的合成和筛选，被称为库，库本身就是由许许多多的单个化合物或它们的混合物组成的矩阵。

本节就组合方法、固相化合物库、液相化合物库及组合化学的应用作简单的介绍。

9.3.1 组合合成方法

9.3.1.1 组分混合法(PM 法)

PM 法是建立在 Merrifield 的固相合成基础上，其合成的过程是重复以下简单的操作：

(1)固相担体分成相等的几份；

(2)上步的每一份固相分别与一个不同的氨基酸连接；

(3)均匀地混合所有的组分。

PM 法在药物筛选中被广泛利用，其特点如下：

(1)效率高，呈指数增加；

(2)可以获得所有可能序列的组合；

(3)在固相的单个珠子上只形成一种肽，即单一化合物的平行性；

(4)化合物以 1∶1 摩尔比率形成。

9.3.1.2 组合库合成中的混合试剂法

这种方法于 1986 年由 Geysen 等首先提出，即在同相合成的每步酰化反应中可以使用氨基酸的混合物作原料，在效率上比 PM 法大为提高，其缺点是在：1∶1 摩尔比形成化合物的过程中，不能确定性质各异的氨基酸的反应速度是否一样，这可通过调整氨基酸浓度来解决。此法只能用来制备混合物库。

9.3.1.3 生物学法

应用生物学方法合成肽库主要用于嗜菌体显示的生物筛选。首先，通过一系列化学反应获得等摩尔量的寡核苷酸库，然后，获得的寡核苷酸被植入噬菌体的 DNA，第二阶段就是用噬菌体感染宿主细菌，将这些含有外源片段的 DNA 在宿主体系中进行复制，获得噬菌体克隆库。

9.3.1.4 光导向的、空间设定的平行化学合成法

光导向的方法可以是肽或其他有机分子以矩阵方式直接合成在玻璃片的表面上。玻璃表面先官能团化，如氨基烷基化，氨基由对光敏的 Nvoc(6-nitro Veratryyloxycarbonyl)保护基加以保护。例如用氨基酸 A、G 和 K 制备含 9 个二肽的化合物库。该法的特点是肽序列与玻璃板的区域相关联，亦被用于测量核酸序列以及在材料科学中制备混合物。

9.3.2 固相组合合成化学简介

组合化学发展的最初是采用固相合成技术合成多肽、寡糖等聚合物分子库。目前，用固相合成小分子化合物库发展较快，尤其是合成杂环类分子。

固相组合合成具有很多优点：①用仪器自动合成方便；②反应原料可以过量，不会给纯化带来麻烦；③纯化方便，从树脂上切下来后较纯。但是，它也有许多目前克服不了的缺点：①能用于固相合成的反应类型有限，树脂的担载能力和稳定性限制了许多合成反应。②反应条件的摸索耗时较多。③反应废物和产物都连在固相载体上，检验反应过程困难。④必须有组合化学合成仪。

固相合成化学由开始的怀疑到得到大家广泛的关注，是与技术的进步分不开的，下面举一例加以说明，Ellman 合成苯并二氮杂卓，证明了固相合成的正确性。

Ellman 的固相合成路线非常完美地适合于由 3 个互相无关的单体组分结合形成不同的苯并二氮杂卓这样化合物库的设计，具体路线是：一些预先分别合成的 Fmoc–保护的 2–氨基–二苯甲酮，通过苯酚或羧酸残基连接到连在聚苯乙烯树脂上的 HMP 分子上，得到的衍生物再用一些 Fmoc–保护的α–氨基酸酰化，接着脱保护，酸催化环化，得到苯并二氮杂卓，通过苯胺的 N–烷基化进一步官能基化，用 TFA 鸡尾酒进行酸处理，最终产物苯并二氮杂卓可以从固相载体上释放出来，接着经过色谱分离得到适合于筛选的相对较纯的目标产物。

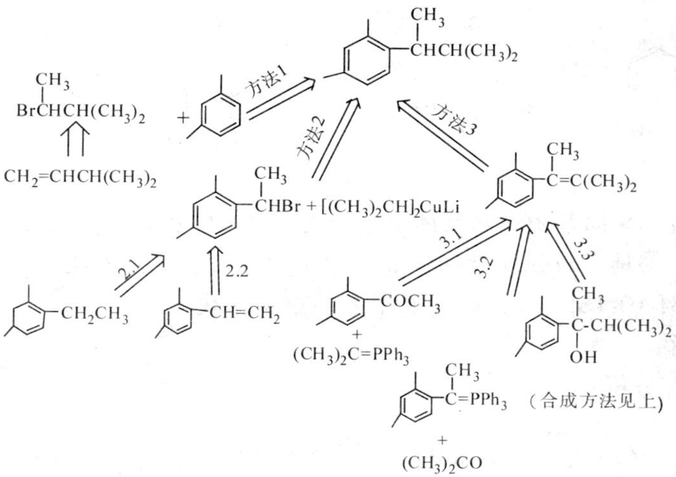

b. 合成路线：(略)

这种推导目标分子合成路线的方法称为合成树。这是分析比较目标分子的多种合成路线最常用的方法。

10.3.7 导向基的使用

在有机合成中，有时需使用导向基，才能把新进入的基团引入到指定位置。这种具有导向性的基团可以是原料带有的，也可以是经有机合成反应引进的。在新进入基团引进后需将其除去，故在目标分子的合成路线设计时，也需假设在中间体中存在某个导向基。只是在后来将其除去了。

[例 10-14]　合成 1,3,5–三溴苯。

解：

a. 分析：

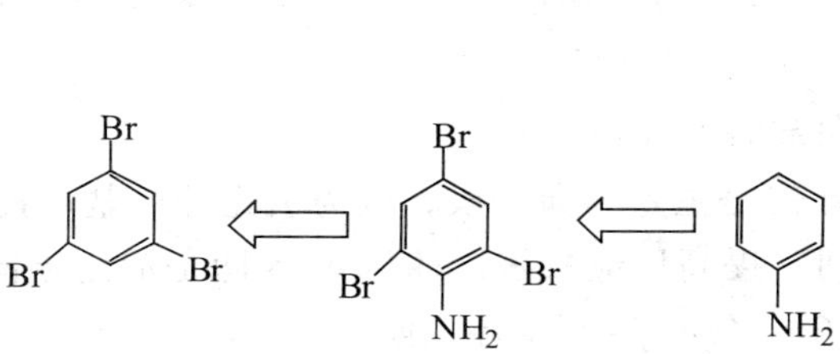

b. 合成路线：

$$C_6H_5NH_2 \xrightarrow{Br_2/H_2O} \text{2,4,6-}Br_3C_6H_2NH_2 \xrightarrow{NaNO_2+H_2SO_4} \text{2,4,6-}Br_3C_6H_2N_2HSO_4 \xrightarrow[\triangle]{H_3PO_2} \text{1,3,5-}Br_3C_6H_3$$

由于导向基团在新基团引入后需除去，故要求导向基需具备下述条件：①具有较强的导向性能。②引入容易，除去方便。

[例 10-15]　设计间硝基甲苯的合成路线。

解：

a. 分析：

$$CH_3\text{-}C_6H_4\text{-}NO_2(m) \Leftarrow H_3C\text{-}C_6H_3(NO_2)\text{-}NH_2 \Leftarrow CH_3\text{-}C_6H_3(NO_2)\text{-}NHAc$$

$$\Leftarrow H_3C\text{-}C_6H_4\text{-}NHAc \Leftarrow CH_3\text{-}C_6H_4\text{-}NH_2 \Leftarrow CH_3\text{-}C_6H_5$$

b. 合成路线：

$$C_6H_5CH_3 \xrightarrow[2.Fe+HCl]{1.\ HNO_3+H_2SO_4} p\text{-}CH_3C_6H_4NH_2 \xrightarrow[2.\ HNO_3+H_2SO_4]{1.Ac_2O,\ \triangle} CH_3C_6H_3(NO_2)NHAc$$

$$\xrightarrow[\triangle]{H_2O,\ OH^-} CH_3C_6H_3(NO_2)NH_2 \xrightarrow[2.H_3PO_2,\ \triangle]{1.NaNO_2+H_2SO_4} m\text{-}CH_3C_6H_4NO_2$$

使用导向基时需注意：

(1)活化导向是主要导向手段，因为活化导向基可提高反应活性，缩短反应时间，提高反应收率。(例 10-14 即是活化导向的例子)

[例 10-16]　合成 2–乙基环戊酮。

解：

a. 分析：

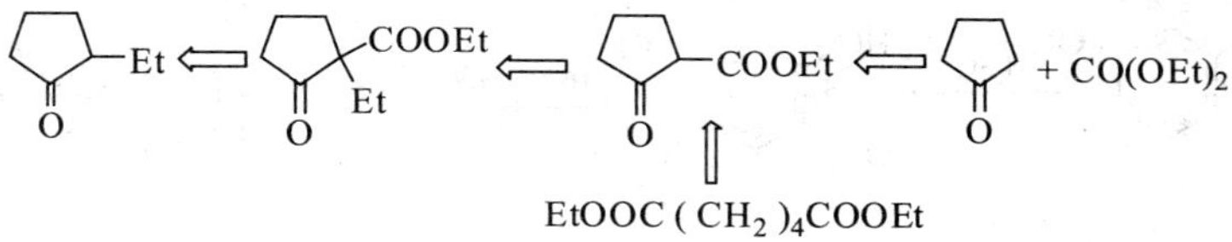

b. 合成路线：

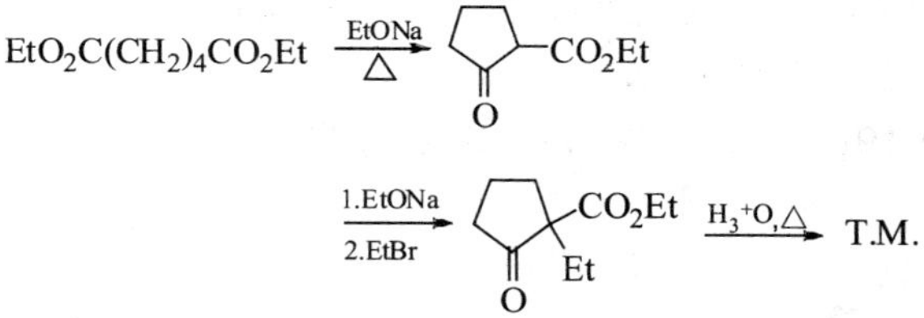

(2)钝化也可导向，有时由于某基团或中间体活性太高，则需使用钝化基团进行导向。

[例 10-17]　合成 4–溴苯胺。

解：

a. 分析：

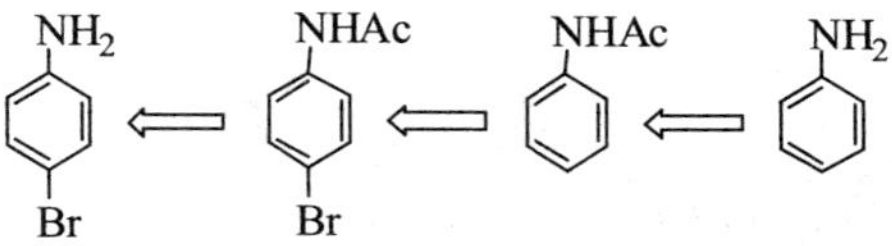

b. 合成路线(略)

(3)位置封闭也常用于导向，用一些可逆性基团占据某些不希望发生反应的位置，可使新进入基团导入指定位置。

[例 10-18]　由 1,3–苯二酚合成 2–硝基–1,3–苯二酚。

解：

a. 分析：

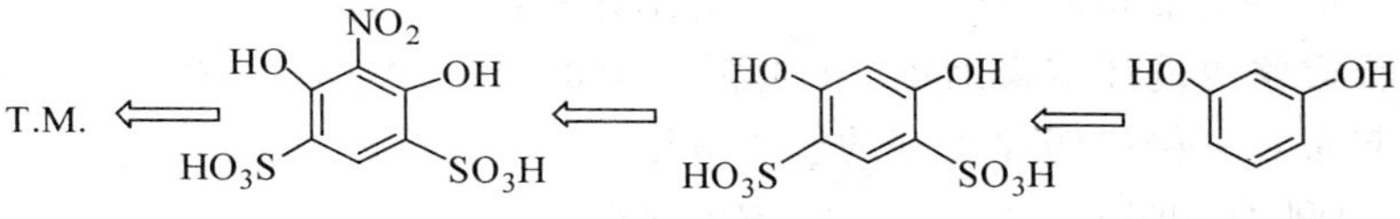

b. 合成路线：

$$\text{HO-C}_6\text{H}_4\text{-OH} \xrightarrow{H_2SO_4} \text{(HO)}_2\text{C}_6\text{H}_2(SO_3H)_2 \xrightarrow{HNO_3+H_2SO_4} \text{(HO)}_2(NO_2)\text{C}_6\text{H}(SO_3H)_2 \xrightarrow[\triangle]{H_3^+O} \text{T.M.}$$

(4)避免使用导向基。使用导向基不可避免地要使合成路线拉长，增加操作和成本。若改变合成路线和方法，能避免使用导向基，则可减少合成步骤，提高产率。

[例 10-19]　合成对溴苯胺(参见例 10-17)。

解：

a. 分析：

方法1：对溴苯胺 ⟸ 对溴乙酰苯胺（NHAc，Br） ⟸ 乙酰苯胺（NHAc） ⟸ 苯胺（NH_2）

方法2：对溴苯胺 ⟸ 对溴硝基苯（NO_2，Br） ⟸ 溴苯（Br）

方法 1 和方法 2 比较，显然方法 2 较好。

b. 合成路线：

$$\text{C}_6\text{H}_5\text{Br} + HNO_3 + H_2SO_4 \xrightarrow{\triangle} p\text{-}O_2N\text{-C}_6\text{H}_4\text{-Br} \xrightarrow[\triangle]{Fe+HCl} p\text{-}H_2N\text{-C}_6\text{H}_4\text{-Br}$$

10.3.8　保护基的使用

原料或中间体中的某些官能团在有机合成反应中可能遭受破坏，给合成路线设计带来困难。对此需使用保护基，将易被破坏的基团保护起来。下例说明保护基的使用方法。

[例 10-20]　合成 $CH_3COCH_2CH_2C(OH)Ph_2$。

解：

a. 分析：

$$CH_3COCH_2CH_2C(OH)Ph_2 \Longleftarrow CH_3COCH_2CH_2COOEt + 2PhMgBr$$

（羰基需保护）

$$CH_3COCH_2CH_2COOEt \Uparrow CH_3COCH_2Br + CH_2(COOEt)_2$$

b. 合成路线：

$$CH_2(COOEt)_2 \xrightarrow[2.CH_3COCH_2Br]{1.EtONa} CH_3COCH_2CH(COOEt)_2 \xrightarrow[2.EtOH,H^+]{1.H_3^+O,\triangle}$$

$$CH_3COCH_2CH_2COOEt \xrightarrow{HOCH_2CH_2OH\ +HCl} H_3C-\overset{O\frown O}{C}-CH_2CH_2COOEt$$

$$\xrightarrow{2PhMgBr} H_3C-\overset{O\frown O}{C}-CH_2CH_2C(OMgBr)Ph_2 \xrightarrow[\triangle]{H_3^+O} CH_3COCH_2CH_2C(OH)Ph_2$$

对保护基的要求是：

(1)引入容易(原料分子带有除外)。

(2)保护基与被保护基所形成的结构能够经受住反应条件。

(3)保护基除去容易，不引起分子中其余部分的变化。

常见基团的保护和除去方法及适用的反应条件如下：

(1)胺：

①转变成酰胺、酰亚胺。

$$>NH + CH_3COCl \longrightarrow >NCOCH_3 \xrightarrow[\triangle]{H_2O,\ OH^-} >NH$$

对氧化剂、烃基化试剂稳定。

②转化成苄胺。

$$>NH + PhCH_2Br \longrightarrow >NCH_2Ph \xrightarrow[\triangle]{H_2/Pt,AcOH} >NH$$

对酸、碱及格林试剂稳定。

(2)醇：

①转变为三苯甲醚：

$$ROH + Ph_3CCl \xrightarrow{\text{吡啶}} ROCPh_3 \xrightarrow{AcOH,\ H_2O} ROH$$

对格林试剂、氧化还原剂及碱稳定。

②转化为四氢吡喃醚：

$$ROH + \text{(二氢吡喃)} \xrightarrow{TsOH} RO\text{—(四氢吡喃基)} \xrightarrow{H_3^+O} ROH$$

对格林试剂、氧化还原剂及碱稳定。

(3)酚：

①转变为苄醚：

$$ArOH + PhCH_2Cl \xrightarrow{K_2CO_3} ArOCH_2Ph \xrightarrow{H_2/Pt} ArOH$$

对格林试剂、氧化还原剂及碱稳定。

②转变成酯及磺酸酯：

$$ArOH + CH_3SO_2Cl \xrightarrow{\text{吡啶}} ArOSO_2CH_3 \xrightarrow[\triangle]{NaOH,\ H_2O} ArOH$$

对氧化剂及酸稳定。

(4)醛和酮：

$$>C=O + CH_3OH \xrightarrow{HCl} >C(OCH_3)_2 \xrightarrow{H_3^+O} >C=O$$

$$>C=O + \begin{matrix} CH_2OH \\ | \\ CH_2OH \end{matrix} \xrightarrow{TsOH} \text{(1,3-二氧戊环)} \xrightarrow[H_2O]{H_3PO_4} >C=O$$

形成的缩醛(酮)对格式试剂、氧化剂、还原剂及碱稳定。

(5)羧酸：

$$RCOOH \xrightarrow[\triangle]{R'OH,\ H^+} RCOOR' \xrightarrow[\triangle]{NaOH,\ H_2O} RCOOH$$

10.4 有机合成路线的选择和书写

10.4.1 使用平行合成路线，可提高合成效率

若一有机物在合成时，可先合成几个分子碎片，然后再组装成目标分子，这样可提高整个合成效率，降低成本。

[例 10-21] 比较驱螨净的不同合成路线。

解：

a. 分析：

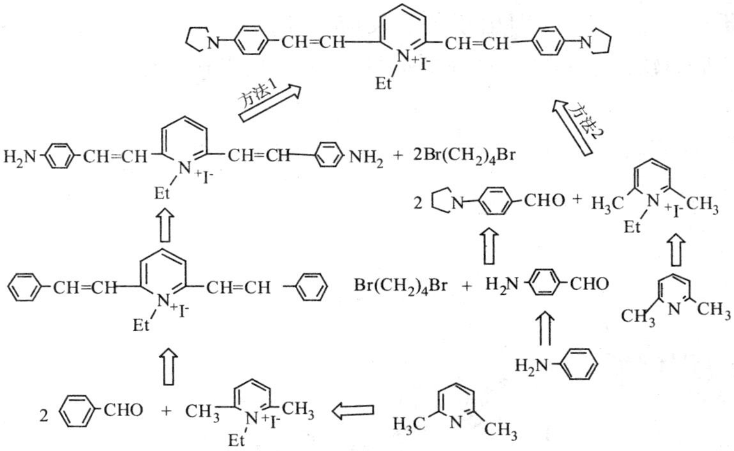

b. 合成路线：

方法 1：

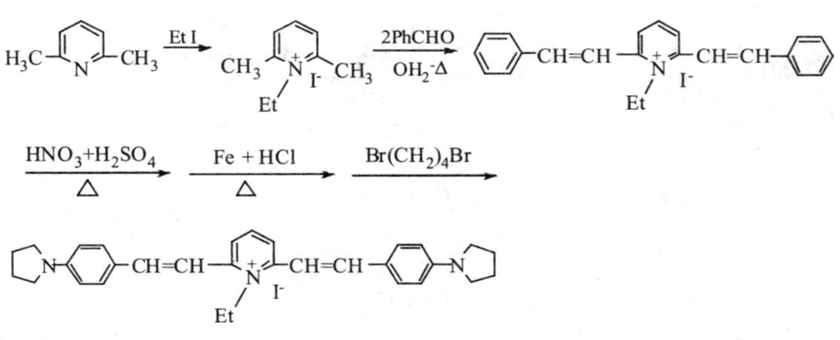

方法 2：

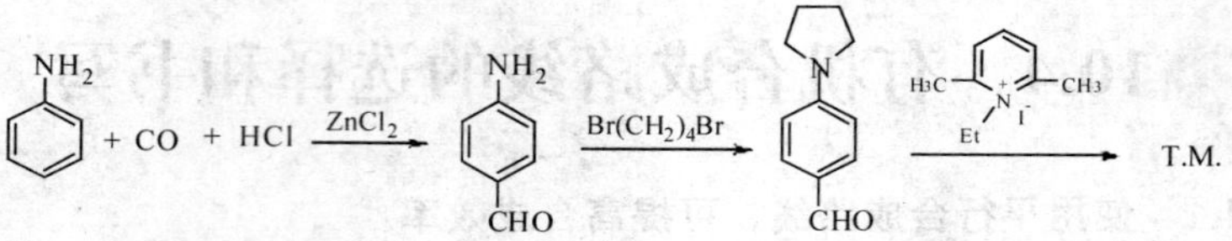

$$\text{C}_6\text{H}_5\text{NH}_2 + CO + HCl \xrightarrow{ZnCl_2} p\text{-}H_2N\text{-}C_6H_4\text{-}CHO \xrightarrow{Br(CH_2)_4Br} p\text{-(pyrrolidin-1-yl)}C_6H_4CHO \longrightarrow \text{T.M.}$$

（最后一步试剂：1-乙基-2,6-二甲基吡啶鎓碘化物，H3C、CH3、Et、N^+、I^-）

由于方法 2 使用了平行合成路线，可使反应步骤缩短，大大提高合成效率，降低生产成本。方法 2 是目前被大家普遍采用的方法。

10.4.2　合成反应次序的安排

对有多步反应组成的合成路线，若反应次序有不同安排时，则应采取容易的反应即收率高的反应放在后边的合成路线。这样虽然整个合成路线总收率不变，但由于各步反应所使用的原料(或中间体)不同，则成本差别较大。另外，对降低活性的反应安排在后边可提高整个合成的收率。

[例 10-22]　设计 4–羟基–3，5–二溴苯甲酸的合成路线。

解：

a. 分析：

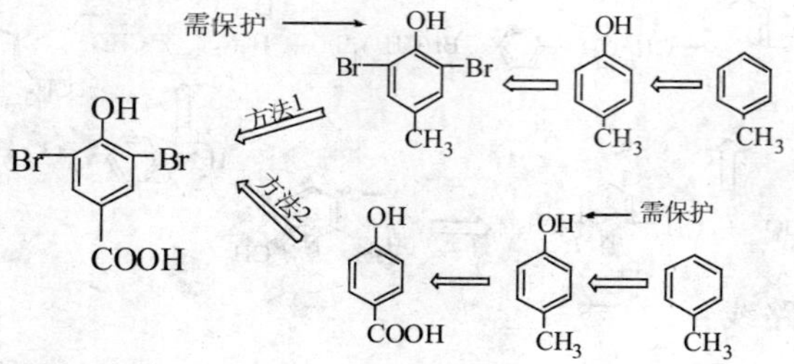

方法1：4-羟基-3,5-二溴苯甲酸 ⟸ 2,6-二溴-4-甲基苯酚（OH 需保护）⟸ 对甲基苯酚 ⟸ 甲苯（CH_3）

方法2：4-羟基-3,5-二溴苯甲酸 ⟸ 对羟基苯甲酸（OH, COOH）⟸ 对甲基苯酚（OH 需保护，CH_3）⟸ 甲苯（CH_3）

b. 合成路线：

方法 1：

$$\text{甲苯} \xrightarrow[\text{2.烧碱；3.酸化}]{1.HNO_3,H_2SO_4} \text{对甲基苯酚} \xrightarrow{Br_2} \text{2,6-二溴-4-甲基苯酚} \xrightarrow{CH_3COCl}$$

$$\text{(}OCOCH_3\text{, Br, Br, }CH_3\text{)} \xrightarrow[H^+]{KMnO_4} \text{(}OCOCH_3\text{, Br, Br, COOH)} \xrightarrow{H_3^+O.\triangle} \text{(OH, Br, Br, COOH)}$$

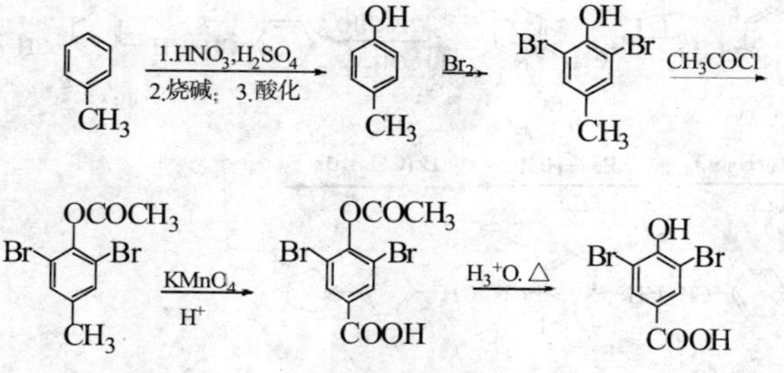

方法 2：

$$\text{甲苯} \xrightarrow[\text{2.烧碱 3.酸化}]{\text{1.HNO}_3\text{, H}_2\text{SO}_4} \text{对甲苯酚(OH, CH}_3\text{)} \xrightarrow{\text{CH}_3\text{COCl}} \text{(OOCCH}_3\text{, CH}_3\text{)} \xrightarrow[\text{H}^+]{\text{KMnO}_4}$$

$$\text{(OOCCH}_3\text{, COOH)} \xrightarrow[\triangle]{\text{H}_2\text{O,OH}^-} \text{(OH, COOH)} \xrightarrow[\triangle]{\text{Br}_2} \text{(Br, OH, Br, COOH)}$$

方法 1 与方法 2 所使用的合成反应是完全相同的，差别是前者先溴代后氧化而后者是先氧化后溴代。由于甲基是供电子基，对溴代反应起活化作用，而甲基氧化成羧基，后者是吸电子基，对溴代反应起钝化作用。故方法 1 比方法 2 好。

10.4.3 有机合成路线的书写方法

书写方法如下：

(1)有机合成路线中只写主要有机产物，即用箭头连结的示意图表示合成路线。

(2)试剂、催化剂、加热等反应条件写于箭头的上、下方，不写反应条件时表示反应在常温常压下进行。

(3)任何无机物和常用有机物及允许使用的原料，不写制法。

(4)多步合成反应可连写，但下步反应所添加的试剂及原料须写于箭头上，同时需注明反应条件。

(5)为了节省，多步反应可缩写，但需在箭头上用序号标明反应发生的次序及条件。

[例 10-23] 设计合成：

$$(CH_3)_3C-C_6H_4-N=N-C_6H_4-OH$$

解：

$$(CH_3)_3C-C_6H_5 \xrightarrow{HNO_3,H_2SO_4} (CH_3)_3C-C_6H_4-NO_2 \xrightarrow[\text{2 .NaNO}_2\text{+HCl}]{\text{1 .Fe+HCl}}$$

$$(CH_3)_3C-C_6H_4-N_2Cl \xrightarrow[C_6H_5-OH]{NaOAc,} (CH_3)_3C-C_6H_4-N=N-C_6H_4-OH$$

[例 10-24] 写出溴化二甲基十二烷基苄铵“新洁尔灭”的合成路线。

解：

$$n\text{-}C_{12}H_{25}OH + NaBr + H_2SO_4 \longrightarrow n\text{-}C_{12}H_{25}Br$$

$$n\text{-}C_{12}H_{25}Br \xrightarrow[2.\ NH_2NH_2]{1.\ \text{邻苯二甲酰亚胺}} n\text{-}C_{12}H_{25}NH_2 \xrightarrow[2\ HCOOH]{2\ HCHO} n\text{-}C_{12}H_{25}N(CH_3)_2$$

$$C_6H_5CH_3 \xrightarrow{NBS} C_6H_5CH_2Br \xrightarrow{n\text{-}C_{12}H_{25}N(CH_3)_2} [C_6H_5CH_2N(CH_3)_2\text{-}C_{12}H_{25}\text{-}n]^+ Br^-$$

新洁尔灭

练　习　题

使用分子拆分法设计下列有机化合物的合成路线：

1. $CH_2OHCHOHCH_2Br$　2. $CH_2{=}CHCH_2CH_2CH_2COOH$　3. $HOCH_2CH_2SCH_2CH_2CN$

4. 哌啶-N-CO-CH(CH₂CH₃)CH₂CH₃ 结构式　5. 2-(3-氧代丁基)-2-(COOEt)环己酮结构式　6. 双环二酮结构式

7. $C_6H_5COCH_2C(OH)(C_2H_5)CH_2C_2H_5$ 结构式（OH）　8. 二甲基环己烯基丙烯酸（COOH）结构式　9. 3-甲基苯胺（CH_3，NH_2）

10. HO_3S-C₆H₄-N=N-C₆H₄-OH　11. H_2N-C₆H₄-SO_2NH_2

12. 2,6-二甲基苯基-$OCH_2CH(NH_2)CH_3$·HCl（CH_3，OCH_2CHCH_3，CH_3，$NH_2.HCl$）
慢心利（抗心率失常药）

13. 吡啶-2-$CH_2CH_2OCH_3$
兽驱虫药

14. Cl-C₆H₄-CH(C₆H₅)-N(哌嗪)NCH₂-C₆H₄-C(CH₃)₃.2HCl
氨其敏（抗过敏药，防呕吐药）

15. 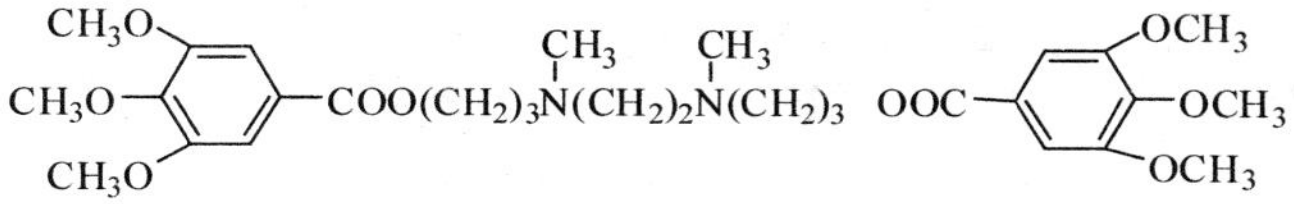 $(CH_3O)_3C_6H_2-COO(CH_2)_3N(CH_3)(CH_2)_2N(CH_3)(CH_2)_3OOC-C_6H_2(OCH_3)_3$

优心平（治心绞痛药）

16. 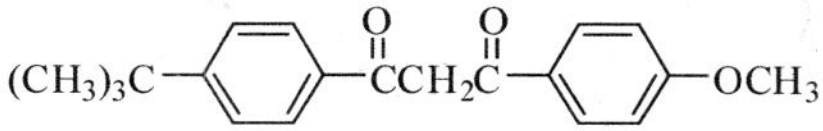 $(CH_3)_3C-C_6H_4-\overset{O}{\overset{\|}{C}}CH_2\overset{O}{\overset{\|}{C}}-C_6H_4-OCH_3$

巴松（防晒增白剂）

17. 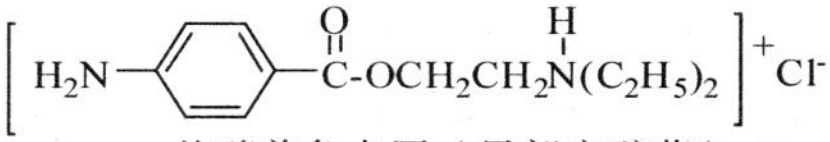 $\left[H_2N-C_6H_4-\overset{O}{\overset{\|}{C}}-OCH_2CH_2\overset{H}{\overset{|}{N}}(C_2H_5)_2\right]^+Cl^-$

盐酸普鲁卡因（局部麻醉药）

18. 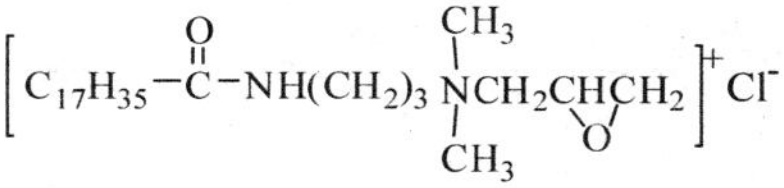 $\left[C_{17}H_{35}-\overset{O}{\overset{\|}{C}}-NH(CH_2)_3N(CH_3)_2CH_2\underset{\backslash O/}{CHCH_2}\right]^+Cl^-$

季铵盐－62（护发光泽剂）

19. $[(CH_3)_3N(CH_2)_6N(CH_3)_3]^{2+}\cdot 2Br^-$

六甲溴铵（降血压药）